互联网＋新编全功能实战型教材

网站建设与网页设计实训教程

（含微课）

主　编　赵　云　申延合　邹贵红
副主编　金　超　谷世红　靳丽丽　舒慧欣

北京希望电子出版社
Beijing Hope Electronic Press
www.bhp.com.cn

内 容 简 介

本书讲解网页制作的核心技术及主要部分的综合应用，帮助读者全面把握前台 HTML 和 CSS 等核心技术，为读者指明网页制作与网站开发从入门到精通的快捷之路。

本书的多媒体内容包括了精彩实例的视频教学以及本教程部分实例的素材文件和结果文件，还赠送了电子教程、参考手册以及世界知名网站欣赏、网页 Logo 模板、网页 Banner 模板、网页 Banner 欣赏、Icon 图标，内容丰富，直达学习核心，相信一定能令广大读者达到事半功倍的学习效果。

本书结构清晰，讲解到位，内容实用，知识点覆盖面广，可以作为 Web 设计大、中专院校师生的教程使用。

图书在版编目（CIP）数据

网站建设与网页设计实训教程 / 赵云，申延合，邹贵红主编. -- 北京：北京希望电子出版社，2020.10（2023.8重印）
ISBN 978-7-83002-807-7

Ⅰ．①网… Ⅱ．①赵… ②申… ③邹… Ⅲ．①网站—建设—教材②网页制作工具—教材 Ⅳ．①TP393.092

中国版本图书馆 CIP 数据核字(2020)第 202789 号

出版：北京希望电子出版社	封面：赵俊红
地址：北京市海淀区中关村大街 22 号 　　　中科大厦 A 座 10 层	编辑：周卓琳
	校对：李　萌
邮编：100190	开本：787mm×1092mm　1/16
网址：www.bhp.com.cn	印张：20.5
电话：010-82626270	字数：486 千字
传真：010-62543892	印刷：唐山唐文印刷有限公司
经销：各地新华书店	版次：2023 年 8 月 1 版 2 次印刷

定价：58.00 元

Preface 前言

学无止境，这句话似乎验证了Web技术的学习之路。如今，在互联网上各种新鲜的技术和概念一个接一个地扑面而来，如同汹涌的波涛层出不穷，一波未息一波又起，着实让人眼花缭乱。主动学习者，仍觉应接不暇；被动跟风者更会感觉有学不完的东西，让人不知所措。学习简直就是一次永远看不到目标的旅行，冲动地迈出双脚却又找不到歇脚的站点，很多读者正是在这种跋涉中迷失了前进的方向，最终抛锚在旅途中。

很多初学者都是半路出家，没有经过专业的技术指导和基础的理论学习。由兴趣开始启航，然后摸着石头过河，出现各种问题是可以理解的。但问题的关键是，初学者该如何找到学习的方向，又该如何把握前进的动力？能不能有本可以帮助初学者渡过最初难关的书籍或资料，以便更好地进行后续的学习。

透析Web技术

实际上，如果居高俯瞰Web技术，也许一切都一目了然（如下图所示）。从大的方向分析，Web技术分为前台和后台两类技术，这些技术内部又包含众多的小技术或者二次开发的技术。虽然这些技术功能各异，但是它们都在为一个终极目标而努力，即减轻Web应用开发的难度，提高程序开发的速度。通俗地讲，Web应用的实质其实就是前台页面向后台服务器"打电话"（HTTP请求），后台"接收电话"并进行处理（响应），通过一番"电话沟通"之后，前台于是根据后台的指示行事（数据呈现）。

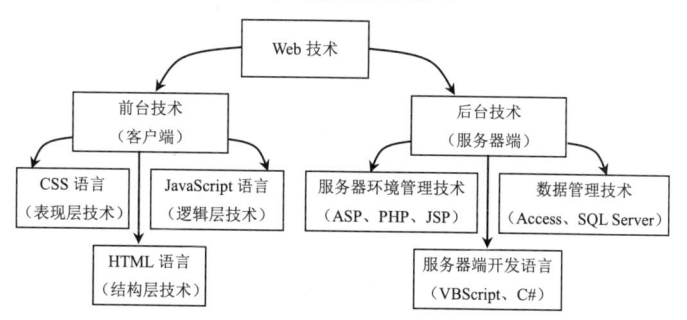

```
                        Web 技术
                       /        \
                前台技术          后台技术
               （客户端）        （服务器端）
              /        \        /           \
        CSS 语言   JavaScript 语言  服务器环境管理技术   数据管理技术
       （表现层技术）（逻辑层技术）（ASP、PHP、JSP）（Access、SQL Server）
              |                         |
         HTML 语言                   服务器端开发语言
       （结构层技术）                （VBScript、C#）
```

当然，对于Web技术这个庞然大物来说，任何一本书都不能把所有技术都涵盖在内并讲解透彻，任何人也不可能掌握所有的Web技术。所以，在了解了Web技术的大致轮廓之后，以够用为原则进行学习，不用面面俱到，建议读者根据个人兴趣和潜力精通一技之长即可。基于这样的思路，本书也仅选择前台核心技术进行讲解（如上图左侧所示），关于后台技术或者前台的其他扩展技术也只能忍痛割爱，避免涉猎过多而无法讲透彻。实际上，读者如果掌握了核心技术，对于各种扩展技术，（或者说二次开发技术）在简单学习后即可上手。

关于本书

　　本书从前台技术人员的开发角度进行选材，主要研究代码级别的开发，兼顾如何方便使用Dreamweaver进行网页开发，紧扣标准网页设计这个主题，为读者指明网页制作从入门到精通的快捷之路。本书共13章。

　　第1章、第2章是一个引子，如同唱戏前的闹场，希望读者学习完这一章后能够快速入门，找到学习的兴趣和动手的感觉。

　　第3章~第5章重点讲解了HTML结构的语义特性，而关于HTML的基本语法和元素用法就没有详细讲解，因为对于一般读者来说，可以很容易地找到这方面的资料进行学习，且学习难度不是很大。另外，本部分还结合几个经典实例引导读者掌握网页结构化实施与应用的方法。

　　第6章~第13章重点讲解了CSS技术的一般应用和网页布局方法。对于初学者来说，CSS技术虽然比较容易学习，但还有很多容易混淆的地方，如盒模型、浮动布局、定位布局和兼容处理，为此本部分结合大量实例精讲了网页布局的一般方法。

　　本书的多媒体教学内容包括了精彩实例的视频教学以及本书部分实例的素材文件和结果文件，还赠送了电子书、参考手册、视频插件以及素材库，内容丰富，直达学习核心，相信一定能令广大读者达到事半功倍的学习效果。

　　本书由西北大学现代学院的赵云、聊城高级财经职业学校的申延合和广州华夏职业学院硕实的邹贵红担任主编，由广州华夏职业学院的金超、石家庄信息工程职业学院的谷世红、江苏省徐州经贸高等职业学校的靳丽丽和吉安职业技术学院的舒慧欣担任副主编。本书的相关资料可扫封底二维码或登录www.bjzzwh.com下载获得。

　　由于作者水平有限，书中存在的疏漏和错误之处，敬请读者批评指正。

编　者

目　录

第1章　网站建设概述

1.1 网站建设基本知识 ·················· 2
　　实训1　了解网站的发展历程 ········ 2
　　实训2　了解网站建设中的几个概念 ····· 2
1.2 网页制作与动态网站开发 ··········· 3
　　实训1　认识网页与动态网页 ········ 3
　　实训2　掌握网页文件结构及网页元素 ··· 5
　　实训3　掌握动态网站开发的基本内容 ··· 5
1.3 网站运行 ························ 6
　　实训1　了解网站运行的基本条件 ····· 6
　　实训2　掌握网站运行原理 ·········· 8

第2章　HTML语言基础

2.1 网页设计基本知识 ················ 10
　　实训1　了解网页标准化 ············ 10
　　实训2　选用学习工具 ············· 12
2.2 HTML语言基本知识 ·············· 13
　　实训1　认识HTML语言 ············ 13
　　实训2　HTML语言的发展历史 ········ 14
　　实训3　掌握HTML语言规范 ········· 16
　　实训4　掌握HTML文档类型和
　　　　　　名字空间 ················ 20
　　实训5　了解网页元信息 ··········· 25

第3章　网页标签

3.1 文本信息标签 ··················· 29
　　实训1　认识字符标签 ············· 29
　　实训2　认识排版标签 ············· 31
3.2 列表与表格标签 ················· 33
　　实训1　认识列表标签 ············· 33
　　实训2　认识表格标签 ············· 34
　　实训3　认识表单标签 ············· 38
3.3 图像与超链接标签 ··············· 44
　　实训1　认识图像标签 ············· 44
　　实训2　认识超链接标签 ··········· 46
3.4 多媒体标签以及其他标签 ········· 54
　　实训1　认识多媒体标签 ··········· 54
　　实训2　了解其他标签 ············· 58

第4章　网页标签的语义性

4.1 网页语义化基本知识 ·············· 61
　　实训1　了解HTML元素的语义分类 ···· 61
　　实训2　了解HTML属性的语义分类 ···· 63
4.2 文本信息和列表的语义结构 ······· 66
　　实训1　掌握文本信息的语义结构 ···· 66
　　实训2　掌握列表信息的语义结构 ···· 77
4.3 数据表格与表单的语义化结构 ····· 83
　　实训1　掌握数据表格的语义化结构 ···· 83
　　实训2　掌握表单的语义化基本结构 ···· 89
　　实训3　语义化表单结构的高级设计 ···· 95

第5章 网页结构化布局

5.1 HTML元素的显示类型 ············ 101
5.2 HTML结构嵌套规则详解 ········· 103
 实训1 (X)HTML Strict下的
     嵌套规则 ················· 104
 实训2 HTML嵌套规则解析 ····· 107
5.3 解析CSS Zen Garden的结构 ······ 109

 实训1 认识CSS禅意花园 ········· 109
 实训2 网页基本结构设计 ········· 111
 实训3 "禅意花园"结构嵌套分析 ··· 112
 实训4 构建"禅意花园"的基本结构 · 114
 实训5 构建"禅意花园"的微观结构 · 115
 实训6 内容版式设计 ············· 119

第6章 CSS语言基础

6.1 CSS样式创建与应用 ············· 122
 实训1 创建CSS样式 ············· 122
 实训2 应用CSS样式 ············· 124

6.2 CSS选择器的选用 ··············· 129
 实训1 准确选用CSS选择器 ······ 129
 实训2 灵活使用CSS的层叠和继承 ···· 139

第7章 设计网页文本和段落样式

7.1 字体样式 ························ 144
 实训1 设计字体类型 ············· 144
 实训2 设计字体大小 ············· 146
 实训3 设计字体颜色 ············· 147
 实训4 设计字体粗细 ············· 148
 实训5 设计斜体 ················· 148
 实训6 设计下划线 ··············· 149
 实训7 设计大小写 ··············· 150
7.2 段落格式 ························ 151
 实训1 设计水平对齐 ············· 151

 实训2 设计垂直对齐 ············· 153
 实训3 设计字距和词距 ··········· 156
 实训4 设计行高 ················· 156
 实训5 设计首行缩进 ············· 159
7.3 网页文本格式实战 ··············· 160
 实训1 设计宁静、含蓄的英文格式 · 161
 实训2 设计干练、洒脱的英文格式 · 163
 实训3 设计层级式中文格式 ······ 164
 实训4 设计报刊式中文格式 ······ 166

第8章 设计网页图像样式

8.1 图像样式 ························ 170
 实训1 设计图像大小 ············· 170

 实训2 设计图像边框 ············· 171
 实训3 设计图像透明度 ··········· 173

实训4 设计图像位置 ············ 175	实训4 固定背景图像 ············ 182
8.2 控制背景图像 ············ 176	实训5 灵活使用背景图像 ·········· 183
实训1 定义背景图像 ············ 177	8.3 网页图像设计实战 ············ 184
实训2 设计背景图像显示方式 ······· 178	实训1 博客主页中的图像应用 ······ 184
实训3 设计背景图像位置 ·········· 179	实训2 网络相册中的图像应用 ······ 188

第9章　设计超链接样式

9.1 超链接基本样式 ············ 195	实训3 设计动态样式 ············ 202
9.2 设计超链接样式 ············ 198	实训4 设计图像样式 ············ 204
实训1 设计下划线样式 ··········· 199	实训5 设计鼠标样式 ············ 206
实训2 设计立体样式 ············ 201	

第10章　设计列表和菜单样式

10.1 列表基本特性 ············ 209	实训2 设计水平布局形式 ·········· 215
实训1 定义列表的基本特性 ········ 209	10.3 菜单样式设计 ············ 218
实训2 自定义项目符号 ············ 210	实训1 设计滑动样式（上）········· 218
实训3 使用背景图像定义项目符号 ··· 211	实训2 设计滑动样式（下）········· 220
10.2 列表布局 ················ 211	实训3 设计Tab菜单 ············ 222
实训1 设计垂直布局样式 ·········· 212	实训4 设计导航下拉面板样式 ······ 225

第11章　设计表格样式

11.1 表格特性设计 ············ 229	实训2 设计数据列和行的样式 ······· 238
实训1 使用表格特性 ············ 229	实训3 设计表格标题的样式 ········ 241
实训2 使用CSS设计表格边框 ······· 231	实训4 合并单元格 ·············· 243
实训3 设计单元格分离和补白样式 ··· 232	实训5 设置数据表格内元素
实训4 空单元格显示处理 ·········· 233	层叠优先级 ············ 244
实训5 设计单元格数据水平对齐和	11.3 表格样式设计实战 ············ 245
垂直对齐 ················ 234	实训1 设计清新悦目的数据表样式 ··· 246
11.2 表格布局模型和高级样式设计 ··· 236	实训2 设计层次清晰的数据表样式 ··· 247
实训1 认识表格布局模型 ·········· 236	

第12章 网页样式布局

12.1 网页布局概述 ········· 252
   实训 分析网页布局的类型 ········ 254
12.2 CSS盒模型 ············· 257
   实训1 设计盒模型的边界 ······ 258
   实训2 设计边界重叠 ·········· 260
   实训3 设计盒模型的边框 ······ 262
   实训4 边框样式的使用技巧 ···· 264
   实训5 盒模型的补白 ·········· 265
12.3 标准网页布局的基本方法 ···· 267
   实训1 float浮动布局 ········· 267
   实训2 浮动清除 ·············· 271
   实训3 position定位布局 ······ 273
   实训4 设计定位元素的重叠顺序 ···· 276
12.4 网页布局实战 ··········· 278
   实训1 布局居中技巧 ·········· 279
   实训2 灵活设计定位布局 ······ 281
   实训3 浮动布局的高度自适应 ···· 285
   实训4 使用负边界改善浮动布局 ···· 287

第13章 兼容性网页布局

13.1 浏览器兼容的基本方法 ······ 290
   实训1 常用过滤器的使用方法 ···· 290
   实训2 使用IE条件语句过滤 ···· 291
   实训3 使用标准浏览器和非标准
          浏览器 ·············· 292
13.2 兼容流动布局 ··········· 293
   实训1 有序列表高度问题处理 ···· 293
   实训2 列表宽度问题 ·········· 295
   实训3 项目符号变异问题处理 ···· 296
   实训4 列表行双倍高度问题处理 ···· 297
   实训5 列表项错行问题处理 ···· 298
   实训6 设计默认高度问题处理 ···· 299
   实训7 盒模型高和宽的计算问题处理 ···· 301
   实训8 设计最小高度和宽度问题处理 ···· 302
   实训9 失控的子标签问题处理 ···· 303
   实训10 设计使用背景图像代替文本 ···· 304
13.3 兼容浮动布局 ··········· 305
   实训1 浮动被流动包含问题处理 ···· 305
   实训2 包含框不能自适应高度的
          问题处理 ············ 307
   实训3 浮动布局中栏目内容被隐藏的
          问题处理 ············ 308
   实训4 半个像素问题处理 ······ 310
   实训5 3像素问题处理 ········ 312
   实训6 多出字符问题处理 ······ 313
13.4 兼容定位布局 ··········· 314
   实训1 定位参照物 ············ 314
   实训2 定位元素的结构与层叠 ···· 316
   实训3 定位元素丢失 ·········· 318

第1章

网站建设概述

随着信息时代的不断进步和演变，因特网已经成为人们生活和工作中必不可少的重要部分。网站是因特网上信息的聚散地，它是发布信息、搜索信息、浏览信息的重要场所，所以它是信息时代最重要的信息阵地。如何建设和管理好这个阵地显得至关重要。

网络在人们生活和工作中的作用不断提高。同样，作为网络信息集散中心的网站的重要性也正在日益突出，很多企事业单位都建立了自己的网站。

随着社会对网站开发技术人员需求的不断扩大，网页制作已经成为各高校专业学生必修的一门课程。当前，网页制作工具很多，其中Dreamweaver是比较容易掌握、效率较高的网页制作工具。

本部分主要讲解网站建设的基本知识以及静态网页制作，主要包括以下两方面。
- 网站建设基本知识。
- 网站运行原理。

1.1　网站建设基本知识

实训1　了解网站的发展历程

网站的发展是随着 Internet 的发展而进行的。从最初的 ARPANet（Advanced Research Projects Agency，美国国防部高级研究计划管理局）到现在的 Internet 和正在发展的 Internet 2，网络的每一次变革都带来了网站的蓬勃发展。

最初的网站是由最原始的静态页面组成，内容较少，页面简陋，提供的服务极少。现在的网站大多数都是动态网站，有丰富的内容，美观的页面，完善的功能，不仅能提供丰富的信息服务，还能提供个性化服务。今后，随着 Internet 2 的不断完善和普及推广，网络速度必将大大提高。届时，网站的内容也必将更加丰富多彩，网站提供的服务也更加多种多样和更加完善。

网站建设是一个比较复杂的系统工程，要确切地划分网站建设的各个阶段并不现实，只能粗略地将网站设计与建设划分为如下阶段。

（1）网站前期准备。这个阶段包括网站总体规划、构思、设计等内容。

（2）网站开发阶段。包括静态页面制作、数据库构建、动态网站开发等内容。

（3）网站测试与发布阶段。包括 Web 服务器软件安装与配置、域名申请与管理、网站程序上传等内容。

（4）网站后期维护与更新阶段。此阶段是一个漫长的过程，指网站运行于 Internet 之后的所有内容，包括网站版面的修改、内容的更新与升级、栏目的调整、功能的完善等内容。

网站建设的各个阶段相互交叉、相互重叠，在开发阶段可能需要发布网站测试效果，而在后期维护时还可能要重新开发某些功能……

实训2　了解网站建设中的几个概念

在网站建设的学习和教学中有几个概念容易混淆，比如网页、动态网页、Web 应用程序、网站、动态网站等，下面就来简要分析一下。

1．网页

网页包含两个概念：一种专指 HTML 静态页面。这类网页是物理存在的文件，可以由浏览器（比如 IE）直接浏览。另一种特指动态网页或 Web 应用程序，经过 Web 服务器软件解释或编译后，以 HTML 格式输出到客户端浏览器的结果，这类网页会随着浏览器的关闭而消失。

2．动态网页

动态网页相对于物理存在的静态网页文件而言，这里说的动态网页与网页上的各种动画、滚动字幕等视觉上的"动态效果"没有直接关系，无论网页是否具有动态效果，只有采用动态网页技术（比如 ASP、ASP.NET、PHP、JSP、ColdFusion 等）生成的网页才能称为动态网页。

动态网页不能由浏览器直接浏览，需要经过专门的 Web 服务器软件进行解释或编译后才能由浏览器浏览。

3．Web 应用程序

Web 应用程序首先是应用程序，这些应用程序和用标准程序语言（比如 C/C++、Java 等）编写出来的程序没有什么本质上的不同。然而 Web 应用程序又有自己独特的地方，因为它是基于 Web 的，所以它是典型的浏览器／服务器架构（B/S）的产物。比如网站计数器、留言板、聊天室和论坛 BBS 等，就是常见的 Web 应用程序。

当然也可以将 Web 应用程序看成是由一个或多个动态网页组成的，能实现一定功能的动态网页的集合。

4．网站

最初的网站完全是由基于 HTML 的静态网页组成的，那时的网站可以说是静态网站。但是现在的绝大多数网站都具有了动态特点，一般不再使用静态网站的概念，而使用网站或动态网站来统称所有网站。

网站是一个复杂的系统，它不仅包括静态网页、动态网页、Web 应用程序，还包括与之相关的数据库、各类媒体文件，甚至还包括操作系统、Web 服务器软件以及承载网站运行的各类硬件设备等。

5．网站与 Web 应用程序的关系

现在，网站要提供多种多样的功能来满足人们的各类需要，而这些功能主要是由不同的 Web 应用程序来实现的。所以说 Web 应用程序是网站的核心，也可以说网站建设的核心就是 Web 应用程序的开发。

总之，静态网页是基于 HTML 的物理存在的文件，动态网页是采用动态网站技术（ASP、ASP.NET、PHP、JSP、ColdFusion）生成的网页，Web 应用程序是网站中能实现特定功能的静态网页或动态网页的集合。

1.2　网页制作与动态网站开发

实训1　认识网页与动态网页

假如要在教室的黑板上制作板报，首先找到要使用的素材，然后再在图纸上初步设计板报的效果草图。接下来，根据效果草图将黑板划分成不同的板块，最后在黑板的各个版块里写入相应的内容。这样就可以制作出页面整洁、清晰，效果美观的板报来。

网页制作的步骤和制作板报很相似，主要有下面几个步骤。

1．素材收集与处理

素材的收集与处理是网页制作的前期准备，将网页制作需要的各类文字材料、图像材料等收集齐全，并做适当的处理，以备需要的时候使用。如果不做这个工作，而是在开发当中随用随找，就可能会手忙脚乱，效率低下。

2．页面效果设计

网页制作是艺术性很强的工作，制作的网页不仅要页面整洁、内容清晰，同时还要求色调搭配合理、整体效果美观，如图 1.1 所示。这就要求提前进行页面效果的设计。当然，最好由专业的美工来完成这个工作。

3．网页布局设计

用表格、层等网页布局工具，按照网页效果图将页面划分成不同的区域，并能在不同的区域填充不同的内容，如图 1.2 所示。

4．网页元素的插入与属性设置

在设计好布局的页面的各个相应部分插入相应的媒体内容，并按照实际需要进一步调整这些内容的属性，真正制作出一个结构合理、页面美观的网页，如图 1.3 所示。

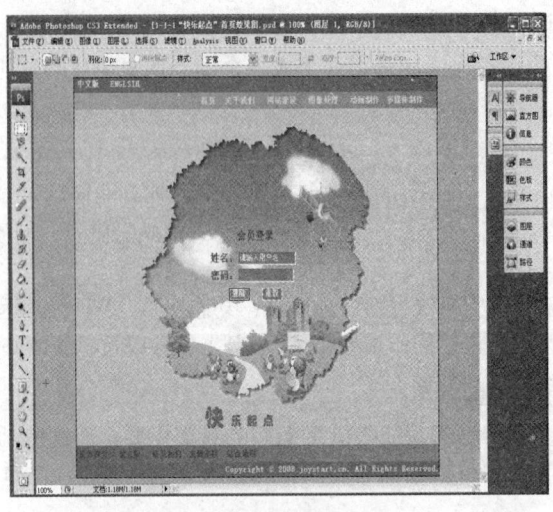

图1.1 "快乐起点"首页

图1.2 "快乐起点"首页页面布局

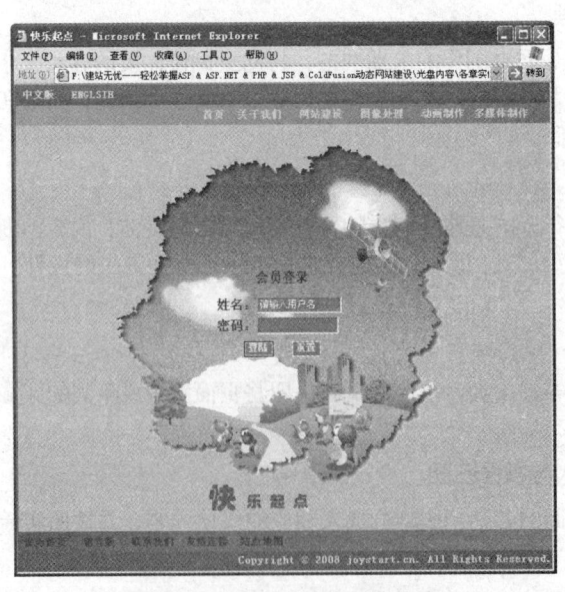

图1.3 "快乐起点"首页预览效果

5．效果预览及修正

虽然在网页制作过程中进行了详细的设计、周密的考虑，但依然难免还有不尽如人意的地方，可以通过预览网页效果，从中寻找不足，然后不断修正、改进，直到满意为止。

实训2　掌握网页文件结构及网页元素

1．HTML 网页的文件结构

HTML 文件有 <html>…</html> 标记包含所有内容，其中又用 <head>…</head> 标记网页头，用 <body>…</body> 标记网页主体，如图1.4 所示。

图1.4　XHTML文件代码结构

2．网页包含的媒体类型

- 文字：文字是网页里最常见的内容。网页中的文字可以手工输入，也可以将 Word 等文档文件中的 x 文字直接导入到网页中来。
- 图像：网页支持 3 种格式的图像：JPG（含 JPEG）、GIF（含动画 GIF）、PNG，其中 GIF 和 PNG 图像支持透明背景。网页中不能使用其他格式的图像。
- 动画：动画使网页更加丰富多彩，富于动感。现在，网页中最常见的动画为 Flash 动画（*.swf）和 gif 动画。
- 声音：网页声音可以是背景音乐，也可以在需要的时候播放理想的声音。可以在网页中插入 MIDI、MP3、WAV 等声音，但是网页中最好使用 MIDI 或 MP3 等格式的声音，而不要使用文件体积较大的 WAV 格式文件。
- 视频：随着网络的不断提速，网页中使用的视频越来越多。主要视频格式有 WMA、RM、RMVB、MPEG、AVI 等。建议大家尽量使用 WMA、RM 等流媒体视频，而不要使用 MPEG、AVI 等体积较大的视频。
- 其他媒体：随着新技术的不断涌现，网页中采用的媒体类型也越来越多。比如，虚拟现实建模语言 VRML（*.wrl）在网络中已经非常流行，相信今后还会有更多的媒体类型不断涌现，网页内容必将更加丰富多彩。

实训3　掌握动态网站开发的基本内容

1．动态网页文件结构

此类文件（例如 *.asp、*.aspx、*.php、*.jsp、*.cfm）的结构与 HTML 文件是一样的，只不过它们往往在 HTML 文件之中嵌入相应的程序代码，例如 ASP 或 JSP 文件是在 HTML 当中加入 <%…%>，而 PHP 文件是在 HTML 当中加入 <? php … ?>，如图1.1 所示。

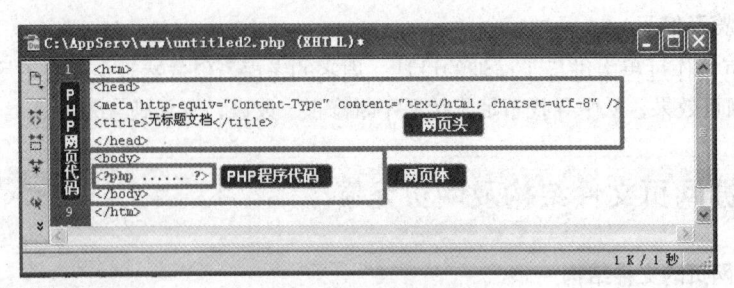

图1.5 PHP文件代码结构

2．动态网站开发技术现状

网站制作的初期是使用 HTML 语言，那时只有非常专业的技术人员才可以进行网站开发。经过多年的发展，现在已经有多种网站开发技术（比如 ASP、ASP.NET、PHP、JSP、ColdFusion），由于"所见即所得"可视化开发技术的实施，网站开发技术已经得到较快的普及。

现在的网站大多数是动态网站。虽然 ASP、PHP 网站数量居多，但是作为后起之秀，ASP.NET 和 JSP 网站发展迅速。尤其是 JSP，它以其开源、跨平台、运行效率高等优点备受人们的青睐，得到了迅猛地发展。而 ColdFusion 依然是网站建设中的"贵族"，据 Adobe 公司网站介绍，在财富 100 中，有超过 75% 的企业都在使用 ColdFusion。

1.3　网站运行

今天，上网不再是一种时尚，而是一种必需。很难想像没有 Internet 该如何开展工作。而网站是因特网的核心，是各类信息的集散地，所以各类网站的正常运行是保障 Internet 信息畅通的前提。

在因特网上，各类网站是如何运行的呢？

这里讲的网站运行并不是单机服务器运行，而是在因特网上运行，并且远程访问者能正常访问。网站的运行不仅要有运行网站的单机环境，还要有因特网网络环境。

实训1　了解网站运行的基本条件

1．Internet 及网络设备

因特网及网络设备提供了网站运行、访问的环境，主要包括：

网络：全球有许多各种类型的网络，这些网络相互连接组成了因特网，这是网站运行的通道。

交换机、路由器等网络设备：这些设备是网站运行通道上的各个关卡，它们能否正常运行，将直接影响网站的运行安全。

2．IP 地址和域名

IP 地址：网站在因特网上的物理地址，并且它是全球唯一的。

域名（DNS）：它就像网站的门牌号，可以根据 DNS 找到某公司的网站地址（IP 地址）。

3．服务器

各类服务器是网络运行的指挥所和网站运行的控制中心。服务器通常有以下几个。

（1）根服务器

它们控制着整个因特网的运行，主要用来管理互联网的主目录，负责全球互联网域名根服务器、域名体系和 IP 地址等的管理。全世界只有 13 台根服务器，这 13 台根服务器可以指挥和控制互联网通信。

（2）DNS 服务器

它们提供域名解析功能，能够帮助用户通过域名（而不必记住 IP 地址）访问相关网站。域名服务器一般由 ISP（因特网服务提供商）提供。

（3）WWW 服务器

它们是真正运行网站的服务器，访问一个网站一般就是访问 WWW 服务器。当然，一台 WWW 服务器可以同时运行多个网站，而当一个网站的规模太大时，这个网站还可以分布在多台 WWW 服务器上。WWW 服务器又称 Web 服务器。

（4）其他服务器

一般情况下，只要有因特网网络环境、IP 地址、域名以及 WWW 服务器，就可以运行并访问一个网站。但是，如果因特网上的网站只具有这些功能就太简单了。为了丰富 Internet 的功能，网络上还有许多其他类型的服务器可以提供其他类型的服务：例如 FTP 服务器提供文件共享和文件传输服务，邮箱服务器提供电子邮箱服务，聊天服务器提供聊天服务，视频点播服务器提供视频点播服务……

当然，有时一台服务器可以有多种用途。比如，可以将 WWW 服务和 FTP 服务以及邮箱服务配置在同一台服务器上。而一种类型的服务亦可以用多台服务器协同实现，比如腾讯公司的在线聊天服务不可能只用一台服务器来实现，它是通过许多台服务器来协同实现的。

4．操作系统

一般情况下，一台服务器其实就包含了服务器上安装的操作系统和其他应用软件。因为服务器只有安装好操作系统以及专门的应用软件才能起到提供服务的作用。比如，一台服务器只有安装好 Windows 操作系统，并安装、配置好 IIS 后才可能作为 WWW 服务器使用，所以说操作系统是服务器实现特定服务的平台。

当前比较常用的操作系统有 Windows、Linux、UNIX、Solaris 等。不同的操作系统有不同的特点，不同的服务器也会采用不同的操作系统。Windows 操作系统以其直观的图形化界面、丰富的应用程序支持，拥有广大的客户群；Linux 以其开源、免费、运行效率高和运行安全性高而备受网站用户的青睐；UNIX 以其坚如磐石的品质受到大型企业的追捧；SUN 公司以 Solaris 为操作系统的 DNS 服务器同样是众多用户不错的选择……

本书只涉及开发及运行网站的环境，所以只讲述 WWW 和 FTP 服务器，并且我们的讲解主要面对初、中级用户，所以选择的是大家比较熟悉的 Windows 操作系统。

5．Web 服务器软件

在服务器上仅仅安装了操作系统还不能运行网站，要想运行网站还必须有运行和管理网站的应用程序。这类运行及管理网站的应用程序统称为 Web 服务器软件（有时简称 Web 服务器）。Web 服务器软件是网站正常运行的直接责任人，它负责网站中核心的动态网页以及 Web 应用程序的解释或编译工作，从而保证动态网站地实现。

当前常用的 Web 服务器软件有：IIS、Apache、Apache Tomcat 等。IIS 为 Windows 集成的 Web 服务器软件（在 Windows 系列的 Home 版本中没有集成 IIS）；Apache 和 Apache Tomcat 为开源、免费、运行效率高、运行安全性好的 Web 服务器软件。

不同的 Web 服务器软件支持不同的动态网站开发技术。例如 IIS 对 ASP、ASP.NET 支持较好，Apache 对 PHP 支持较好，Apache Tomcat 对 JSP 支持较好，而几乎所有的 Web 服务器软件都支持 ColdFusion。

在本书中，使用 IIS 运行 ASP、ASP.NET、ColdFusion；使用 Apache 运行 PHP；使用 Apache Tomcat 运行 JSP。

6．其他应用软件

当然，网站的安全运行还需要一些其他应用软件，例如数据库管理系统（DBMS）、杀毒软件、加速软件等，这里就不再一一介绍了。

实训2　掌握网站运行原理

1．通过 Internet 访问网站的一般过程

要在因特网上访问某个网站，一般要经过如下过程：

（1）客户端从浏览器向 DNS 服务器提交 HTTP 请求（比如 www.tjtc.edu.cn）。

（2）DNS 服务器进行域名解析，如果解析成功，则转向对应的网站服务器（比如 211.68.224.7）；如果解析失败，则返回客户端浏览器错误信息。

（3）网站服务器根据客户端的 HTTP 请求，由 Web 服务器软件对相关内容进行编译或解释，必要时还要进行数据库的各类操作，最后将运行结果以 HTML 形式返回给客户端浏览器。

（4）客户端可以在浏览器上观看相应的内容。

只要网络畅通、速度足够快，就可以在世界任何角落访问因特网上运行的网站。

2．网站运行原理

图1.6　网站运行原理示意图

图 1.6 可以看出，网站运行首先要有客户端提交 HTTP 请求，然后 Web 服务器中的服务器软件处理该请求，最后将处理结果返回客户端。如果客户端浏览到正确的结果，则说明该网站正常运行了。

（1）客户端通过浏览器向因特网上的 Web 服务器发出一个 HTTP 请求（比如 http://www.tjtc.edu.cn/index.asp）。

（2）利用 Web 服务器上的服务器软件（比如 IIS）运行并解释 index.asp 文件。

如果 index.asp 不涉及数据库操作，则 IIS 将运行结果以 HTML 网页形式返回给客户端浏览器；如果 index.asp 涉及数据库操作内容，则 IIS 根据 index.asp 的要求向数据库服务器上的数据库请求各类数据库操作，数据库服务器将操作结果返回给 Web 服务器软件 IIS，IIS 再将运行结果以 HTML 网页形式返回给客户端浏览器。

第 2 章

HTML语言基础

互联网世界很精彩，Web技术也很精彩。从本质上来剖析互联网，Web其实是很简单的。
- 使用超文本技术（HTML）实现信息互联。
- 使用统一资源定位技术（URI）实现信息定位。
- 使用网络传输协议（HTTP）实现信息传输。

这些技术都是与信息发布、获取和应用相关联的，因此，整个Web技术就是建立在信息交流基础之上的。其中HTML能够把存储在一台计算机中的资料与另一台计算机中的资料连接在一起，形成有机整体。

HTML是互联网开发的基本语言，是由SGML语言发展而来的一种描述性语言（或称为标记语言）。一个HTML文档就是一张网页，网页是由大量文本信息和各种标记组成的纯文本格式的文档，任何文本编辑器都可以打开和编辑，不过使用专业网页编辑器可以提高开发效率。

2.1 网页设计基本知识

Web技术的核心可以概括为以下三点。
- 超文本技术（HTML）：实现信息与信息的相互连接。
- 统一资源定位技术（URI）：实现信息的全球精确定位。
- 网络传输协议（HTTP）：实现信息的分布式传输和共享。

在20世纪90年代后期，互联网和Web信息交流和服务逐渐成为人们生活的一部分，而这时的Web浏览器是比较简陋的，还没有完全支持CSS技术。

从2003年开始，HTML+CSS的设计模式逐渐被人们接受，其中HTML负责构建网页结构，而CSS负责设计网页的表现，两者合二为一也就形成了标准的网页。

动态网页是在静态网页的基础上发展而来的，它是在互联网信息急剧膨胀和人们对于Web信息动态交互需求的大背景下产生的。对于动态网页有两种说法：一种说法是利用服务器技术动态改变浏览器中的显示信息，这种表现多侧重于后台服务器技术的开发；另一种说法就是利用浏览器中的脚本动态控制页面的显示效果，这里主要是JavaScript脚本语言。JavaScript语言也由此成为了标准网页设计中的一种核心技术，用来设计页面的交互效果（即Web设计的逻辑层）。

实训1 了解网页标准化

在讲解之前，先来了解W3C是什么？W3C是World Wide Web Consortium的缩写，中文翻译为万维网联盟。W3C于1994年10月在麻省理工学院计算机科学实验室成立，创立者是万维网的发明者蒂姆·伯纳斯-李。W3C组织是对网络标准进行制定的一个非赢利性组织，例如，HTML、XHTML、CSS和XML的标准就是由W3C来制定的。

根据W3C制订的标准，Web标准不是某一个标准，而是一系列标准的集合。完整的网页主要由三部分组成。
- 结构（Structure）。
- 表现（Presentation）。
- 行为（Behavior）。

对应的网站标准也可以分为三方面。
- 结构标准语言，主要包括XHTML和XML。
- 表现标准语言，主要包括CSS。
- 行为标准语言，主要包括W3C DOM和ECMAScript。

上面各种标准语言大部分由W3C组织制订，部分标准也由其他标准组织制订，如ECMA制订的ECMAScript。

ECMA是European Computer Manufacturers Association的缩写，中文翻译为欧洲计算机厂商协会。ECMA于1960年在布鲁塞尔由一些欧洲最大的计算机和技术公司成立，到1961年5月，他们成立了一个正式组织，这个组织的目标是评估、开发和认可电信和计算机标准。后来把ECMA的总部设在日内瓦，这样就能够与其他标准制定组织交流，如国际标准化组织（ISO）和国际电子技术协会（IEC）。下面简单地概览一下这些标准语言的发展和简介。

1．网页标识语言

网页标识语言的发展经历了很长一段时间，最先是SGML语言，但是由于该语言过于复杂，后来W3C推出简化版的HTML语言，可以说HTML语言是最普及的标识语言。

HTML 是 Hypertext Markup Language 的缩写，中文翻译为超文本标识语言，这种语言把网页结构和表现混在一起，用于控制网页文档的显示方式。用 HTML 标记进行格式编排的文档称为 HTML 文档，目前最新版本是 HTML 5.0，使用最广泛的是 HTML 4.1 版本。

如果说HTML语言给Web世界赋予了无限生机的话，那么XML语言的出现可以算是Web的一次新生了。按照蒂姆·伯纳斯-李的说法，Web是一个"信息空间"。HTML语言具有较强的表现力，但也存在结构过于灵活、语法不规范的弱点。当信息以HTML语言的面貌出现时，Web这个信息空间是杂乱无章的，为了让Web世界里的所有信息都有章可循，需要一种更为规范、更能够体现信息特点的语言。

1996 年，W3C 在 SGML 语言的基础上提出了 XML 语言草案。1998 年，W3C 正式发布了 XML 1.0 标准。XML 是 The Extensible Markup Language 的缩写，中文翻译为可扩展标识语言。XML 语言对信息的格式和表达方法做了最大程度的规范，如果说 HTML 语言关心的是信息的表现形式，而 XML 语言关心的就是信息本身的格式和数据内容。从这个意义上说，XML 语言不但可以将客户端的信息展现技术提高到一个新的层次，而且可以显著提高服务器端的信息获取、生成、发布和共享能力。

XML 虽然数据转换能力强大（完全可以替代 HTML），但面对成千上万已有的站点，直接采用 XML 还为时过早。因此，W3C 在 HTML 4.0 的基础上，用 XML 的规则对其进行扩展，得到了 XHTML。简单地说，建立 XHTML 的目的就是实现 HTML 向 XML 的过渡。

XHTML 是 The Extensible HyperText Markup Language 的缩写，中文翻译为可扩展标识语言。XHTML 语言照顾到了网页的标准性，因此成为设计网页结构的首选语言，目前遵循的是 W3C 于 2000 年 1 月推荐的 XHTML1.0。实际上，XHTML 和 HTML 在语法和标签使用方面差别不大。熟悉 HTML 语言，再稍加熟悉标准结构和规范，也就熟悉了 XHTML 语言。因此，不会去刻意区分它们的称呼，本书也经常使用 HTML 来表示 XHTML。

2．网页样式语言

根据 W3C 组织的设想，把所有网页结构层和表现层分离开来，结构由 HTML 负责，表现由 CSS 负责。所谓表现，实际上就是网页的显示样式，或者称之为呈现效果。

CSS 是 Cascading Style Sheets 的缩写，中文翻译为层叠样式表，目前推荐遵循的是 W3C，于 1998 年 5 月制订的 CSS 2 版本，其最新版本是 CSS3，目前还没有获得浏览器的支持。

W3C 创建 CSS 标准的目的是希望使用 CSS 取代 HTML 表格式布局和其他表现属性。通过完全独立的 CSS 布局和 HTML 结构来帮助网页设计师分离网页外观与结构，这样就能够更好地实现 Web 设计的分工协作，使站点的访问及维护更加容易。

3．网页脚本语言

在前端开发中，用户的体验和交互变得日益重要，懂得网页行为技术的人才变得炙手可热。在前端开发中所用到的主要行为语言包括 DOM 和 ECMAScript。

DOM是Document Object Model的缩写，中文翻译为文档对象模型。根据W3C DOM 规范，DOM是一种与浏览器、平台、语言的接口，使得用户可以访问页面中其他的标准组件。通俗地说，DOM解决了不同脚本语言的冲突（如JavaScript和JScript），给予网页设计师和前端工程师一把万能钥匙，使用它可以访问网页中的结构和数据、脚本和表现层对象（即网页样式）。

ECMAScript是ECMA制定的标准脚本语言，目前推荐的是ECMAScript 262版本，最新版本是ECMAScript 4.0，与最新版本的JavaScript 5.0和JScript 1.5功能大致相同。

实训2　选用学习工具

选用一款好的工具能够提高学习和开发的效率，因为比较专业的工具会提供高亮显示代码、代码输入智能提示、自动输入代码、代码语法检查和标准验证等专业服务功能，使用起来会感觉输入代码的速度很快。很多编辑器（如Dreamweaver）还提供了可视化编辑功能，只需简单地单击即可完成页面的设计。

另外，为了方便测试，应该在个人计算机中安装多种类型的浏览器，用来作为预览网页的工具。现在一台计算机中同时安装IE、Firefox（简称FF）、Opera、Safari已经不是难题了，而使用IETester或MultipleIE还可以在一台计算机中同时安装多个版本的IE浏览器，从而方便多版本测试和兼容处理（有关这些软件，读者都可以在网上免费下载使用）。本书将兼顾IE、FF和Opera浏览器，这三种浏览器代表当前浏览器的主流，其他类型的浏览器限于篇幅就不再涉及。

除了安装编辑器和浏览器之外，还建议读者安装一些必要的调试工具，例如，FF浏览器下的Firebug组件，如图2.1所示，该组件在调试JavaScript脚本以及分析Ajax通信时非常有效。同时可以查看页面中HTML结构和CSS样式等信息，了解网络下载速度，以便及时分析并发现影响带宽的潜在因素。

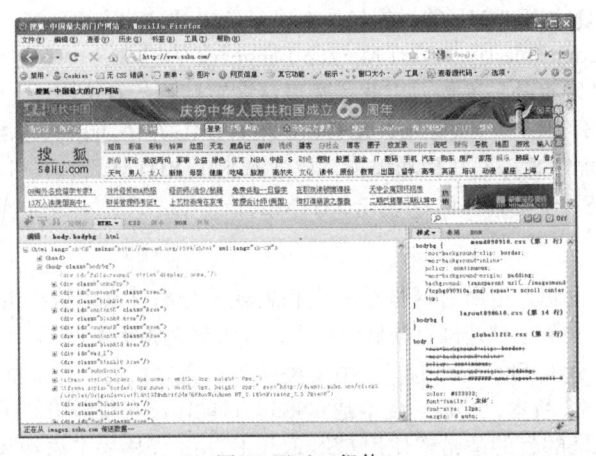

图2.1　Firebug组件

此外，还应该安装FF浏览器下的Web Development Toolbar组件，如图2.2所示，该组件可以详细分析HTML页面的不同元素以及CSS样式设置信息，是标准网页设计师必备的调试和辅助工具。

图2.2　Web Development Toolbar组件

上面这些组件都可以在 FF 浏览器中以附加组件的形式自由下载和使用。对于 IE 浏览器来说，也有类似的开发工具，如 IE Development Toolbar 和 IE Debugbar 等，读者可以在网上下载安装。

2.2　HTML语言基本知识

　　HTML是互联网通用语言，简单、通用是它的特点，就因为这样的特性才衍生出今天互联网上功能各异的众多语言。说其简单，读者只需要记住一些简单的标记和用法，就能够设计出各种复杂的页面；说其通用，是因为这些页面可以在不同操作系统、不同浏览器、不同设备中预览，可以以它为基础开发更多、更复杂的页面。

实训1　认识HTML语言

　　HTML是Hypertext Markup Language的简称，中文翻译为超文本标识语言，也有人称之为超文本标记语言，它是网络上应用最为广泛的语言，也是网页设计的主体语言。

　　首先从HTML语言名称进行分析，可以对HTML形成两点初步认识。

　　第一，这是一种超文本（Hypertext）语言。

　　什么是超文本呢？因为它太简单了，以至于忽略了这个问题。用专业术语讲，超文本（Hypertext）是一种按信息之间的非线性关系来存储、组织、管理和浏览信息的计算机信息管理技术（引自《电脑知识与技术》1998年03期，王叶宏）。这里有两个关键词："非线性"和"信息管理"。通俗地说，就是利用一种技术（即链接技术）把无序、无组织、无纪律的信息文档串联在一起。

　　如果继续深究，"超文本"这个词是在1965年由美国人泰得•纳尔逊想出来的，这种奇妙的想法后来居然得到全世界的认可，并成为后来互联网发展的基础，着实让泰得•纳尔逊本人始料不及，当然也让我们这些后辈们感慨万千。

　　超文本是采用人脑思维的模式模拟人的联想机制对海量信息进行检索的一种非线性结构（即非连续、跳跃性），信息之间可以没有一点逻辑联系。因此，从上面分析来看，形成超文本技术的基础必须有两个基点：节点（Node）和链（Link）。所谓节点就是文档中的文本介质，它犹如一个跳板，通过这个跳板，借助"链"的力从一个文档跳转到另一个文档，实际上这也就是现在所说的超链接。节点就是超链接载体（如文本、图像、多媒体等），链就是所谓的超链接，即包含定位地址的URL以及封装执行跳转到URL机制的a元素。

　　第二，HTML是一种标记（Markup）语言。

　　简单地说，标记就是记号。人类在没有语言之前，很善于做记号，结绳记事的传说就很形象地描绘出早期人类做标记的方法。初期的互联网也一样的原始和荒芜，犹如人类的先祖，于是有好事者选用键盘中比较生僻的键盘符号作为标记来定义有限字符所无法表达的语义，例如，使用尖括号（<>）包含一个词汇来标记一定的意思。

　　"粗体"文本需要加粗显示，但是字符集中没有表示粗体的编码，网络仅能传输"7C97 4F53"（"粗体"两个汉字的Unicode编码），当其他计算机接收该Unicode编码之后，就知道它是"粗体"字符，但是无法知道哪些字符要加粗显示，有人就在这个文本左右做个标记："<b>粗体<b>"，意思是该记号包含的文本需要加粗显示。如果仅传输这两个汉字，一切都好办，问题是所要传输的字符很多，如何识别标记所指的字符呢？于是，在上面标记的基础上为结束标记增加一个斜杠，即"<b>粗体</b>"，以便明确限定标记所指定的范围。这样网络传输的信息是：003C 0062 003E 7C97 4F53 003C 002F 0062 003E，其他计算机接收到这样的信息之后，把它们翻译为字符"<b>粗体</b>"，并根据事先的标记约定，把字符"粗体"显示为粗体。

随着文档语义范围的扩大，于是各种标记也不断被定义出来，为了完善这些标记，W3C等组织联合其他公司、团体、专家等不断规范这套标记的语法体系，并最终形成一种语言，这犹如人类的语言一样，是在发展中日趋完善的，而不是由某个人一夜发明的。

网页中的标记还有很多类型，不仅仅包括HTML语言标记，不同的语言或者规则都可能包括一套标记。有时可以在笔者创建的BBS或Blog应用系统中看到如下自定义标记。

```
[url=http://www.css8.cn/] 样吧 [/url]
[img]http://www.css8.cn/images/logo.gif[/img]
```

上面代码模拟了HTML标记的语法特征，使用中括号来标记各种语义，例如，使用[url]和[/url]标记的配合来标记超链接，使用[img]和[/img]来标记图像等。当然，使用这些自定义标记时，必须编写能够识别并转义这些自定义标记的脚本，否则浏览器仅把它们看作信息本身一块显示。

实训2　HTML语言的发展历史

蒂姆·伯纳斯-李无疑是Web发展史中最伟大的人物之一了，他也被人尊称为互联网之父，笔者在W3C网站中找到了他的近照（如图2.3所示），HTML语言是他发明的，W3C组织也是他一手缔造的。

蒂姆·伯纳斯-李在自己的博客首篇文章中写道，那是在1989年的时候，万维网的主要目标之一就是建立一个可以分享信息的地方。显然应该有一个地方，在那里每个人都可以进行信息创作和共享。事实上，第一个浏览器就是一个浏览/编辑器，任何人都能编辑每个页面，如果你有权的话还可以保存它。

图2.3 蒂姆·伯纳斯-李

下面就跟随W3C教父的身影来了解HTML语言的发展历史吧！

1980年，蒂姆·伯纳斯-李在欧洲量子物理实验室负责的Enquire研究项目时发明了Web的应用架构。从1980年开始，蒂姆·伯纳斯-李便带领着自己的研究小组不断探索、研究和试验这个后来改变人类信息交流的技术工具。

1986年，蒂姆·伯纳斯-李参与制订了ISO标准（ISO8879），该标准阐述制作平台并显示不同文档的方法，这些文档递交方式和描述方式不同。ISO标准定义了SGML（Standard Generalized Markup Language）语言。

1989年，蒂姆·伯纳斯-李为CERN（欧洲核子研究中心）内部使用的超文本文档系统提出了几条建议。

- 必须能够跨平台。即文档系统能够在不同操作系统交流，因为当时存在不同的操作系统。
- 必须可以用在许多已经存在的信息系统上，并且允许更多的新信息加进去，即文档系统能够兼容已经存在的文档格式，并能够具有扩展性。
- 需要一种传输机制在网络上传输文档，即文档传输协议，后来发展为HTTP。
- 需要一种鉴定方案用来定位本地和远程文档，即文档系统能够准确定位本地和远程的文档位置，后来发展为URL寻址。
- 提供格式化语言（那时候还没有明确提及HTML，只是探讨如何更方便地展示接收到的信息，后来才发展成为HTML语言）。

1990年，蒂姆·伯纳斯-李在SGML语言基础上开发了HTML语言，同时，他在自己开发的Web浏览器上看到了世界上最早的Web页面（如图2.4所示），这时进入了第一轮的Web浏览器/编辑器的开发周期。

1991年，蒂姆·伯纳斯-李将CERN项目（包括HTML语言）的整个代码和说明书发布到互联网上，在这以后的几年中，整个系统逐渐被人们所接受，Web文档开始出现并稳定增长，同时一个公用代码库也已经出现，于是程序员们能够很容易地建立和访问Web文档的程序，Web浏览器也很快成为信息交流的首选平台。由于可实现的程序数量不断增长，Web文档的多样性也开始体现出来。

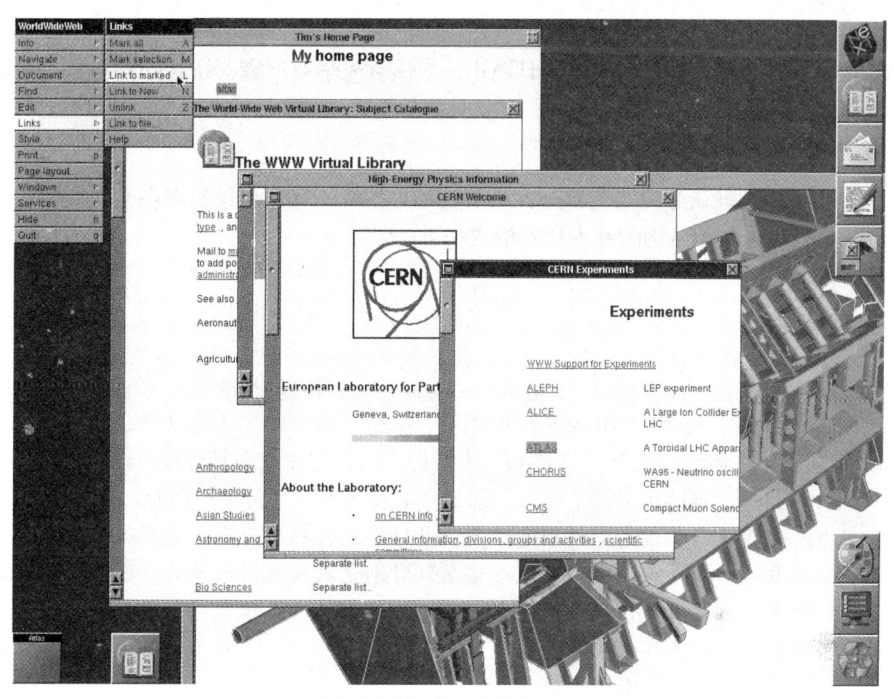

图2.4 蒂姆·伯纳斯-李开发的较早网页页面

HTML由蒂姆·伯纳斯-李发明，但是经过开发和扩展，与早期的样子相去甚远，并且没有一个真正的标准被开发出来。

1993年，互联网工程工作小组（IETF）发布了超文本标记语言，但这仅是一个非标准的工作草案。

后来，蒂姆·伯纳斯-李看到Web标准的重要性，于是在1995年成立了W3C组织，并逐步统一了HTML标准，从而奠定了Web标准化开发的基础。

在这个过程中，HTML语言也经历了多个版本演化、升级和不断完善的过程，说明如下：

- 1994年4月，HTML2.0最初文档被发布。
- 1995年9月，HTML2.0（RFC 1866）被正式核准为提议标准。
- 1996年3月，HTML1.0草案发布，不久后被废除。
- 1996年5月，HTML1.2草案发布。
- 1996年7月，HTML DTD（文件类型定义）发布。
- 1997年1月，HTML1.2（Wilbur）成为W3C的标准。
- 1997年7月，HTML4.0草案发布。
- 1997年12月，HTML4.0成为W3C推荐标准。
- 1999年1月，XHTML1.0工作版本发布。
- 2000年1月，XHTML 1.0成为W3C推荐标准。

- 2001 年 5 月，XHTML 1.1 发布。
- 2008 年 1 月，HTML5 草案发布。
- 2014 年 10 月，HTML5 成为 W3C 推荐标准。

从上面 HTML 的发展来看，HTML 没有 1.0 版本，这主要是因为当时有很多不同的版本。有些人认为蒂姆·伯纳斯-李的版本应该算初版，他的版本中还没有 img 元素，也就是说 HTML 刚开始时仅能够显示文本信息。

实训3　掌握HTML语言规范

HTML是一种标记语言，初学者学习HTML，应该首先学习严谨、认真的精神，不可简单记忆HTML标记。

1．HTML 文档结构

HTML文档结构被默认分隔为两部分：头部块和主体块，且它们被包裹在文档块中。如果使用标记来表示，则HTML文档结构的基本代码形式如下。

```
<html>
    <head></head>
    <body> 主体块 </body>
</html>
```

其中标记"<html>"表示HTML文档块标识符，标记"<head>"表示文档头部块标识符，而标记"<body>"则表示主体块标识符。这正如人体结构，从大的角度来划分也可以包括头部（head）和躯干（body）两部分。HTML文档结构的两部分分别表示不同的含义和功能。

- 头部块包含网页的元信息。所谓元信息就是HTML文档的页面设置属性，这与在Windows系统中查看一个文件属性类似。这些信息仅对浏览器或机器人开放，因此不会显示出来，除非主动去查看网页源代码。实际上，任何文件都包含元信息，如果打开任何类型文件的二进制源代码，在头部代码段都能够看到这样的文件信息（即元信息），它存储着文件的类型、编码、大小和创建日期等。
- 主体块包含网页要传递和显示的具体信息，这些信息由用户自己设置，并对任何访问者开放，所以在浏览器中预览网页时，所看到的都是主体块包含的网页信息。

为什么要把HTML文档分隔为两块，而不是一块、三块或更多块呢？当然，这也是在众多前辈不断实践，反复沉积、过滤、优化而固定下来的最优的信息传递结构。在早期的互联网上（标记语言诞生前）并没有想到用这种方式来传递信息。对于一篇简单的论文提纲，也许甲某使用如下方式进行传递（不固定顺序）：

```
# 论文的题目
% 论文的作者
$ 论文正文第一段
$ 论文正文第二段
```

而乙某则使用如下方式进行传递（固定结构和顺序）：

```
+ 论文的题目 +
+ 论文的作者 +
+ 论文正文第一段 +
+ 论文正文第二段 +
```

随着信息传递和交互范围的扩大，甲和乙如何交换信息就成了一个迫切需要解决的问题，于是统一论文的传递格式就成为科学家们最早的共识。这个过程并不是一帆风顺的，争执和偏祖在这个整合过程中不可避免，最终大家找到了一种烦琐但所有人都能够接受的标识方法，即把论文中的不同信息块分别放在特殊、固定的标识符号中：

<#> 论文的题目 <#>
<$>% 论文的作者 <$>
<$> 论文正文第一段 <$>
<$> 论文正文第二段 <$>

为什么不使用小括号、中括号或大括号呢？因为这些特殊符号在计算机语言中都是关键字或运算符，为了避免它们与处理这些标记文档的语言发生冲突，所以从最开始就没有选用它们。

随着信息传递的膨胀和参与人员的增多，如何防止传递信息发生误解或错读就成为最关心的问题，直至后来形成这种固定的HTML文档结构。当然，历史不再重演，早期科学家们的探索和试验精神激励着后来者不断开拓前进。

下面这份文档是早期HTML网页的雏形，显示如图2.5所示，现在依然被保存在W3C官方网站中作为纪念。

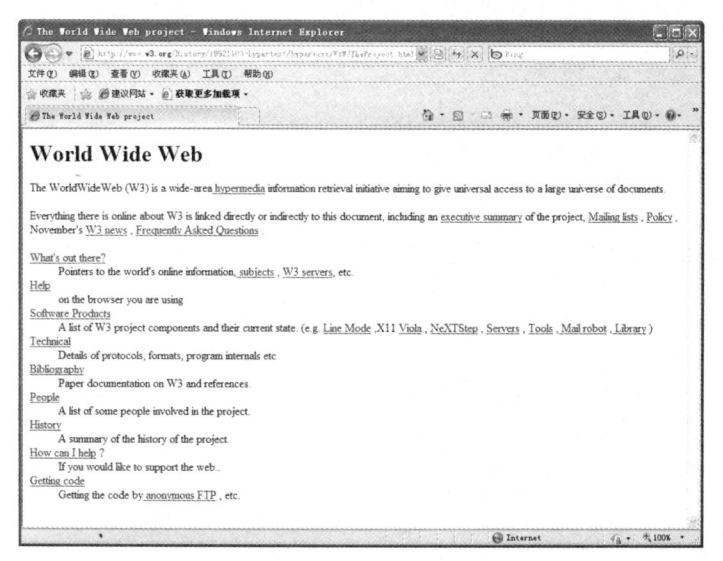

图2.5 早期的HTML文档

```
<HEADER>
<TITLE>The World Wide Web project</TITLE>
<NEXTID N="55">
</HEADER>
<BODY>
<H1>World Wide Web</H1>The WorldWideWeb (W3) is a wide-area<A
NAME=0 HREF="WhatIs.html">
hypermedia</A> information retrieval
initiative aiming to give universal
access to a large universe of documents.<P>
Everything there is online about
W3 is linked directly or indirectly
to this document, including an <A
NAME=24 HREF="Summary.html">executive
```

```
summary</A> of the project, <A
NAME=29 HREF="Administration/Mailing/Overview.html">Mailing lists</A>
, <A
NAME=30 HREF="Policy.html">Policy</A> , November's <A
NAME=34 HREF="News/9211.html">W3 news</A> ,
<A
NAME=41 HREF="FAQ/List.html">Frequently Asked Questions</A> .
<DL>
<DT><A
NAME=44 HREF="../DataSources/Top.html">What's out there?</A>
<DD> Pointers to the
world's online information,<A
NAME=45 HREF="../DataSources/bySubject/Overview.html"> subjects</A>
, <A
NAME=z54 HREF="../DataSources/WWW/Servers.html">W3 servers</A>, etc.
<DT><A
NAME=46 HREF="Help.html">Help</A>
<DD> on the browser you are using
<DT><A
NAME=13 HREF="Status.html">Software Products</A>
<DD> A list of W3 project
components and their current state.
(e.g. <A
NAME=27 HREF="LineMode/Browser.html">Line Mode</A> ,X11 <A
NAME=35 HREF="Status.html#35">Viola</A> , <A
NAME=26 HREF="NeXT/WorldWideWeb.html">NeXTStep</A>
, <A
NAME=25 HREF="Daemon/Overview.html">Servers</A> , <A
NAME=51 HREF="Tools/Overview.html">Tools</A> ,<A
NAME=53 HREF="MailRobot/Overview.html"> Mail robot</A> ,<A
NAME=52 HREF="Status.html#57">
Library</A> )
<DT><A
NAME=47 HREF="Technical.html">Technical</A>
<DD> Details of protocols, formats,
program internals etc
<DT><A
NAME=40 HREF="Bibliography.html">Bibliography</A>
<DD> Paper documentation
on W3 and references.
<DT><A
NAME=14 HREF="People.html">People</A>
<DD> A list of some people involved
in the project.
```

```
<DT><A
NAME=15 HREF="History.html">History</A>
<DD> A summary of the history
of the project.
<DT><A
NAME=37 HREF="Helping.html">How can I help</A> ?
<DD> If you would like
to support the web..
<DT><A
NAME=48 HREF="../README.html">Getting code</A>
<DD> Getting the code by<A
NAME=49 HREF="LineMode/Defaults/Distribution.html">
anonymous FTP</A> , etc.</A>
</DL>
</BODY>
```

从上面文档中可以看到：早期的HTML结构并没有"<html>"标识块，且头部块使用"<HEADER>"来进行标记。当然标记都是人制订的，读者也可以制订一套个人标记，只要所有人能够接受，并能够满足不同人所要传递和显示的不同类型的信息即可。

2．HTML 基本语法

HTML语言的规范条文不多，相信很多读者也略有了解。但是首先应该清楚的是HTML语言分为不同的版本，如过渡性、框架型和严谨型等。不同类型的文档，其语法要求也略有不同。下面几点是HTML语言的基本语法规范。

- 所有标记都包含在"<"和">"起止标识符中，构成一个标签，例如，<style>、<head>、<body>和<div>等。对于严谨型文档来说，标签名必须小写。
- 标记一般成对使用，用来标记特定信息或包含其他标记。结束标记一般在起始标记的标签名前增添斜杠标识符，例如，<p>和</p>构成一对标记，所包含的信息就是段落文本。对于过渡型文档，可以仅使用起始标记，而不使用结束标记。而对于严谨型文档来说，则必须封闭标签，如果标签没有结束标记，则必须在起始标记中添加斜杠、斜杠与标签名之间以空格分隔，例如，图像标签<img />。
- 在起始标记中可以定义标签属性，属性之间或属性与标签名之间以空格分隔。对于严谨型文档来说，属性名必须小写，属性值必须附加引号，例如，<div id="box" class="red">盒子</div>。
- 标记相互嵌套，形成文档结构。嵌套必须匹配，不能交错嵌套（如<div><span></div></span>）。合法的嵌套应该是包含或被包含的关系，例如，<div><span></span></div>或<span><div></div></span>。对于严谨型文档，标记之间的嵌套还有严格的规定。
- HTML文档所有信息必须包含在<html>标记中，所有文档元信息应包含在子标记<head>中，而HTML传递信息和网页显示内容应包含在子标记<body>中。

对于HTML文档来说，除了必须符合基本语法规范外，还必须保证文档结构信息的完整性。完整文档结构如下所示：

```
<!DOCTYPE html PUBLIC "-//W3C//DTD XHTML 1.0 Transitional//EN" "http://www.w1.org/TR/xhtml1/DTD/xhtml1-transitional.dtd">
<html xmlns="http://www.w1.org/1999/xhtml">
<head>
```

```
<meta http-equiv="Content-Type" content="text/html; charset=utf-8" />
<title>文档标题</title>
</head>
<body></body>
</html>
```

HTML文档应主要包括如下内容。
- 必须在首行定义文档的类型。
- `<html>`标签应该设置文档名字空间。
- 必须定义文档的字符编码，一般使用`<meta>`标签在头部定义，常用字符编码包括中文简体（gb2312）、中文繁体（big5）和通用字符编码（utf-8）。
- 应该设置文档的标题，可以使用`<title>`标签在头部定义。

HTML文档扩展名为.htm或.html。保存时必须正确使用扩展名，否则浏览器无法正确解析。如果要在HTML文档中增加注释性文本，则可以在"`<!--`"和"`-->`"标识符之间增加，例如：

```
<!-- 单行注释 -->
```
或
```
<!-----------------
多行
注释
----------------->
```

实训4　掌握HTML文档类型和名字空间

如果使用Dreamweaver新建一篇网页文档，在代码视图的首行中总会看到类似如下的默认代码：

```
<!DOCTYPE html PUBLIC "-//W3C//DTD XHTML 1.0 Transitional//EN" "http://www.w1.org/TR/xhtml1/DTD/xhtml1-transitional.dtd">
```

这是什么？为什么在其他网页编辑器中却很少看到？也许你很少注意到这些代码，误以为它们没有用处，直接删掉是不是更加简洁？实际上这行代码定义了HTML文档的类型，通俗地说，它定义了当前文档是什么版本。

1. 认识DOCTYPE

在遵循Web标准的网页文档中，DOCTYPE是一个必要元素，它决定了网页文档的显示规则。

DOCTYPE是Document Type的简写，中文翻译为文档类型。在网页中通过在首行代码中定义文档类型，用来指定页面所使用的HTML的版本类型。在构建符合标注的网页中，只有确定正确的DOCTYPE（文档类型），HTML文档的结构和样式才能被正常解析和呈现。

由于不同的浏览器对于HTML和CSS语言的解释效果并不完全相同，换句话说就是不同浏览器的解析规则是不同的。如果页面中没有显示声明DOCTYPE，则不同浏览器就会自动采用各自默认的DOCTYPE规则来解析文档中的各种标记和CSS样式码。因此，从浏览器兼容性来考虑，声明DOCTYPE是必须的。

DOCTYPE声明必须放在（X）HTML文档的顶部，在文档类型声明语句的上面不能包含任何HTML代码，也不能包括HTML注释标记。

2. DOCTYPE结构分析

也许长长的DOCTYPE声明语句会让人眩晕，从笔者个人经验来说，不必刻意记忆这些语句，学习时把它们汇总在一起，使用时直接复制、粘贴即可，也不需要修改其中的参数。不过仔细分析

DOCTYPE 声明会发现它还是遵循一定规则的，如图 2.6 所示。

```
文档类型命令   顶级元素   注册   类型   定义
<!DOCTYPE html PUBLIC "-//W3C//DTD XHTML 1.0 Transitional//EN"
    URL      可用性     组织        标签   版本号   语言

"http://www.w3.org/TR/xhtml1/DTD/xhtml1-transitional.dtd">
```

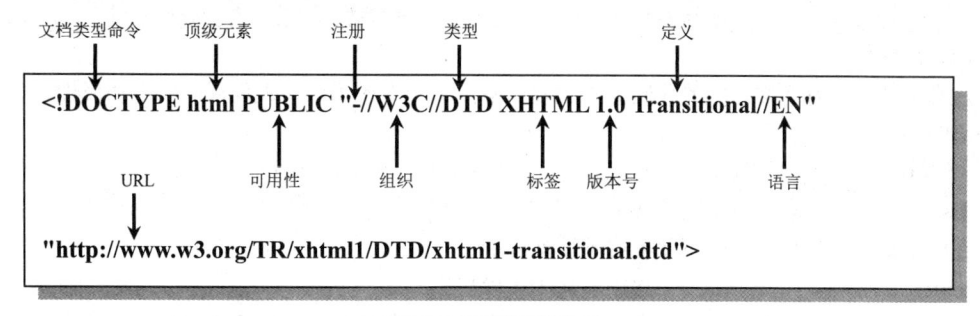

图2.6 DOCTYPE结构图

DOCTYPE 声明中各部分选项的说明如下。
- 顶级元素：指定DTD中声明的顶级元素类型，这与声明的SGML文档类型相对应。HTML文档默认顶级元素为html。
- 可用性：指定正式公开标识符（FPI）是可公开访问的对象（PUBLIC）还是系统资源（SYSTEM），默认为PUBLIC。SYSTEM系统资源包括本地文件或URL。
- 注册：指定组织是否由国际标准化组织（ISO）注册。"+"（默认）表示组织名称已注册，"-"表示组织名称未注册。W3C是属于非注册的ISO组织，所以显示为"-"符号。
- 组织：指定在!DOCTYPE声明引用的DTD（文档类型定义）的创建和维护的团体或组织的名称。HTML语言规范的创建和维护组织为W3C。
- 类型：指定公开文本的类型，即所引用的对象类型。HTML默认为DTD。
- 标签：指定公开文本的描述，即对所引用的公开文本的唯一描述性名称，后面可附带版本号。HTML默认为HTML，XHTML默认为XHTML，后面跟随的是语言版本号。
- 定义：指定文档类型定义，包含Frameset（框架集文档）、Strict（严格型文档）和Transitional（过渡型文档）。Strict（严格型文档）禁止使用W3C规范中指定将逐步淘汰的元素和属性，而Transitional（过渡型文档）可以包含除frameset元素以外的全部内容。
- 语言：指定公开文本的语言，即用于创建所引用对象的自然语言编码系统。该语言定义已编写为ISO 639语言代码（两个字母要大写），默认为EN（英语）。
- URL：指定所引用对象的位置。

从上面的结果分析，我们可以看到 DOCTYPE 声明语句的写法是严格遵循一定规则的，只有这样，浏览器才能够调用对应文档类型的规则集来解释文档中的标记。所谓的文档类型规则集也就是W3C 公开发布的一个文档类型定义（DTD）中包含的规则。

3．HTML 文档类型分类

很多读者在输入文档类型时经常出现各种错误，例如，忽略文档类型的声明、输入声明不正确或放置位置不正确，把HTML 4.0 Transitional类型用在XHTML文档中，或者DOCTYPE声明的是XHTML DTD，但文档包含的是HTML标记，或者DOCTYPE声明指定的是HTML DTD，但文档包含的是XHTML 1.0 Strict类型中的标记。出现这些错误的原因可能有多种，但根本原因是对文档类型的分类认识不清楚。下面以XHTML 1.0版本来说明文档声明的类型，其他版本的文档类型与此相似就不再讲解。XHTML 1.0包含三种DTD（文档类型定义）声明可以选择：过渡型（Transitional）、严格型（Strict）和框架型（Frameset）。

（1）过渡型

这种文档类型对于标记和属性的语法要求不是很严格，允许在页面中使用HTML4.01的标记（符合XHTML语法标准）。过渡型DTD语句如下：

```
<!DOCTYPE html PUBLIC "-//W3C//DTD XHTML 1.0 Transitional//EN"
"http://www.w1.org/TR/xhtml1/DTD/xhtml1-transitional.dtd">
```

(2) 严格型

这类文档类型对于文档内的代码要求比较严格，不允许使用任何表现层的标记和属性。严格型DTD语句如下：

```
<!DOCTYPE html PUBLIC "-//W3C//DTD XHTML 1.0 Strict//EN"
"http://www.w1.org/TR/xhtml1/DTD/xhtml1-strict.dtd">
```

在严格型文档类型中，以下元素将不被支持：

center	居中（属于表现层）
font	字体样式，如大小、颜色和样式（属于表现层）
strike	删除线（属于表现层）
s	删除线（属于表现层）
u	文本下划线（属于表现层）
iframe	入式框架窗口（专用于框架文档类型或过渡型文档）
isindex	提示用户输入单行文本（与 input 元素语义重复）
dir	定义目录列表（与 dl 元素语义重复）
menu	定义菜单列表（与 ul 元素语义重复）
basefont	定义文档默认字体属性（属于表现层）
applet	定义插件（与 object 元素语义重复）

在严格型文档类型中，以下属性将不被支持：

align（支持 table 包含的相关元素：tr、td、th、col、colgroup、thead、tbody、tfoot）
language
background
bgcolor
border（table 元素支持）
height（img 和 object 元素支持）
hspace
name（在 HTML 4.01 Strict 中支持，在 XHTML 1.0 Strict 中的 form 和 img 元素不支持）
noshade
nowrap
target
text、link、vlink 和 alink
vspace
width（img、object、table、col 和 colgroup 元素支持）

(3) 框架型

这是一种专门针对框架页面所使用的 DTD，当页面中含有框架元素时，就应该采用这种 DTD。框架型 DTD 语句如下：

```
<!DOCTYPE html PUBLIC "-//W3C//DTD XHTML 1.0 Transitional//EN"
"http://www.w1.org/TR/xhtml1/DTD/xhtml1-frameset.dtd">
```

使用严格的 DTD 来制作页面，当然是最理想的方式，但是，对于没有深入了解 Web 标准的网页设计者来说，比较适合使用过渡型 DTD。因为过渡型 DTD 还允许使用表现层元素和属性，比较适合大多数网页制作人员使用。

4．HTML 文档类型使用误区

在标准设计中，很多读者会感觉XHTML比HTML更加严格，从某种意义上说是这样的，XHTML是比HTML的要求严格，例如，在使用XHTML时，所有的标签必须完全封闭，且所有的属性都用引号括起来。不过，XHTML 1.0包括三种文档类型，如Transitional（过渡型）、Frameset（框架型）和Strict（严格型），而HTML 4.01也有同样的文档声明。

从字面上就可以看出来：Transitional DOCTYPE只是为了实现从传统网页到标准网页的过渡，而且Strict DOCTYPE是默认的文档声明，对构造HTML 4.01和XHTML 1.0都适用。

使用Transitional DOCTYPE一般是由于代码中含有过多不建议的写法，并且一下子很难完全转换到Strict DOCTYPE。但是Strict DOCTYPE应该是读者努力的目标，它鼓励甚至有时是强迫你把结构与表现区分开来，把表现层的代码都写在CSS里。

当然，HTML 4.01 Strict DTD不包括表现层属性和标签，W3C将逐渐淘汰这些属性和标签，你完全可以使用CSS样式表来实现。如需获得表现层属性和标签的支持，请使用Transitional DTD。

用Strict DOCTYPE还有一个好处，即可以让浏览器使用最严格（一定程度上）、最符合标准的模式来渲染页面。

笔者个人认为，使用Strict DTD（无论是HTML 4.01 Strict还是XHTML 1.0 Strict）远比讨论是使用HTML还是使用XHTML重要得多。Strict DTD代表了未来互联网的质量，它将结构和表现分开，使得维护一个站点非常容易。

对于刚开始接触网页标准和学习正确使用语义化结构的读者来说，认清Transitional和Strict DOCTYPE的区别非常重要。对于准备向Strict进发的人来说，两者的有些区别很可能会使开发者犯错误。

5．文档类型定义（DTD）

DTD 是 Document Type Definition 的简称，中文翻译为文档类型定义。DTD 是一套关于标记的语法规则。DTD 文件是一个 ASCII 的文本文件，后缀名为 .dtd。如果利用 DOCTYPE 声明中的 URL 可以访问指定类型的 DTD 详细信息。例如，XHTML 1.0 过渡型 DTD 的 URL 为：http://www.w1.org/TR/xhtml1/DTD/xhtml1-transitional.dtd，在浏览器地址栏中输入该地址即可打开 XHTML 1.0 过渡型 DTD 文档，如图 2.7 所示。

一个 DTD 文档包含元素的定义规则、元素间关系的定义规则、元素可使用的属性、实体或符号规则。这些规则用于标记 Web 文档的内容。此外还包括了一些其他规则，它们规定了哪些标记能出现在其他标记中。文档类型不同，它们对应的 DTD 也不相同。

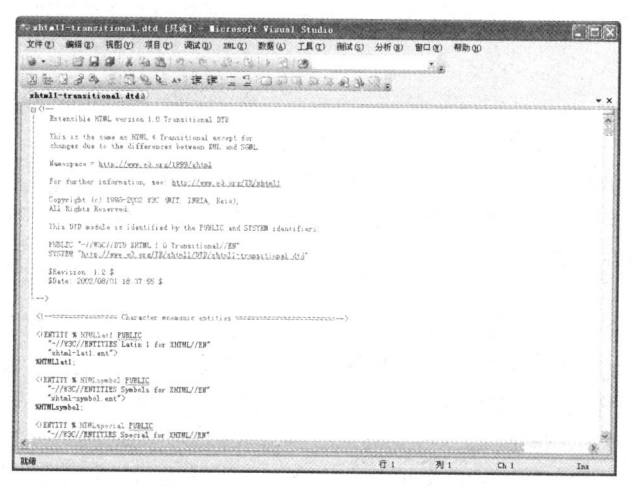

图2.7 XHTML 1.0过渡型DTD文档

例如，下面是从 XHTML 1.0 过渡型 DTD 文档中截取的有关 image 元素定义的相关规则：

```
<!--================== Images ====================-->
<!--
   To avoid accessibility problems for people who aren't
able to see the image, you should provide a text
   description using the alt and longdesc attributes.
   In addition, avoid the use of server-side image maps.
-->
<!ELEMENT img EMPTY>
<!ATTLIST img
  %attrs;
  src          %URI;            #REQUIRED
  alt          %Text;           #REQUIRED
  name         NMTOKEN          #IMPLIED
  longdesc     %URI;            #IMPLIED
  height       %Length;         #IMPLIED
  width        %Length;         #IMPLIED
  usemap       %URI;            #IMPLIED
  ismap        (ismap)          #IMPLIED
  align        %ImgAlign;       #IMPLIED
  border       %Length;         #IMPLIED
  hspace       %Pixels;         #IMPLIED
  vspace       %Pixels;         #IMPLIED
>
```

"<!--" 和 "-->" 表示注释，与 HTML 文档中的注释语句相同。然后使用 "<!ELEMENT" 命令定义一个 image 元素，后面的关键字 "EMPTY" 表示该元素可以为空，不包含其他元素。

使用 "<!ATTLIST" 命令定义属性，后面跟随的 img 表示被定义元素的属性。"%attrs;" 表示属性列表。在跟随的属性列表中，第一列为属性的名称，第二列以 "%" 标识符定义属性的数据类型。例如，URI 表示文件的地址，"Text;" 表示字符串文本，Length 表示长度，Pixels 表示像素等。第三列表示属性的默认值类型，其中 "#REQUIRED" 表示属性值是必须的，"#IMPLIED" 表示属性值不是必须的，"#FIXED value" 表示属性值是固定的。有关该文档的详细规则请查阅相关资料。

6. 名字空间

在标准网页设计中，读者还需要注意另一个容易忽视的问题：给 html 元素定义名字空间。
例如：

```
<html xmlns="http://www.w1.org/1999/xhtml">
```

xmlns 是 html 元素的一个特殊属性。这个 xmlns 属性是 XHTML Name Space 的缩写，中文翻译为名字空间，该属性声明了 html 顶级元素的名字空间。那么名字空间在文档中是必须的吗？它有什么作用呢？

在标准设计中，名字空间是必须设置的一个属性，用来定义该顶级元素以及其包含的各级子元素的唯一性。名字空间声明允许通过一个网址指向来识别文档内标记的唯一性。

由于XML语言允许用户自定义标记，这样就可能存在定义的标记与别人定义的标记名称发生冲突（虽然标记名称不同，但是标记所表示的语义可能相同），当这些文档在网上自由传播或者相互交换文件时，由于名称相同可能会发生语义冲突。为此需要为各自的文档指定其语义的限制空间，于是xmlns属性就派上了用场。

为了帮助读者理解此概念，下面举一个简单的实例。这里有张三和李四两个人分别定义的文档。

```
<!-- 张三：自定义文档 -->
<document>
    <name> 书名 </name>
    <author> 作者 </author>
    <content> 目录 </content>
</document>
<!-- 李四：自定义文档 -->
<document>
    <title> 论文题目 </title>
    <author> 作者 </author>
    <content> 论文内容 </content>
</document>
```

文档的根元素都是document，同时文档中包含很多相同的元素名。如果文档都在网上共享就会发生语义冲突。

如果使用xmlns分别为它们定义一个名字空间，这样就不会发生冲突了。例如：

```
<!-- 张三：自定义文档 -->
<document xmlns="http://www.css8.cn/zhangsan">
    <name> 书名 </name>
    <author> 作者 </author>
    <content> 目录 </content>
</document>
<!-- 李四：自定义文档 -->
<document xmlns="http://www.css8.cn/lisi">
    <title> 论文题目 </title>
    <author> 作者 </author>
    <content> 论文内容 </content>
</document>
```

在上面代码中，张三的文档名字空间为http://www.css8.cn/zhangsan，而李四的文档名字空间为http://www.css8.cn/lisi，虽然他们的文档存在相同的标记，但是借助顶级元素中定义的名字空间，相互之间就不会发生语义冲突。通俗地说，名字空间就是给文档做一个标记，标明该文档是属于哪个网站的。对于HTML文档来说，由于它的元素是固定的，不允许用户进行定义，所以指定的名字空间永远为http://www.w1.org/1999/xhtml"。

实训5　了解网页元信息

在HTML文档结构的头部区域，存储着文档的各种基本信息，这些信息主要被浏览器所采用，不会显示在网页正文中。另外，搜索引擎也会检索这些信息，因此重视并设置这些头部信息将有助于提高网页的访问率。

下面重点讲解meta信息（元信息）的基本设置。meta表示关于（about）的意思，以meta作为前缀可以表示很多特殊的语义。例如，metadata表示关于数据的数据，用英文表示为data about data；而metalanguage则表示一种描述其他语言的语言。在HTML文档中，meta标记表示网页的相关信息，即网页元信息。用实例显示其用法如下。

定义网页的描述信息：

`<meta name="description" content="标准网页设计专业技术资讯" />`

定义页面关键字：

`<meta name="keywords" content="HTML, DHTML, CSS, XML, XHTML, JavaScript, VBScript" />`

`<meta>` 标签的属性主要分为两组。

- name 和 content 属性配合使用。

name 属性用来描述网页元信息的名称，name 属性值所描述的内容通过 content 属性进行详细说明，以方便浏览器、搜索引擎和机器人等设备检索，例如，设置网页描述信息、关键字和搜索引擎的检索权限等信息。

- http-equiv 和 content 属性配合使用。

http-equiv 属性声明 HTTP 协议的响应头报文（即 MIME 文档头），同理，http-equiv 属性值所描述的内容通过 content 属性来详细设置。这些元信息通常在网页加载前提供给浏览器等设备使用，例如，设置字符编码、刷新时间、是否缓存等基本信息。

下面列举常用元信息的设置实例。当然更多类型的元素以及元信息的设置格式请读者参考 HTML 手册。

使用http-equiv等于content-type可以设置网页的编码信息。设置UTF8编码（国际化编码）：

`<meta http-equiv="content-type" content="text/html; charset=UTF-8" />`

设置简体中文 gb2312 编码：

`<meta http-equiv="content-type" content="text/html; charset=gb2312" />`

不同的语言编码方式也不同，所以使用 charset 属性为网页定义一种编码方式，否则页面可能会出现乱码，其中 UTF-8 是国家通用编码，即独立于任何语言，因此都可以使用。

另外，也可以使用 content-language 属性值定义页面语言的代码。如下所示为设置的中文版本语言：

`<meta http-equiv="content-language" content="zh-CN" />`

使用 refresh 属性值可以设置页面刷新时间或跳转（重定向）页面，如 5 秒钟之后刷新页面：

`<meta http-equiv="refresh" content="5" />`

5 秒钟之后转到样吧首页：

`<meta http-equiv="refresh" content="5; url=http://www.css8.cn/" />`

使用 expires 属性值设置网页缓存时间（即过期时间）：

`<meta http-equiv="expires" content="Sunday 20 October 2009 01:00 GMT" />`

还可以使用如下方式设置页面不缓存：

`<meta http-equiv="pragma" content="no-cache" />`

继续看几个常用元信息的设置方法。

- 网页描述信息

`<meta name="description" content="本页面主要内容的描述信息，以方便搜索引擎检索">`

- 网页关键字

`<meta name="keywords" content="关键字1, 关键字2, 关键字3, ……">`

- 网页编辑器

`<meta name="generator" content="Adobe Dreamweaver CS4">`

表示该页面使用编辑器编辑的，类似设置还有：

`<meta name="author" content="http://www.css8.cn/" />`   `<!-- 设置网页作者`

```
-->
    <meta name="copyright" content=" http://www.css8.cn/" />  <!-- 设置网页版权
-->
    <meta name="robots" content="none" />                     <!-- 设置禁止搜索
引擎检索 -->
```

第3章

网页标签

　　网页优化越来越重要，如何讨好搜索引擎，让它优先关照自己的页面，已成为大家整日苦思冥想的大问题。其实，只要按HTML规则办事，对于网页文本信息进行科学组织，就不会出现很多烦恼。

　　多媒体信息是相对于文本信息而言的，最原始的网页中是没有什么音频、视频、动画这些东西的，即便是最简单的图像标签<img>，也是在HTML 2.0版本以后才补加进来的，在此之前，HTML仅作为一种高雅的技术在很少的研究院所中用来传递一些技术文档。W3C组织曾经建议废除<img>标签，认为它不伦不类，倡议使用<object>标签来代替它，实现多媒体信息组织的标准化。

　　说这么多就是想告诉读者，网页文本信息的组织是很有学问的，所以还是认真地看看HTML一部分，要对多媒体信息标签的语义性和特性进行认真探索。

3.1 文本信息标签

实训1 认识字符标签

字符标签主要用来组织文本信息和控制字体显示效果。

很多字符标签仅仅是用来设计字体样式的，这种单纯的字体样式标签已经失去了存在的意义，慢慢消失在人们的视野之中。还有一些标签在一般网页设计中可能很少被使用，但是在专业文档中，这些标签还是有其用武之地的。所以，有必要系统学习各种字符标签，并了解它们的用法。

1. 字体标签

实际上字体标签都是一些短语元素。虽然这些标签定义的字体大多会呈现出特殊的样式，但是都拥有确切的语义。

有些标签已经不再建议使用，但是也不反对读者使用它们。如果只是为了视觉设计需要而使用这些标签的话，那么还是希望读者使用CSS样式，也许那样会更加容易地设计出丰富的效果。

HTML定义的字体标签说明如下。

- <em>：把文本定义为强调内容。
- <strong>：把文本定义为语气更强的强调内容。
- <dfn>：定义一个定义项目。
- <code>：定义计算机代码文本。
- <samp>：定义样本文本。
- <kbd>：定义键盘文本，它表示文本是从键盘上输入的，该标签经常用在与计算机相关的文档或手册中。
- <var>：定义变量。读者可以将该标签与<pre>及<code>标签配合使用。
- <cite>：定义引用。可使用该标签对参考文献的引用进行定义，例如，书籍或杂志的标题。
- <tt>：呈现类似打字机或者等宽的文本效果。
- <i>：显示斜体文本效果。与<em>标签效果相似，但是无语义，故不建议使用。
- <b>：呈现粗体文本效果。与<strong>标签效果相似，但是无语义，故不建议使用。
- <big>：呈现大号字体效果。
- <small>：呈现小号字体效果。
- <sub>：定义下标文本。
- <sup>：定义上标文本。

2. 文本标签

文本标签主要针对块文本信息进行组织，它们一般都拥有特殊的语义。很多文本标签在普通网页设计中虽然不常用，但是在专业文档中拥有更高的价值。详细说明如下。

- <abbr>标签。

<abbr>标签表示一个缩写形式，如"Inc.""etc."。通过对缩写词语进行标记，能够为浏览器、拼写检查程序、翻译系统以及搜索引擎分度器提供有用的信息。<abbr>标签最初是在 HTML 4.0 中引入的，表示它所包含的文本是一个更长的单词或短语的缩写形式。

- <acronym>标签。

<acronym>标签可定义只取首字母缩写，如"NATO"。通过对只取首字母缩写进行标记，能够为浏览器、拼写检查程序、翻译系统以及搜索引擎分度器提供有用的信息。在某些浏览器中，当把鼠标移至缩略词语上时，会提示完整的意思。

- <address>标签。

<address>标签可定义一个地址（如电子邮件地址）、签名或者文档的作者身份。不论创建的文档是简短扼要还是冗长完整，都应该确保每个文档都附加了一个地址，这样做不仅为读者提供了反馈的渠道，还可以增加文档的可信度，此时<address>标签就可以派上用场。

<address>标签通常呈现为斜体，大多数浏览器还会在该标签前后添加一个换行符，如果有必要的话，也可以在地址文本的内容上添加额外的换行符。

- <bdo> 标签。

<bdo>标签可以设置文本的方向。该标签必须包含dir属性，属性取值包括ltr（从左到右）和rtl（从右到左），例如，下面代码将使文本从右到左显示，如图3.1所示。

```
<bdo dir="rtl">使文本从右到左显示</bdo>
```

图3.1 <bdo>标签演示效果

- <blockquote> 标签。

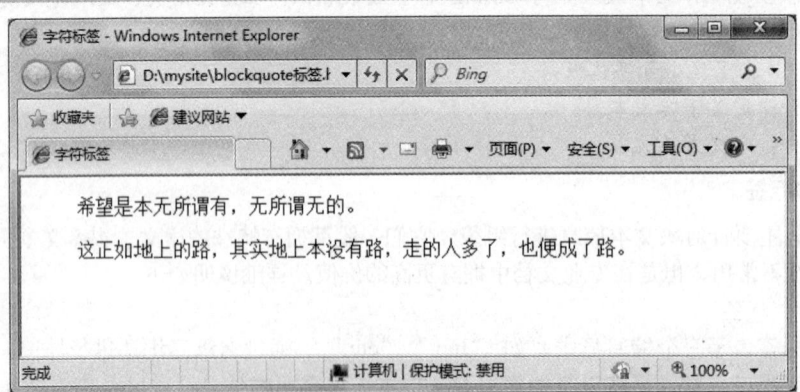

<blockquote>标签可以定义一个块引用。在<blockquote>与</blockquote>之间的所有文本都会从常规文本中分离出来，经常会在左右两边进行缩进，而且有时会使用斜体，也就是说，块引用拥有自己的空间。例如，下面代码的演示效果如图 3.2 所示。

```
<blockquote>
    <p>希望是本无所谓有，无所谓无的。</p>
    <p>这正如地上的路，其实地上本没有路，走的人多了，也便成了路。</p>
</blockquote>
```

图3.2 <blockquote>标签演示效果

- <del> 标签。

<del>标签定义文档中已被删除的文本。例如，下面代码使用<del>标签组织的文本演示效果如图 3.3 所示。

```
<del>这是删除文本</del>
```

图3.3 <del>标签演示效果

- <ins> 标签。

<ins> 标签定义一个被插入的文本，它包含两个专用属性，说明如表 3.1 所示。

表3.1 <table>标签专用属性

属　性	取　值	说　明	DTD
cite	URL	指向另外一个文档的 URL，此文档可解释文本被插入的原因	STF
datetime	YYYYMMDD	定义文本被插入的日期和时间	STF

提示，DTD 指示该属性允许在哪种 DTD 中使用 S=Strict、T=Transitional、F=Frameset。

- <s> 标签。

<s> 标签定义加删除线文本，它是 <strike> 标签的缩写版本，该标签已建议不再使用。

- <q> 标签。

<q> 标签可定义一个短的引用，其在本质上与 <blockquote> 是一样的，不同之处在于它们的显示和应用。<q> 标签用于简短的行内引用；如果需要从周围内容分离出来比较长的部分，应使用 <blockquote> 标签。

- <strike> 标签。

<strike> 标签可以定义删除线效果的文本。

- <u> 标签。

<u> 标签可以定义下划线效果的文本，该标签已建议不再使用。

实训2　认识排版标签

所谓排版标签就是用来控制网页文本信息的显示效果的。由于排版效果与文本样式是同一个意思，因此很多排版效果都可以借助 CSS 来控制，于是随着标准设计理念的普及，大部分排版标签的命运也随之没落。很多排版标签已经不建议使用，除了几个比较特殊的排版标签外，建议读者直接使用 CSS 来控制文本信息，这样会更加方便。

1. 格式版式

- <!-- 注释 --> 标签。

与其他高级编程语言一样，注释是必不可少的语法规则。在 HTML 文档中，注释除了方便设计人员看外，浏览者也能够看见，不过浏览器会忽略该标签所包含的信息。注释标签包含的内容可以有很多行。使用注释标签的目的：对文档结构进行说明，方便后期维护。对于较复杂或非私人网页尤其重要，<!-- 注释 --> 标签不单是提醒自己，亦提醒团队其他成员这部分做什么，那部分做什么。例子：

<!-- 由这处开始是产品订购表格 -->

对文档进行版权声明，当然这种声明仅是一种形式上的表示，例如：

假如你不希望别人使用或复制你的网页，可加上警告式注释信息。

```
<!-- 版权为 xxx 所有，未经许可，请勿摘抄 -->
```
- \<br\>标签。

\<br\>标签可插入一个简单的换行符。该标签是一个空标签，这意味着它没有结束标签，因此按下面语法书写就是非法的：

```
<br></br>
```

在XHTML中，把结束标签放在开始标签中，如\<br /\>。

\<br\>标签只是简单的开始新的一行，而当浏览器遇到\<p\>标签时，通常会在相邻的段落之间插入一些垂直的间距。

\<br\>标签包含一个clear属性。如果希望文本流在内联表格或图像的下一行继续输出，设置clear属性即可，该属性取值包括left、right和all，每个值都代表一个边界或两边的边界。

- \<hr\>标签。

\<hr\>标签可插入一个水平分隔线。水平分隔线（horizontal rule）可以在视觉上将文档分隔成各个部分。该标签也是一个空标签。\<hr\>标签包含多个属性，由于它们都是样式属性，不建议使用这些属性。

- \<center\>标签。

\<center\>标签对其所包括的文本进行水平居中显示，该标签在HTML 4.01版本中不建议使用，因为使用CSS可以轻松模拟这种对齐效果。

- \<nobr\>标签。

\<nobr\>标签表示不折行，它可以强迫文本在同一行内显示，这对于住址、数学算式、一行数字、程序代码尤为有用，但是该标签已被放弃，不再建议使用。

- \<wbr\>标签。

\<wbr\>标签表示折行，它可以强迫文本换行显示。该标签已被放弃，不再建议使用。

2．结构版式

- \<p\> 标签

\<p\> 称为段落标记，常用来包含一段文本。它包含一个 align 属性，用来设置文本的对齐方式，但是有了 CSS 之后，就不再建议使用。

- \<pre\> 标签

\<pre\> 标签可定义预格式化的文本。被包围在 \<pre\> 标签中的文本通常会保留空格和换行符，而文本也会呈现为等宽字体。\<pre\> 标签的一个常见应用就是用来表示计算机的源代码。

\<pre\>标签包含的文本可以包括物理样式和基于内容的样式变化，还有链接、图像和水平分隔线。当把其他标签（如\<a\>标签）放到\<pre\>标签中时，就像放在 HTML/XHTML 文档的其他部分中一样即可。但是\<pre\>标签不能够包含块状元素，这样会破坏显示效果。虽然有些浏览器会把段落结束标签解释为简单的换行，但是这种行为在所有浏览器上并不都是一样的。

例如，在下面的代码段中，\<pre\>标签中的特殊符号被转换为符号实体，如 "<" 代表 "<"，">" 代表 ">"。另外，对于直接使用的HTML标签，则被解析为实际的效果。显示效果如图3.4所示。

```
<pre>
&lt;html&gt;
&lt;head&gt;
&lt;/head&gt;
&lt;body&gt;
<img src="images/1.JPG" height="200" />
<a href="#">超链接文本 </a>
```

```
&lt;/body&gt;
&lt;/html&gt;
</pre>
```

- `<div>` 标签

<div>标签可以定义文档中的分区（division）或节（section）。简单地说，就是把文档分割为独立的、不同的部分。它可以用作严格的组织工具，并且不使用任何格式与其关联。

<div>标签是一个块级元素，这意味着它的内容自动地开始一个新行。实际上，换行是<div>固有的唯一格式表现。可以通过<div>标签的class或id属性绑定CSS样式。

- 标题标签

在HTML中，标题可以分为六级，故包含六个标题标签：<h1>、<h2>、<h3>、<h4>、<h5>和<h6>。

<h1>定义最大的标题，<h6>定义最小的标题。由于标题拥有确切的语义，因此读者应该慎重选用恰当的标签层级来构建文档的结构，而不应该仅使用标题标签作为控制字体大小的工具。

<h1>标签用来描述网页中最上层的标题。由于

图3.4 <pre>标签的演示效果

一些浏览器会默认把<h1>标签显示为很大的字体，因此会有一些读者使用<h2>标签代替<h1>标签来显示最上层的标题，这样做不会对读者产生影响，但会使那些试图理解网页结构的搜索引擎和其他软件感到迷惑。总之，读者应该确保把<h1>标签用于最顶层的标题，而<h2>和<h3>标签用于较低的层级。例如：

```
<h1> 网页标题 </h1>
<h2> 栏目标题 </h2>
<h3> 文章标题 </h3>
<h4> 注释标题 </h4>
```

3.2 列表与表格标签

实训1 认识列表标签

列表的目的就是让内容井然有序，方便浏览和管理。HTML定义了三对列表结构的标签，这些标签都必须配对使用。

1. 简单列表结构

列表结构可以分为有序和无序两种形式。所谓有序列表，就是项目符号显示为有序的符号，如数字、顺序编号等，也称为编号列表，它是由<ul>和<li>标签配合实现的。例如，下面就是一个简单的有序列表结构。

```
<ol>
    <li> 有序列表 </li>
    <li> 有序列表 </li>
    <li> 有序列表 </li>
```

```
</ol>
```
　　<ol>标签包含三个专用属性，如type属性定义项目符号的类型，而start属性定义符号的起止值，compact属性用来设置列表项收缩方式。由于这些属性都可以使用CSS代替，故不再建议使用。

　　所谓无序列表，就是每个项目之间没有先后顺序，所有项目符号相同。它是由<ul>和<li>标签配合实现的。例如，下面就是一个简单的无序列表结构。

```
<ul>
    <li> 无序列表 </li>
    <li> 无序列表 </li>
    <li> 无序列表 </li>
</ul>
```

2. 定义列表结构

　　定义列表包含三个标签：<dl>、<dt>和<dd>。其中<dl>与<ul>和<ol>标签功能类似，相当于列表外框架；<dt>表示定义列表的标题，这在有序列表和无序列表中是没有的；而<dd>与<li>标签功能类似。

　　与有序列表和无序列表相比，定义列表显得更有应用价值，因为它包含了三个标签，多一个元素自然要强大许多，这样就更利于信息的组织与管理。很多时候，你能够利用三个标签定义更多的导航条样式。例如，针对上面的导航结构，也可以使用定义列表来构建。

```
<div id="navcontainer">
    <dl id="navlist">
        <dt> 网站标题 </dd>
        <dd id="active"><a href="#" id="current"> 菜单 1</a></dd>
        <dd><a href="#"> 菜单 2</a></dd>
        <dd><a href="#"> 菜单 3</a></dd>
        <dd><a href="#"> 菜单 4</a></dd>
        <dd><a href="#"> 菜单 5</a></dd>
    </dl>
</div>
```

　　如果不需要使用dt元素来显示网站标题，则可以使用CSS来隐藏该元素的显示，并借助该元素为导航条定义背景图像，以实现更复杂的效果设计。

实训2　认识表格标签

　　表格是管理和显示数据的最高效工具，它简洁、明了，数据管理安全、高效。这不仅体现在网页设计中，在传统编程中，表格也是复杂数据处理和存储的首要工具。HTML为了方便用户显示数据，定义了一套与表格相关的标签。

1. 表格的基本显示形式

　　<table>、<tr>和<td>是数据表格化的最基本标签。其中<table>标签负责包含所有数据，它相当于数据表的外框，类似于标准布局中包含框（<div id="wrap">）；<tr>负责包含数据行的外框，类似于标准布局中的子包含框（<div id="container">）；而<td>标签负责对最小数据单元进行管理，它相当于标准布局中的最小栏目块，因此也有人称之为单元格，相当于一个个小的蜂巢。例如，下面就是一个简单的2行2列结构的表格，在表格中数据都放置在<td>标签中，如果放置在<td>标签之外，都是无效的。

```
<table width="100%" border="1">
    <tr>
        <td>1</td>
        <td>表格信息 1</td>
    </tr>
    <tr>
        <td>2</td>
        <td>表格信息 2</td>
    </tr>
</table>
```

在<table>标签内部，可以放置表格的标题、表格行、表格列、表格单元以及其他的表格。用好表格很简单，我们不再像过去那样记住很多表格属性，因为所有样式都可以交给CSS来完成。但是下面这些属性对于表格来说还是很实用，如表3.2所示。

表3.2 <table>标签专用属性

属 性	取 值	说 明	DTD
align	left center right	排列表格，不建议使用	TF
bgcolor	rgb(x,x,x) #xxxxxx colorname	设置表格的背景颜色	TF
border	pixels	设置表格边框的宽度，可通过设置 border="0" 来显示无边框的表格	STF
cellpadding	pixels %	设置单元边沿与其内容之间的空白	STF
cellspacing	pixels %	设置单元格之间的空白	STF
frame	void above below hsides lhs rhs vsides box border	设置表格周围的哪一侧的边框是可见的，border 属性可与 frame 属性配合使用，以设置表格边框效果	STF
rules	none groups rows cols all	设置水平或垂直的分界线，必须与border 属性配合使用	STF
summary	text	为语音合成/非视觉浏览器规定表格的摘要	STF
width	pixels %	设置表格的宽度	STF

<tr>和<td>标签也包含很多属性，由于这些属性大部分用来控制样式，读者可以使用CSS进行控制。但是对于<td>标签来说，下面这两个属性比较特殊且实用，如表3.3所示。其他样式属性在这里就不再显示。

表3.3 <table>标签专用属性

属 性	取 值	说 明	DTD
colspan	number	设置该单元格可以横跨的列数	STF
rowspan	number	设置该单元格可以横跨的行数	STF

使用<caption>标签可以为数据表格定义一个标题。该标签可以放在<table>和</table>标签之间的任意位置，一般习惯把它放在<table>标签内的首行。例如，下面代码将会为表格定义一个标题，显示效果如图3.5所示。

```
<table width="100%" border="1">
    <caption> 表格的标题 </caption>
    <tr>
        <td>1</td>
        <td> 表格信息 1</td>
    </tr>
    <tr>
        <td>2</td>
        <td> 表格信息 2</td>
    </tr>
</table>
```

使用<th>标签可以设计数据列或行的标题。例如，为上面实例的数据表增加一个标题列，显示效果如图3.6所示。

```
<table width="100%" border="1">
    <caption> 表格的标题 </caption>
    <tr>
        <th> 编号 </td>
        <th> 说明 </td>
    </tr>
    <tr>
        <td>1</td>
        <td> 表格信息 1</td>
    </tr>
</table>
```

图3.5 数据表格的标题　　　　　　　　图3.6 数据表格的列标题

实际上，<th>标签仅是<td>标签的一种特殊样式，本质上两者都是一样的。标题行或列默认显示为粗体、居中的样式。

2．表格的高级显示形式

表格数据可以分组，分组的方式可以根据列或行进行。使用<thead>、<tbody>和<tfoot>标签对数据行进行分组。分组的目的是方便数据显示样式控制，以及更利于搜索引擎的阅读。而使用<colgroup>和<col>标签可以为数据列进行分组。

例如，下面把整个数据表进行纵横分组，其中每列为一组，对应名称为version、postTime和OS。然后把列标题作为一组，定义为头部区域（<thead>），中间数据区域为主体区域（<tbody>），并增加一个页脚行区域（<tfoot>），演示效果如图3.7所示。

图3.7 数据表格分组

```
<table width="100%" border="1">
    <caption>数据表格标题</caption>
    <colgroup>
        <col id="version" />
        <col id="postTime" />
        <col id="OS" />
    </colgroup>
    <thead>
        <tr>
            <th> 版本 </th>
            <th> 发布时间 </th>
            <th> 绑定系统 </th>
        </tr>
    </thead>
    <tbody>
        <tr>
            <th>Internet Explorer 1</th>
            <td>1995 年 8 月 </td>
            <td>Windows 95 Plus! Pack</td>
        </tr>
    </tbody>
    <tfoot>
        <tr>
```

```
        <td colspan="3">更多数据请访问微软官网</td>
      </tr>
    </tfoot>
</table>
```

实训3　认识表单标签

表单无疑是HTML中最高贵的元素了，一方面是它的功能决定了它的不俗，非初级用户所能够轻松驾驭的，因为它是客户端网页与服务器端程序沟通的桥梁。另一方面是它严密的包装，本质上讲，表单元素都是被封住的组件，外人很难看到其内部工作机制。

当然，当读者轻松调用这些表单域，并设计出一个很漂亮的表单框时，我们只能够看到的是华丽的外表，内部的深邃被淹没在包装盒中。如图3.8所示是表单的工作原理示意图。

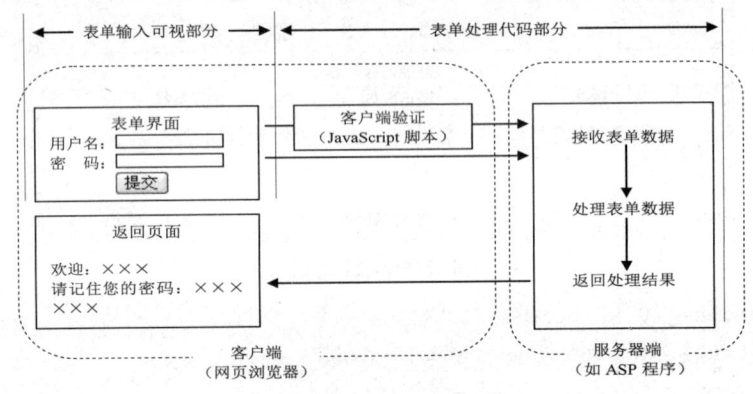

图3.8 表单工作原理示意图

1. 表单框架

<form>标签是表单世界的"王子"，它统领着内部所有的"臣民"（表单域）。简单地说，<form>标签用于为用户输入创建 HTML 表单。表单包含input元素，如文本框、复选框、单选按钮、提交按钮等。表单还可以包含 menus、textarea、fieldset、legend 和 label 元素。

离开了<form>标签，所有的交互就成为空谈，当然，现在使用Ajax技术可以绕开这个壁垒，不再需要在表单域的外面套一个<form>标签。但是在传统数据通信中，表单是用于向服务器传输数据的唯一通道。例如，下面定义了一个没有通道的表单框。

```
<form action="#" method="get">
    <!-- 表单域 -->
</form>
```

<form>标签必须定义 action 属性，该属性值是一个 URL，用来设置表单向服务端哪个文件传递信息。另外，该标签还包含其他可选专用属性，如表3.4所示。

表3.4 <form>标签专用属性

属　性	取　值	说　明	DTD
accept	MIME_type	设置通过文件上传来提交的文件类型	STF
accept-charset	charset	设置服务器处理表单数据所接受的字符集	STF
enctype	MIME_type	设置表单数据在发送到服务器之前如何进行编码。默认值是"application/x-www-form-urlencoded"	STF

(续表)

属 性	取 值	说 明	DTD
method	get post	设置发送数据的方式	
name	name	设置表单的名称，以方便服务器能够捕获到该表单	TF
target	_blank _parent _self _top framename	设置在何处打开action属性设置的URL	TF

form是块级元素，不能够与其他元素并列显示，同时该标签还可以包含其他任何标签，并非仅仅包含表单域元素。

2．表单工作机制透析

使用<form>标签创建表单时，必须使用action属性指定表单数据被发送处理的程序位置，它可以是服务器端的Java小程序或ASP程序等。这个文件通常是后台服务器应用程序文件，也可以是一个电子邮件地址，采用电子邮件方式时，用action=mailto:邮件地址来表示，例如：

```
action="maito:zhuyinhong@css8.cn"。
```

method属性指定了发送表单数据的方法，取值包括get（默认）和post。表单中的get和post方法在数据传输过程中分别对应于HTTP协议中的GET和POST方法。这两种方法的区别如下。

- get是将表单的输入信息作为字符串附加到action所设置的URL后面，中间用"?"符号隔开，每个表单域之间用"&"符号隔开，然后把整个字符串传送到服务器端，例如：

```
http://www.baidu.com/s?wd=%B1%ED%B5%A5&cl=3。
```

需要注意的是，由于系统环境变量的长度限制了输入字符串的长度，使得用get方法所得到的信息不能很多，一般在4000字符左右，而且不能含有非ASCII码字符，并且在浏览器的地址栏中将以显式的形式显示表单中的各个表单域值。在ASP程序中，必须用下面代码获得各个表单域的值：

```
<%value=Request.QueryString("FormField")%>
```

- post是将表单输入信息进行加密，随HTTP数据流一同被发送，而不用附加在action属性的URL之后，其传送的信息数据量基本上没有什么限制，而且在浏览器的地址栏中也不会显示表单域的值。在ASP程序中，必须用下面代码获得各个表单域的值：

```
<%value=Request.Form("FormField")%>
```

在target属性中，当该值为"_blank"，表示在一个新浏览器窗口中打开指定文件；当该值为"_self"，表示在当前浏览器窗口中打开指定文件；当该值为"_parent"，表示在当前框架窗口的父框架窗口中打开指定文件，如果没有父框架，这个值等价于"_self"；当该值为"_top"，表示在顶部浏览器窗口中打开指定文件，如果没有框架，这个值等价于"_self"，它相当于取消所有其他框架。

enctype属性是表单用来组织数据的方式，主要包含两种方式。

- application/x-www-form-urlencoded。

默认内容类型（content type），它的编码方法是将空格使用"+"代替，非字母和数字字符是用以%HH表示的该字符的ASCII编码代替（汉字就是这种形式），而变量和值使用"="连接在一起，各个变量和值对之间使用"&"连接。

- multipart/form-data。

它可以用来传输大量二进制数据或者非ASCII字符的文本，因此在上传文件时需设置enctype="multipart/form-data"，此时method必须为post，它传输的消息包含了一系列的数据块，每一块都代表表单中的一个表单域变量，并且数据块的顺序和页面上的顺序一致，块与块之间使用特殊字符（boundary）分隔。如果表单中包含文件域控件，相应的数据块还会包含一个Content-Type头，用来指定MIME，默认值为text/plain。

3．表单域

使用<form>标签只能创建一个基本的表单框架，但是只使用这一个标签还不能完全实现表单的提交功能，还需要其他具体的控件来接收用户信息，如文本框、复选框、单选按钮等。下面将介绍表单中各种形式的表单输入域。

（1）< input > 标签

根据输入域的种类的不同，<input>标签中使用的属性也不同，该标签的主要属性如表3.5所示。其中type属性指明了输入域的类型，也决定了<input>标签的表现形式，该属性取值包括text（单行文本框）、password（密码域）、checkbox（复选框）、radio（单选按钮）、submit（提交按钮）、reset（重置按钮）、file（文件域）、hidden（隐藏域）、image（图像按钮）和button（普通按钮）。其他属性因type类型的不同，具体使用方式和取值也不同。

表3.5 <form>标签专用属性

属　性	取　值	说　　明	DTD
accept	mime_type	设置通过文件上传提交的文件类型	STF
align	left right top middle bottom	设置图像输入的对齐方式	TF
alt	text	定义图像输入的替代文本	STF
checked	checked	设置该input元素首次加载时应当被选中	STF
disabled	disabled	当input元素加载时禁用该元素	STF
maxlength	number	设置输入字段中的字符的最大长度	STF
name	field_name	定义input元素的名称	STF
readonly	readonly	设置输入字段为只读	STF
size	number_of_char	定义输入字段的宽度	STF
src	URL	定义以提交按钮形式显示的图像的URL	STF
type	button checkbox file hidden image password radio reset submit text	设置input元素的类型	STF
value	value	设置input元素的值	STF

- text类型。

这是type的默认类型。如果输入类型设置为text，则其他属性的含义如下（如果没有提到，则表示这种类型不支持该属性，后面的其他类型也一样）。

name：命名类型的名称，利用该名称可将该类型输入值传给服务器处理程序。

size：设置可输入内容的长度，默认值为20，以字节为单位。

value：设置预先在窗口中显示的信息。

maxlength：限制最多输入的字节数。

- password类型。

这种类型同text类型的使用相似，不同之处在于输入时不显示输入内容，而以"*"（星号）显示。password的属性含义可参考text的属性含义。

- radio类型。

这种类型为用户提供单选按钮进行选择，即在多个选择之间只能选择其中一项。由于选择是唯一的，因此属性name取相同的值，但属性value的值各不相同。当input类型为radio时，其他属性的含义如下。

name：命名类型的名称，利用该名称可将该类型输入值传给服务器处理程序。

value：每个选项对应显示的值。

checked：设置预选项目。

- checkbox类型。

这种类型为用户提供多选按钮进行选择，即在多个选择之间可以选择其中一项或多项。由于每一项都可以被选择，属性name取相同的值，但属性value的值各不相同。当input类型为checkbox时，其他属性的含义如下。

name：命名类型的名称，利用该名称可将该类型输入值传给服务器处理程序。

value：每个选项对应显示的值。

checked：设置预选项目。

- submit类型。

这种类型在浏览器中产生一个提交按钮，单击这个按钮后，用户的输入信息即被传送到服务器。对于一个完整的表单来说，提交按钮是必不可少的。使用submit时，只有value、name属性，不需要其他属性。如果不指定，则显示浏览器内部预定的值，不同的浏览器会有不同的值。

name：命名类型的名称，利用该名称可将该类型输入值传给服务器处理程序。

value：设置在窗口中显示的值。

- reset类型。

这种类型让浏览器产生一个重置按钮，单击这个按钮后，用户输入的信息会被全部清除，以便重新输入。同submit类型一样，reset类型只有value、name属性，不需要其他属性。

- hidden类型。

这种类型将<input>标签的区域隐藏起来，使之不出现在屏幕中。它的作用主要是为了方便处理程序，在发送表单时发送几个不需要用户填写但程序又需要的数据。

(2) <textarea> 标签

由于很多浏览器会限制文本域中的内容不得超过32KB或64KB，而<textarea>标签可以定义多行文本输入域，并不受字数限制，用户可以输入无限数量的文本。文本区中的默认字体是等宽字体(fixed pitch)。在文本输入区内的文本行间，用"%0D%0A"（回车/换行）进行分隔。也可以通过wrap属性设置文本输入区内的换行模式。该标签的主要属性如表3.6所示。

表3.6 <textarea>标签专用属性

属性	取值	说明	DTD
cols	number	文本区内可见的列数	STF
rows	number	文本区内可见的行数	STF
disabled	disabled	设置文本区首次加载时禁用此文本区域	STF
name	field_name	定义textarea元素的名称	STF
readonly	readonly	设置输入区域为只读	STF

例如，输入下面代码，可以制作出一个简单的信息收集表单，演示效果如图3.9所示。

```
<form id="form1" name="form1" method="post" action="">
  邮  箱：<input type="text" name="textfield1" /><br />
  密  码：<input type="password" name="textfield2" /><br />
  用户名：<input type="text" name="textfield3" /><br />
  性  别：<input type="radio" name="radiobutton" value="radiobutton1" />男
         <input type="radio" name="radiobutton" value="radiobutton2" />女<br />
  意见反馈：<br />
    <textarea name="textarea" cols="30" rows="6"></textarea><br />
    <input type="submit" name="Submit1" value=" 确定 " />
    <input type="reset" name="Submit2" value=" 重写 " />
</form>
```

读者可以看到本实例使用了单行文本框、密码框、复选框、单选按钮、多行文本框、提交按钮，当在表单中填写完毕数据后，单击【确定】按钮，就会将表单内的数据提交到服务器中去处理，这只是一个简单的表单提交的例子，还没有增加控制程序。在制作动态网页的过程中，经常要使用这些标签，建议读者熟练掌握它们的代码格式。

定义按钮时，除了可以使用<input>标签外，还可以使用<button>标签，此标签为非表单控件的行内标签。

图3.9 输入信息表单框

(3) <select>标签

<select>标签可以定义单选或多选下拉菜单或列表框供浏览者选择。当提交表单时，浏览器会提交选定的项目，或者收集用逗号分隔的多个选项，将其合成一个单独的参数列表，并且在将<select>标签数据提交给服务器时包括name属性。<select>标签的主要属性如表3.7所示。

表3.7 <select>标签专用属性

属性	取值	说明	DTD
disabled	disabled	设置禁用该菜单或列表	STF
multiple	multiple	设置可同时选定多个项目	STF
name	unique_name	定义菜单或列表的引用名称	STF
size	number	定义菜单中可见项目的数目	STF

例如，输入下面的代码，可以制作出一个邮箱下拉列表框：

```
<form method="post" name="mailForm">
    <select name=mailSelect size=1 >
        <option selected 请选择你的邮箱 </option>
        <option value=URL >新浪 sina.com</option>
        <option value= URL >163.net</option>
        <option value= URL >263.net </option>
        <option value= URL >网易 Yeah.net </option>
        <option value= URL >搜狐 sohu.com </option>
        <option value= URL >中文雅虎 </option>
    </select>
    <input type="submit" value=" 登录 " />
</form>
```

4．表单辅助标签

下面这些标签虽然不参与到数据交互中去，但是它们为表单提供辅助性帮助，用来改善表单的用户使用体验。

<fieldset>标签主要用于对表单进行分组，可将表单内容的一部分打包，生成一组相关的字段。<fieldset> 标签没有必需的或唯一的属性。当一组表单元素放到<fieldset>标签内时，浏览器会以特殊方式来显示它们，它们可能有特殊的边界、3D 效果，甚至可以创建一个子表单来处理这些元素。

<legend>标签与<fieldset>标签配合使用，用来定义表单分区的标题。例如，下面实例将上面的表单进行分组，演示效果如图3.10所示。

```
<form id="form1" name="form1" method="post" action="">
    <fieldset>
        <legend> 基本信息 </legend>
        邮　箱：<input type="text" name="textfield1" /><br />
        密　码：<input type="password" name="textfield2" /><br />
        用户名：<input type="text" name="textfield3" /><br />
        性　别：
        <input type="radio" name="radiobutton" value="radiobutton1" />男
        <input type="radio" name="radiobutton" value="radiobutton2" />女<br />
    </fieldset>
    <fieldset>
        <legend> 其他信息 </legend>
        意见反馈：<br />
        <textarea name="textarea" cols="30" rows="6"></textarea>
    </fieldset>
    <input type="submit" name="Submit1" value=" 确定 " />
    <input type="reset" name="Submit2" value=" 重写 " />
</form>
```

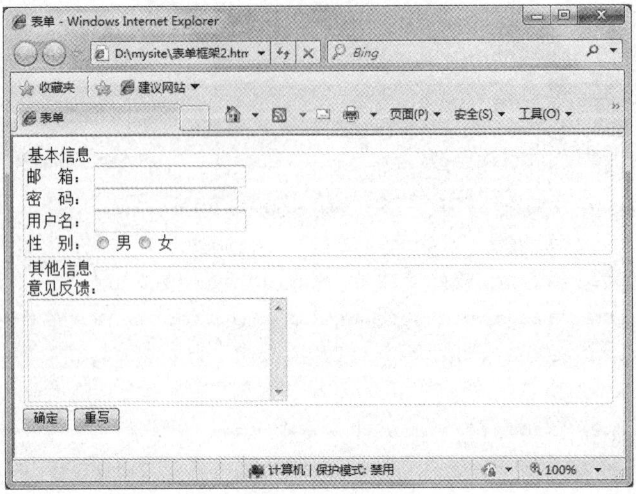

图3.10 表单分组

<label>标签可以为表单域添加注释，这样如果在<label>标签中单击注释文本，就会触发该表单域。就是说当用户选择该标签时，浏览器就会自动将焦点转到和标签绑定的表单域上。该标签有一个for属性，使用它可以把注释文本绑定到表单域上，for属性取值为表单域的id属性值。例如：

```
<label for="email">邮　箱：</label>
<input type="text" name="email" id="email" />
```

除了使用for属性绑定表单域外，还可以通过隐式方式与某个表单域绑定在一起，即使用<label>标签包含表单域标签即可。例如，上面代码可以使用下面的方法来设计：

```
<label>邮　箱：
    <input type="text" name="email" id="email" />
</label>
```

3.3　图像与超链接标签

实训1　认识图像标签

图像是网页的面子，好的网页设计是离不开图像的装饰。图像除了可以装饰页面外，也可以用来传递信息。直观而形象的图像信息有时候胜过千言万语。如今，没有插入图像的网页已经很少见了，甚至当看到完全由文字汇集的页面（俗称蜂巢信息）时已经不适应了。

1. 插入图像

在 HTML 中，图像是由 <img> 标签定义的，例如，下面一行代码将在页面中插入 images/t11.jpg，并固定其显示大小。

```
<img src="images/t11.jpg" width="70" height="70" />
```

<img> 标签是一个空标签，意思是说它只包含属性，并且没有闭合标签，例如，下面的写法就是非法的。

```
<img src="images/t11.jpg" width="70" height="70"></img>
```

类似的空标签，在 HTML 还有好几个，如
、<meta /> 等。把 <img> 标签定制为空标签，有其存在的道理。<img> 标签主要负责显示图像，如果再包含其他信息，该如何显示？

例如，下面的用法对于浏览器解析来说就很困惑：是把文本显示在图像上面，还是显示在下面？不管怎么做，都会破坏该标签的语义性。

```
<img src="images/t11.jpg" width="70" height="70">图像的标题</img>
```

当然，也可能做如下设想：

```
<img width="70" height="70"> images/t11.jpg</img>
```

即把图像的源（source）放置在标签之间进行处理，这样设计也未尝不可，但是与 HTML 中其他标签的用法会发生约定上的冲突，很容易发生误用。考虑到这些因素，HTML 的开发者们干脆就把 <img> 标签定制为空标签，不提供给用户包含其他内容的机会，这样就免除了很多不必要的麻烦，而通过定义 src（source 简写）属性来引入外部图像的二进制信息流。

还有一点读者应该注意，HTML 版本支持下面的用法：

```
<img src="images/t11.jpg" width="70" height="70">
```

而 XHTML 版本要求必须添加标签封闭标识符，即如下所示：

```
<img src="images/t11.jpg" width="70" height="70" />
```

2．网页图像深度透析

目前，大部分主流浏览器都支持 <img> 标签，但是有些技术问题，读者必须要明确：<img> 标签不是在技术上把图像插入到 HTML 页面，图像与 HTML 页面之间没有必然的联系，<img> 标签仅是创建一个引用图像的空间，背后工作都是由浏览器负责从源位置读取，然后解析到页面中。

谨慎的技术专家们曾经大声疾呼：少用图像，慎用图片。

这种忧虑具有明显的时代特征，现在已经没有多大意义了。因为，最初的网络带宽非常的可怜，网速惊人的慢，上网如同蜗牛回家，痛苦不言而喻。假如某个 HTML 文件包含十个图像，那么为了正确显示这个页面，需要加载 11 个文件，而加载图片是需要时间的。

图像没有焦点，所谓焦点就是能够听到键盘的响应并适当做出反应。例如，当此图像接收到 input 焦点时，并不会触发 onfocus 事件，除非图像已经与 MAP 建立了关联。

最早的 <img> 标签所能够支持的图像格式很单一，主要包括三种类型：.gif、.jpg、.png。从 IE 5 开始，浏览器不仅仅支持常用图像格式，还支持简单的视频格式。支持的文件格式如下：.avi、.bmp、.emf、.gif、.jpg（.jpeg）、.mov、.mpg（.mpeg）、.png、.wmf、.xbm。

当然，要使用 <img> 标签显示视频片段或者虚拟现实模型语言（VRML）世界时，需要在 dynsrc 属性中指定 URL。

最后，读者不要忘记以下两条规则。

- img 元素是内嵌元素。如果你使用 CSS 之后，会发现这个很有参考价值。
- img 元素直到 IE 4 版本开始被脚本引擎接纳，因此早期的浏览器是不认识脚本中的 img 元素对象的。如果你使用 JavaScript 开发时，也会对此感兴趣。

3．图像特性

很明显，<img> 标签必须包含 src 属性，这个基本属性规定了 <img> 标签将要显示的图像源。src 是 source 一词的简写。源属性的值是图像的 URL 地址。浏览器能够根据这个源信息按图索骥找到图像的源地址，然后读取该图像的二进制信息流，并通过一定的算法，把这些信息流重新拼接为一幅完整的视觉图像。

实际上，读者更容易忽视的是另一个必须设置的属性：alt。在 XHTML 版本中，<img> 标签必须包含 src 和 alt 属性。

alt 属性用来为图像定义一串预备的可替换的文本，替换文本属性的值是用户定义的。例如：

```
<img src="images/t11.jpg" alt="个人照片" />
```

当在浏览器中无法载入图像并设置了替换文本属性时，浏览器会告诉浏览者图像失去的信息，此时，浏览器将显示这个替代性的文本而不是图像。为页面上的图像都加上替换文本属性是个好习惯，这样有助于更好地显示信息，并且对于那些使用纯文本浏览器的人来说是非常有用的。

除了上面两个必须设置的属性外，<img>标签还包含如表3.8所示的专用属性。这些属性虽然可以使用CSS样式来代替，但是在文档中还是允许使用的，个别属性甚至在XHTML严谨型文档中也是合法的。

表3.8 <img>标签专用属性

属性	取值	说明	DTD
align	top bottom middle left right	图像对齐方式，主要根据包含框来决定	TF
border	pixels	图像的边框在超链接包含的图像中默认显示有边框	TF
height	pixels%	图像的高度	STF
ismap	ismap	作为服务器指定图像映射。该属性很少使用，主要使用usemap	STF
longdesc	URL	指定一个形象的客户端图像映射	STF
vspace	pixels	定义图像顶部和底部的空隙	TF
width	pixels%	定义图像的宽度	STF

提示，DTD 指示该属性允许在哪种 DTD 中使用。S=Strict、T=Transitional、F=Frameset。

<img>标签的 ismap 和 usemap 属性将告诉浏览器插入的图像是一个特殊的可视映射，可以通过鼠标来对一个或多个超链接进行选择，也就是通常所说的图像映射。

图像映射的 ismap 样式被称为服务器端图像映射，它只可以用在 <a> 标签标识的超链接里面。例如：

`<a href="/example/map"> <img src="/i/map.gif" ismap="ismap" /> </a>`

当用户在 ismap 图像上单击了某处时，浏览器会自动把鼠标的 x、y 位置（相对于图像的左上角）发送到服务器端。服务器端文件（如 /example/map）可以根据这些坐标来做出响应。

usemap 属性提供了一种客户端的图像映射机制，有效地消除了服务器端对鼠标坐标的处理，以及由此带来的网络延迟问题。通过特殊的 <map> 和 <area> 标签，读者可以提供一个描述 usemap 图像中超链接热点区域坐标的映射，这个映射同时包含相应的超链接 URL。usemap 属性的值是一个 URL，它指向特殊的 <map> 区域。用户计算机上的浏览器将把鼠标在图像上单击时的坐标转换成特定的行为，包括加载和显示另外一个文档。

usemap 客户端处理图像映射的好处是，它不要求有服务器的特殊处理，与 ismap 机制不同，它可以用在非网络环境中，如在本地的文件中使用。

实训2 认识超链接标签

超链接是互联网的桥梁，缺了它网络就运行不起来了，这似乎是一件很有趣的技术，但是不要小瞧一个超链接标签，实际上它是互联网三大基础性技术之一，发明这项技术的人非常伟大。

1．插入超链接

HTML使用<a>标签来创建超链接，通过它可以把当前文档与另一个文档链接在一起，不管这个文档是在本地，还是远在地球的另一端。<a>标签也被人称之为锚点，这个锚点可以指向网络上的任何资源，如HTML 文档、图像文件、声音文件、视频文件、压缩文件等。

创建锚点的语法：

```
<a href="url">显示的超链接文本或对象</a>
```

在<a>标签中，href 属性用于定位需要链接的文件，锚的开始标签和结束标签之间的文字被作为超链接来显示。

href 属性的值可以是任何有效文档的相对或绝对 URL，包括片段标识符和 JavaScript 代码段。如果读者单击了<a>标签中的内容，那么浏览器会尝试检索并显示href属性指定的 URL 所表示的文档，或者执行 JavaScript表达式、方法和函数的列表。

例如，下面这行超链接被单击之后，浏览器将在当前窗口中跳转到百度首页。

```
<a href="http://www.baidu.com/">百度一下</a>
```

而单击下面的超链接，浏览器将在当前窗口中跳转到当前文件夹中的index.html，并进行显示。

```
<a href="index.html">访问首页</a>
```

如果单击下面的超链接，浏览器将在当前窗口中显示当前目录下的images文件夹中的logo.gif图像。

```
<a href="images/logo.gif">访问首页</a>
```

超链接文本在默认状态下会显示蓝色的下划线，以便与其他文本进行区分，这样用户就会知道它是一个可以链接到其他文档的超链接，当然，也可以使用CSS改变这种默认的样式。用户还可以利用浏览器选项来自定义超链接文本的颜色，设置链接前和链接后链接文本的颜色。

更复杂的锚点还可以包含图像，例如，下面这个Logo就是一个图像链接，单击该图像，可以返回到百度的首页：

```
<a href="http://www.baidu.com/">
    <img src="http://www.baidu.com/img/baidu_logo.gif" alt="百度首页" />
</a>
```

上面的代码就是为百度的Logo 添加了一个返回首页的超链接。

当为图像添加锚点时，图像周围会显示默认的粗边框线，如果读者不喜欢这种样式，可以通过在<img>标签中把图像的 border 属性设置为0，即可删除超链接的边框。也可以使用 CSS 的边框属性改变整个文档中的图像的边框样式。

<a> 标签支持三种类型的 URL 地址。

- 绝对 URL：指向另一个站点，如 href="http://www.baidu.com/"。
- 相对 URL：指向当前站点内的某个文件，如 href="index.html"。
- 锚 URL：指向页面中的锚点，如 href="#top"。

2．超链接特性

<a>标签必须设置href或者name属性，其中name属性用来定义锚点链接。另外，<a>标签还包含如表3.9所示的专有属性。

表3.9 \<a\>标签专用属性

属性	取值	说明	DTD
charset	charset	定义目标URL的字符编码方式。默认值为"ISO-8859-1"	STF
href	URL	目标文档或资源的URL	STF
hreflang	language_code	定义目标URL的基准语言	STF
coords	coordinates	指定一个链接坐标	STF
rel	参阅表3.3	定义当前文档与目标文档之间的关系	STF
rev	参阅表3.3	定义目标文档与当前文档之间的关系	STF
target	_blank _parent _self _top	在何处打开目标URL： _blank - 在一个新的未命名的窗口载入文档 _self - 在相同的框架或窗口中载入目标文档 _parent - 把文档载入父窗口或包含了超链接引用的框架的框架集 _top - 把文档载入包含该超链接的窗口，取代任何当前正在窗口中显示的框架	TF
shape	default rect circle poly	定义形状链接	STF
name	text	定义锚点名称	STF

a元素是内嵌元素，如果希望控制其显示样式，则应该使用CSS的伪类选择器进行控制。

3. 链接类型透析

链接（link）与超链接是两回事，是两个不同的概念，读者应该区分二者的不同，链接包含超链接，它包含多种类型，如普通链接、超级链接、空链接、锚点链接、Email链接、脚本链接、文件链接等。

其中普通链接就是3.7.2节所言的本地URL的超链接，而超级链接就是绝对URL的超链接。很多时候，我们习惯上把普通链接和超级链接都混为超链接，实际上它们是有区别的。当然，是否能够区分这些概念并不会影响读者对它们的使用。

(1) 空链接

空链接是一种特殊类型的超链接，也就是没有链接对象的链接。在空链接中，目标URL用"#"来表示。也就是说制作链接时，只需要设置href属性值为"#"字符，它就是一个空链接了。例如，下面的代码就是一个空链接：

```
<a href="#">空链接</a>
```

空链接的存在涉及到多方面的因素，例如，一些没有定期完成的页面，又为了保持页面显示上的一致（链接样式与普通文字样式的不同），就可以使用它了。

下面两种形式比较有趣，读者不妨试验一下。

- 使用JavaScript脚本也可以设置一个空链接，不过它与使用"#"不太一样。
- 字符定义的空链接会在状态中呈现不同的效果，如图3.1和图3.2所示（注意状态栏中的信息变化）。

```
<a href="javascript:;">空链接</a>
```

图3.11 脚本形式空链接　　　　　　　　　图3.12 "#"字符形式的空链接

- 另一种形式虽然像空链接，但是它却能够打开本地的当前文件夹的资源管理器，链接的功能发生了变化。

```
<a href="">空链接</a>
```

（2）锚点链接

所谓锚点链接就是指同一页面中的不同位置的链接。例如，一个很长的页面，在页面的最下方有一个"返回顶部"的文字，单击链接后，可以跳转到这个页面的最顶端，这就是一种最典型的锚点链接。通过单击命名锚点，能够快速重定向到网页的特定位置，如快速到页首、页尾或者网页中某篇文章处，以便浏览者查看网页内容。锚点链接类似于书籍的目录页码或章回提示。

创建锚点链接可以分为两步。

第一步，创建命名锚点。所谓命名锚点就是定义一个没有 href 属性，但是定义了 name 属性的 <a> 标签。例如：

```
<a name="top" id="top">这是一个锚点</a>
```

默认状态下，命名锚点的 <a> 标签不包含任何文本，避免它对于网页信息的干扰。

第二步，链接到锚点。方法是在 <a> 标签的 href 属性中设置以"#"字符为前缀的锚点链接，格式为"#锚点名称"。例如，在下面的实例代码中，当单击"返回顶部"超链接文本后，页面就会滚到锚点名称为 top 的位置。

```
<a name="top" id="top"></a>
<div style="height:1000px"></div>
<a href="#top">返回顶部</a>
```

（3）Email 链接

Email 链接就是能够在单击链接后直接启动客户端邮件管理软件（根据用户设置），然后允许为指定的 Email 地址发送信件。方法是在 <a> 标签的 href 属性中设置以"mailto:"字符串为前缀的链接，格式为"mailto: 邮箱地址"。例如，下面就是一个 Email 链接：

```
<a href="mailto:zhuyinhong@css8.cn">zhuyinhong@css8.cn</a>
```

（4）脚本链接

脚本链接就是在 <a> 标签的 href 属性中直接放置脚本代码，这样当单击超链接时，会执行这些代码。以常用的 JavaScript 脚本为例，则应该设置以"javascript:"字符串为前缀的链接。例如，下面一行代码能够在用户单击超链接时弹出提示对话框，显示当前标签包含的标签字符串：

```
<a href="javascript:alert(this.document.getElementsByTagName('a')[0].innerHTML);">脚本链接</a>
```

（5）文件链接

HTML还定义了<link>标签，该标签允许当前文档和外部文档建立链接。例如，下面代码能够导入当前目录下的样式表文件style.css：

```
<head>
<link rel="stylesheet" type="text/css" href="style.css" />
```

`</head>`

在HTML中，`<link>`标签是一个空标签，它没有结束标签。而在XHTML中，`<link>`标签必须被关闭，且该标签必须放置在head区域，可以允许它出现任何次数。

`<link>`标签必须设置href属性，用来指定链接的外部文件，同时还可以设置其他属性，说明如表3.10所示。

表3.10 `<link>`标签专用属性

属 性	取 值	说 明	DTD
charset	charset	定义目标URL的字符编码方式，默认值为"ISO-8859-1"	STF
href	URL	目标文档或资源的URL	STF
hreflang	language_code	定义目标URL的基准语言	STF
media	screen tty tv projection handheld print braille aural all	规定文档将显示在什么设备上	STF
rel	alternate appendix bookmark chapter contents copyright glossary help home index next prev section start stylesheet subsection alternate appendix bookmark chapter contents copyright	定义当前文档与目标文档之间的关系	STF

(续表)

属　性	取　值	说　明	DTD
rev	glossary help home index next prev section start stylesheet subsection	定义目标文档与当前文档之间的关系	STF
target	参阅表3.2	在何处打开目标URL，参阅表3.2说明	TF
title	字符串	为要链接的文档指定标题。在引用不带有标题的源（例如图像或非HTML文档）时，该属性非常有用。在这种情况下，浏览器会在显示被引用的文档时使用<link>标题	STF
type	MIME_type 如text/ css、text/ javascript、 image/gif	规定目标 URL 的 MIME 类型	STF

4．图像映射

所谓图像映射，就是指带有热点区域的一幅图像，单击这些热点区域可以指向其他文档或锚的链接。

本节所用文件的位置如下：	
视频路径	视频文件\files\3.7.4.swf
效果路径	实例文件\3\

图像映射也是一种特殊的超链接形式，它由 <map> 标签定义，准确地讲，<map> 标签将定义一个客户端图像映射。

<map> 标签必须与 <a> 标签配合使用，并定义 id 属性，用来给图像映射指定一个唯一的名称。也可以同时定义 name 属性。name 属性也是为 <map> 标签定义唯一的名称，该属性主要用于向后兼容早期的浏览器版本。<img> 中的 usemap 属性可引用 <map> 中的 id 或 name 属性（由浏览器决定），所以我们需要同时向 <map> 添加 id 和 name 两个属性。

<map> 标签还必须包含 <area> 标签，该标签用来定义热点区域，<area> 标签是一个空标签。在 HTML 中，<area> 可以没有结束标签，但是在 XHTML 中，<area> 必须被关闭。

例如，在下面实例中，<img> 标签通过 usemap 属性与下面的 <map> 标签绑定在一起，然后在 <map> 标签中包含的 <area> 标签中定义热点区域：矩形，坐标位置和大小为 155,67,253,147，以图像左上顶角为坐标原点，单击该热点区域将会打开 index.html 文件，如图 3.13 所示。

```
<img src="images/3.jpg" width="300" border="0" usemap="#Map" />
<map name="Map" id="Map">
    <area shape="rect" coords="155,67,253,147 " href="index.html" alt=" 热点区域 " />
</map>
```

图3.13 图像映射

通过上面实例可以看到，<map> 标签应该定义同名的 id 和 name 属性，然后在 <arer> 标签中通过设置 href 属性来绑定它们的关系，href 属性值前缀为"#"，后面跟随 <map> 标签的名称，这与锚点链接的用法极其相似。

<map> 标签相当于一个框，定义图像映射的热点区域还必须使用 <area> 标签，<area> 标签定义了热点区域的形状、坐标和大小，以及链接的文件路径等。<area> 标签必须定义 alt 属性，用来指定热点区域的替换文本，但是下面属性可以根据需要进行设置，如表 3.11 所示。

表3.11 <area>标签专用属性

属性	取值	说明	DTD
coords	坐标值	定义可单击区域（对鼠标敏感的区域）的坐标	STF
href	URL	定义此区域的目标URL	STF
nohref	nohref	从图像映射排除某个区域	STF
shape	default rect circ poly	定义区域的形状	STF
target	_blank _parent _self _top	规定在何处打开href属性指定的目标URL	TF

shape 属性用于定义图像映射中对鼠标敏感的区域的形状。
- 圆形（circ 或 circle）。

- 多边形（poly 或 polygon）。
- 矩形（rect 或 rectangle）。

shape属性的值会影响浏览器对coords属性的解析。如果未设置shape属性，则默认该属性值为default。对于default 属性值来说，热点区域将覆盖整个图像。实际上，浏览器默认使用矩形区域，并试图找到coords的属性值。如果没有指定形状，而且在标签中也没有包括四个坐标，那么浏览器会忽略整个区域。由于热点区域在<map>标签中采用"先来先得"的顺序，所有必须将默认热点区域放置在后面，否则，默认区域会覆盖其他的图像映射中出现的所有区域。

coords 属性必须与 shape 属性配合使用，用来定义热点区域的形状、大小和位置。坐标的数字及其含义取决于 shape 属性值所定义的形状，说明如下。

- 圆形。

shape="circle"，coords="x,y,r"

此时 coords 属性值包含三个参数，其中 x 和 y 定义圆心的坐标位置，如"0,0"表示图像左上角的坐标，r 是以像素为单位的圆形半径。

- 多边形。

shape="polygon"，coords="x1,y1,x2,y2,x3,y3,..."

此时coords属性值包含多对参数值，每一对"x,y"坐标都定义了多边形的一个顶点位置，如"0,0"表示图像左上角的坐标。如果要定义三角形热点区域，则至少需要三组坐标。多边形会自动封闭，因此在列表的结尾不需要重复第一个坐标来闭合整个区域。

- 矩形。

shape="rectangle"，coords="x1,y1,x2,y2"

此时 coords 属性值包含两对参数值，其中第一对坐标是矩形左上角的顶点坐标，另一对坐标是对角的顶点坐标，实际上，它是定义带有四个顶点的多边形的一种简化方法。

<map> 标签可以包含多个 <area> 标签，这些 <area> 标签各司其责，互不干扰。例如，下面这个实例在图像中绘制了多个矩形、多边形和圆形的热点区域，把这些特点区域都包含在名称为 Map 的 <map> 标签中，然后通过 <img> 标签的 usemap 属性使其与图像绑定在一起，在 Dreamweaver 中可以很直观地看到这种设计效果，如图 3.14 所示。

```
<img src="images/web1.jpg" width="800" border="0" usemap="#Map" />
<map name="Map" id="Map">
    <area shape="poly" coords="283,339,293,352,292,417,282,425,272,418,273,348" href="#" alt="6边形热点区域1" />
    <area shape="poly" coords="321,340,331,353,330,418,320,426,310,419,311,349" href="#" alt="6边形热点区域2" />
    <area shape="poly" coords="358,340,368,353,367,418,357,426,347,419,348,349" href="#" alt="6边形热点区域3" />
    <area shape="poly" coords="398,340,408,353,407,418,397,426,387,419,388,349" href="#" alt="6边形热点区域4" />
    <area shape="poly" coords="437,340,447,353,446,418,436,426,426,419,427,349" href="#" alt="6边形热点区域5" />
    <area shape="rect" coords="188,171,261,239" href="#" alt="矩形热点1" />
    <area shape="rect" coords="293,172,364,239" href="#" alt="矩形热点2" />
    <area shape="rect" coords="388,173,459,241" href="#" alt="矩形热点3
```

```
           />
                   <area shape="circle" coords="575,191,174" href="#" alt="圆形热点区域"
           />
           </map>
```

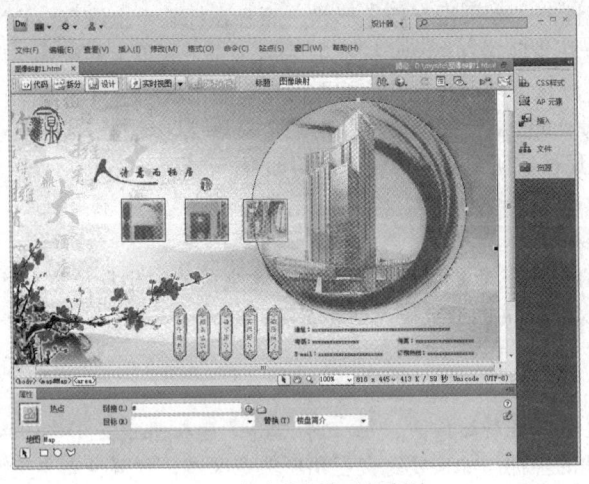

图3.14 复杂的图像映射应用

3.4 多媒体标签以及其他标签

实训1 认识多媒体标签

多媒体网站都是大块头儿，耗空间也耗带宽，但在页面中适当地嵌入一些多媒体信息也是很不错的，特别是 Flash 动画，另外，还可以在页面中加上一段背景音乐，让自己设计的页面充满个性和情调。

HTML 5 又新增了多个多媒体标签，如视频标签 <video> 能像嵌入图像一样随意地把视频嵌入到网页任何位置，而不再顾虑浏览器是否支持视频插件，更不用担心该如何设置复杂的插件参数。

1. 早期多媒体标签

早期的 HTML 不能很完善地支持多媒体，一般也就是在页面中插入背景音乐或者嵌入原始的视频片段，控制起来都很僵硬。

微软最早定义了 <bgsound> 标签来支持在页面中插入背景音乐，该标签虽然好用，但是其他浏览器并不支持，且设置的参数有限。例如，下面这行代码就在页面中添加了一段循环播放的背景音乐。

```
<bgsound src="bjyy.mp3" autostart=true loop=infinite>
```

src 属性设定背景音乐文件；autostart 属性设置是否自动播放音乐；loop 属性表示是否自动重复播放；属性值 infinite 表示重复无限次，也可以用 -1 表示是无限重复。

后来，又出现了一个 <embed> 标签，该标签功能相对要强大很多，可以插入多种类型的音频和视频文件，如 midi、wav、aiff、au 等，目前大部分浏览器都支持该标签，偶尔插入视频或背景音乐，使用它还是很方便的。

例如，下面代码就表示在网页中插入一段背景音乐，效果与上面代码功能相似。

```
<embed src=" bjyy.mid" autostart="true" loop="true" hidden="true" />
```

<embed> 标签包含的属性很多，说明如表 3.12 所示。

表3.12 <embed>标签专用属性

属 性	取 值	说 明
src	URL	设置多媒体的文件URL
autostart	布尔值	设置音频或视频文件是否在下载完成后自动播放
loop	整数布尔值	设置音频或视频文件是否循环及循环次数
hidden	布尔值	设置控制面板是否显示，默认值为flase
starttime	mm:ss（分：秒）	设置音频或视频文件开始播放的时间。未定义则从文件开头播放
volume	自然数	设置音频或视频文件的音量大小。未定义则使用系统本身的设定
height	Pixels%	设置控制面板的高度
width	pixels%	设置控制面板的宽度
units	pixelsen	设置高和宽的单位为pixels或en
controls	console smallconsole playbutton pausebutton stopbutton volumelever	控制面板的外观。默认值是console。console表示一般正常面板；smallconsole表示较小的面板；playbutton表示只显示播放按钮；pausebutton表示只显示暂停按钮；stopbutton表示只显示停止按钮；volumelever表示只显示音量调节按钮

<applet>是另外一个将要被丢弃的标签，它表示在页面中插入applet应用小程序，虽然该标签得到了各大主流浏览器的支持，但是applet小程序已经没落，如今没有几个用户再使用这个标签了。例如，

`<applet code="Bubbles.class" width="350" height="350">Java applet</applet>`

其中 code 属性用来指定小程序的 URL，width 和 height 设置小程序在页面中显示的大小。

2．标准多媒体标签

插入多媒体信息一般建议选用 <object> 标签，该标签能够定义一个嵌入式多媒体对象，并允许用户设置插入 HTML 文档中对象的参数。

> 本节所用文件的位置如下：
> 视频路径　视频文件\files\3.8.2.swf
> 效果路径　实例文件\3\

<object>标签支持的多媒体对象非常多，包括图像、音频、视频、Java applets、ActiveX、PDF以及 Flash等。

W3C定义<object>标签的初衷就是希望用它来取代 <img> 和 <applet>等低级标签。不过由于存在漏洞以及缺乏浏览器支持，这个愿望并未完全实现。另外，主流浏览器都使用不同的代码来加载相同的对象类型，这又给用户和开发人员带来不小的麻烦。

幸运的是，<object>标签提供了被动解决方案，即规定如果不能够解析<object>标签，就会执行位于<object>和</object>之间的代码。通过这种方式，我们能够嵌套多个<object>标签（每个标签对应每一种浏览器），或者嵌套其他低级标签，以便用户能够正常浏览。

例如，下面实例就在页面中插入了一段视频：

`<object classid="clsid:F08DF954-8592-11D1-B16A-00C0F0283628" id="Slider1"`

```
        width="100" height="50">
    <param name="BorderStyle" value="1" />
    <param name="MousePointer" value="0" />
    <param name="Enabled" value="1" />
    <param name="Min" value="0" />
    <param name="Max" value="10" />
</object>
```

<object> 标签包含一些专用属性，说明如表 3.13 所示。

表3.13 <object>标签专用属性

属 性	取 值	说 明	DTD
align	left right top bottom	定义围绕该对象的文本对齐方式	TF
archive	URL	一个空格分隔指向档案文件的 URL 列表。这些档案文件包含了与对象相关的资源	STF
border	pixels	定义对象周围的边框	TF
classid	class ID	定义嵌入Windows Registry中或某个URL中的类的 ID 值，此属性可用来指定浏览器中包含的对象的位置，通常是一个Java 类	STF
codebase	URL	定义在何处可找到对象所需的代码，提供一个基准URL	STF
codetype	MIME type	通过classid属性所引用的代码的MIME类型	STF
data	URL	定义引用对象数据的URL。如果有需要对象处理的数据文件，要用data属性来指定这些数据文件	STF
declare	declare	可定义此对象仅可被声明，但不能被创建或示例，直到此对象得到应用为止	STF
height	pixels	定义对象的高度	STF
hspace	pixels	定义对象周围水平方向的空白	TF
name	unique_name	为对象定义唯一的名称，以便在脚本中使用	STF
standby	text	定义当对象正在加载时所显示的文本	STF
type	MIME_type	定义被规定在data属性中指定的文件中出现的数据的MIME类型	STF
usemap	URL	规定与对象一同使用的客户端图像映射的URL	STF
vspace	pixels	定义对象的垂直方向的空白	TF
width	pixels	定义对象的宽度	STF

几乎所有主流浏览器都拥有部分对 <object> 标签的支持。<object> 标签还需要使用 <param> 标签定义用于对象的 run-time 设置。

<param> 标签允许用户为插入页面中的对象设置 run-time，也就是说，该标签可为包含它的 <object> 标签定义参数，这些参数将根据不同浏览器会有所不同。<param> 标签是一个空标签，在 HTML 中，可以没有结束标签。但是在 XHTML 中，<param> 标签必须被关闭。

<param> 标签必须设置 name 属性，该属性定义参数的名称，而且名称必须是唯一的，该名称将被用到脚本中。另外，它还可以定义下面几个属性，如表 3.14 所示。

表3.14 <param>标签专用属性

属　性	取　值	说　明	DTD
type	MIME type	定义参数的 MIME 类型	STF
value	value	设置参数的值	STF
valuetype	data ref object	定义值的MIME类型	STF

3．HTML 5 定义的新多媒体标签

W3C 在 2008 年 1 月 22 日发布了最新的 HTML5 工作草案。一石激起千层浪，于是关于 HTML5 的讨论就越来越多，越来越激烈。

本节所用文件的位置如下：
视频路径　视频文件\files\3.8.3.swf
效果路径　实例文件\3\

目前 HTML 5 的应用越来越普及，以致任何一个设计开发爱好者都不能忽视它，至少应该对它有个大概的了解。下面先来简单认识一下 HTML5 中两个很实用的多媒体标签。

<video> 表示视频标签，它的出现无疑是 HTML5 的一大亮点，由于 IE 浏览器还不完全支持 <video> 标签，读者必须在其他浏览器中进行测试，并为 IE 浏览器找到一种兼容性解决方案。例如，下面实例演示了如何在页面中插入一段视频：

```
<video controls width="500">
    <!-- 兼容Firefox -->
    <source src="video.ogg" type="video/ogg" />

    <!-- 兼容Safari/Chrome-->
    <source src="video.mp4" type="video/mp4" />
    <!-- 兼容IE -->
     <embed src="video/mp4" type="application/x-shockwave-flash" width="1024" height="798" allowscriptaccess="always" allowfullscreen="true"></embed>
</video>
```

<video>标签包含很多专用属性，说明如下。

- controls：布尔值，是否显示视频播放和停止按钮。
- poster：在视频播放之前所显示的图片的 URL。
- autoplay：布尔值，页面加载完成后自动播放视频。
- width：设置视频窗口的高度。默认情况下，浏览器会自动检测所提供的视频尺寸。
- height：设置视频窗口的高度。
- src：视频文件的URL，使用嵌套的<source>标签设置更好。

由于浏览器之间的壁垒，适当兼容处理是应该的，因此一般需要创建三种视频格式以实现对 Firefox、Safari/Chrome和IE的支持。

- ogg：Firefox 支持这种格式，可以使用 VLC (媒体 –> 串流/保存) 实现视频的轻松转换。
- mp4：许多屏幕录制工具支持 mp4 格式的自动导出，读者可以为 Safari 和 Chrome 浏览器生成指定格式的视频。

- flv/swf：并非所有浏览器都支持 HTML 5 视频标签，当然考虑到兼容性，请确保添加一个安全的 Flash 版本。

HTML 5 定义了 <audio> 标签，专门用来播放音频文件，这个标签与 IE 的 <bgsound> 标签一样，简单而实用，例如：

`<audio src="someaudio.wav">你的浏览器不支持 audio 标签。</audio>`

由于该标签还没有被普及使用，关于它的详细属性就不再详细介绍。

实训2　了解其他标签

下面这些标签虽然不是很常用，但是建议读者也了解一下。通过对它们的了解，可以对 HTML 语言的发展有更深刻的理解。

1．<marquee> 标签

<marquee> 标签是 IE 3 浏览器私自定义的，俗称跑马灯标签，它能够创建一个滚动的文本字幕，通俗地说就是设置文本左右移动或者上下滚动。早期的很多网页都喜欢选用这个标签来设置滚动信息，但是由于其他浏览器不支持该标签，故不建议读者使用。

例如，下面代码能够设置文本"跑马灯"在 150 像素的范围内不停地从右向左移动。

`<marquee width="150">跑马灯</marquee>`

<marquee> 标签包含很多属性，如 align、behavior、bgcolor、direction、height、width、hspace、vspace、loop、scrollamount、scrolldelay、onmouseout、onmouseover，通过这些属性可以控制文本滚动的效果，说明如下所示。

- align：可选属性，设置对齐滚动的文本，取值包括 left、center、right、top 和 bottom。如 <marquee align="top">这段滚动文字设置为上对齐</marquee>。
- behavior：可选属性，在页面内设置一旦出现文本时让浏览器按照设置的方法来处理文本。如果设置为 slide，那么文本就移动到文档上，并停留在页边距上。如果设置为 alternate，则文本从一边移动到另一边；如果设置为 scroll，文本将在页面上反复滚动，如 <marquee behavior="alternate">文字从一边移动到另一边</marquee>。
- bgcolor：设置字幕的背景颜色，如 <marquee bgcolor="red">背景颜色为红色</marquee>。
- direction：设置文本滚动的方向，取值包括 left 和 right，如 <marquee direction="left">文字向左滚动</marquee>。
- height：设置滚动字幕的高度，高度可用像素或百分比来表示，如 <marquee height="10%">滚动字幕的高度是可视页面的10%</marquee>。
- width：设置字幕的宽度，宽度可用像素或百分比来表示。
- hspace：设置滚动字幕左右的空白宽度，以像素为单位，如 <marquee hspace="15">滚动字幕左右空白空间为 15 像素</marquee>。
- vspace：设置滚动字幕上下的空白宽度，以像素为单位。
- loop：设置滚动字幕的滚动次数。当值为"infinite"或"−1"时，则表示无限制滚动。
- scrollamount：设置每个连续滚动文本后面的间隔，该间隔单位用像素表示。如 <marquee scrollamount="10">，此文本后面的间隔为 10 像素</marquee>。
- scrolldelay：设置两次滚动操作之间的间隔时间，以毫秒为单位。
- onmouseout=this.start()：设置鼠标移出该区域时继续滚动。
- onmouseover=this.stop()：设置鼠标移入该区域时停止滚动。

例如，下面实例演示了一个复杂的文字滚屏效果：

`<marquee behavior="scroll" direction="left" bgcolor="#0000ff" height="30"`

```
width="150" hspace="0" vspace="0" loop="infinite" scrollamount="30"
scrolldelay="500">Hello</marquee>
```

2．<blink> 标签

<blink> 标签可以设置文本闪烁显示，该标签只能够在 Netscape 和 Firefox 上使用，IE 浏览器不支持该标签，也没有对应功能的标签，所以不建议读者使用。例如：

```
<blink> 闪烁的文本 </blink>
```

第 4 章

网页标签的语义性

HTML提供了丰富的标签元素，每个元素都有它各自的含义。但是由于网页结构的语义性严重缺失，不管什么内容都使用div或span元素来嵌套，于是很多语义化的元素就慢慢地被淡忘了，甚至对于有些元素从来就没有见过。

本章将从语义化角度来探析每个HTML元素的使用，帮助读者快速恢复网页结构的"营养均衡"（语义性元素均衡、合理地使用），保证在无CSS支持的情况下，网页能够有效显示信息的结构和层次。

4.1 网页语义化基本知识

标准设计的一个重要方面就是使用语义化的元素来构造文档的内容结构。存在即是合理的，任何一个存在的HTML元素都意味着被该元素包含的内容都有相应的结构化意义。换句话说，就是不能够借助CSS的功能强制一个HTML元素显示得像另一个HTML元素。例如，使用br元素来代替p元素定义段落文本，使用div元素来代替h元素来定义标题。

W3C组织曾明确地指出：Web的未来是语义化的Web（Semantic Web，中文翻译为语义化网页），现在的网页仅仅是一个信息容器，还无法描绘出信息本身的内容和特性，而语义化正是解决此问题的钥匙。

理解网页的语义化问题还需要从网页标签的使用说起。打个比方，假设坐在我对面的是一位机器人，现在它正与我进行交流。我准备告诉它"我是朱印宏，性别男，北京人"。

此时我不能说："hi，我是朱印宏，大老爷们，家在北京"，因为它不懂我的语言。

当然我也不能用键盘输入："姓名：朱印宏，性别：男，地址：北京"，因为它不识汉字。

或许也可以使用HTML标识语言来进行交流：

```
<div id="name">朱印宏 </div>
<div id="sex">男 </div>
<div id="address">北京 </div>
```

但是div元素对于机器人来说仅是一个包含框。如果能够自定义标签，也许能够实现信息交流：

```
<name>朱印宏 </name>
<sex>男 </sex>
<address>北京 </address>
```

即使机器人不能够识别这套自定义标签，也没关系，可以事先编写一套人机信息交互的规则，然后把这套规则嵌入到机器人的"大脑"中，这样，机器人如果检索到<name>标签，马上就能了解到坐在对面的这个陌生人的姓名，检索到<sex>和<address>标签，马上就能了解到该人的性别和地址。虽然机器人不知道我的具体姓名、性别和地址，但是它可以把这些信息准确、有效地传递给其他需要的对象，例如，另一个人、电脑屏幕或者触摸屏等。

当然上面的实例仅是一个假设，如果返回到HTML语言，所谓语义化网页就是在构建网页结构时，应该根据结构信息本身的特性决定使用对应的元素，不是为了简便或者寄希望于CSS而无视元素的语义特性，更通俗地说就是别遇到什么内容都使用div或span元素进行粗暴捆绑。

正如上面的实例一样，HTML语言被嵌入到每个浏览器中，它详细定义了每个元素所代表的意思，这样，浏览器、搜索引擎机器人等机器设备就会根据这些默认HTML语言定义的元素语义性来呈现或检索信息。机器人不会阅读信息所包含的语义，只能够根据预先定义好的标签来进行准确定位，针对标题信息只需要定位目标为<h>的标签包含的信息即可。

未来的语义化网页是一种懂得信息内容的网页，是真正的信息管理员。随着语义化网页的诞生和发展，网页开发技术也必将经历更为重大的变革。

实训1　了解HTML元素的语义分类

在使用（X）HTML+CSS进行标准化设计时，笔者认为首先应该把握好良好的网页结构，使结构更富语义化。只有具有了良好的结构，才可以考虑结合CSS来实现最大限度的结构与表现相分离。但现实中，很多设计师依然沿袭传统表格的设计思路：设计好网页的表现效果，再去考虑网页的信息结构。这样做已经背弃了Web标准化的原则，是不可取的。

语义化的第一步是应该掌握HTML语言中每个元素的语义特性和用法。HTML 4版本共包含91

个元素，这些元素都是针对特定内容、结构或特性定义的，这里可以把它们分为结构语义元素、内容语义元素和修饰语义元素三大类。

1．结构语义元素

结构语义元素（Structural Semantics）定义了元素在HTML文档中扮演的结构角色，这种元素多指块状元素，当然也包含个别行内元素，例如：

元素	语义
div	语义：Division（分隔）。在文档中定义一块区域，即包含框，IE 认为它是一个容器
span	语义：Span（范围）。在文本行中定义一个区域，即包含框
ol	语义：Ordered List（排序列表），根据一定的排序进行列表
ul	语义：Unordered List（不排序列表），没有排序的列表
li	语义：List Item（列表项目），每条列表项
dl	语义：Definition List（定义列表），以定义的方式进行列表
dt	语义：Definition Term（定义术语），定义列表中的词条
dd	语义：Definition Description（定义描述），对定义的词条进行解释
del	语义：Deleted Text（删除的文本），定义删除的文本
ins	语义：Inserted Text（插入的文本），定义插入的文本
h1~h6	语义：Header 1 to Header 6（标题1到标题6），定义不同级别的标题
p	语义：Paragraph（段落），定义段落结构
hr	语义：Horizontal Rule（水平尺），定义水平线

2．内容语义元素

内容语义元素（Content Semantics）定义了元素在文档中表示内容的语义，一般指文本格式化元素，它们多是行内元素。

元素	语义
a	语义：Anchor（定义锚），锚即定位的意思，换句话说就是超链接，即在多页间定位
abbr	语义：Abbreviation（缩写词），定义缩写词
acronym	语义：Acronym（取首字母的缩写词），定义取首字母的缩写词
address	语义：Address（地址），定义地址
dfn	语义：Defines 为 Definition Term（定义条目）。
kbd	语义：Keyboard Text（键盘文本），定义键盘键
samp	语义：Sample（实例），定义样本
var	语义：Variable（变量），定义变量
tt	语义：Teletype Text（打印机文本），定义打印机字体
code	语义：Code Text（源代码），定义计算机源代码
pre	语义：Preformatted Text（预定义格式文本），定义预定义格式文本，保留源代码格式
blockquote	语义：Block Quotation（区块引用语），定义大块内容引用
cite	语义：Citation（引用），定义引文
q	语义：Quotation（引用语），引用短语
strong	语义：Strong Text（加重文本），定义重要文本
em	语义：Emphasized Text（加重文本），定义文本为重要

3．修饰语义元素

修饰语义元素（Rhetorical Semantics）定义了元素在文档中修饰文本的显示效果。

b	语义：Bold Text（粗体文本），定义粗体
i	语义：Italic Text（斜体文本），定义斜体
big	语义：Big Text（大文本），定义文本增大
small	语义：Small Text（小文本），定义文本缩小
sup	语义：Superscripted Text（上标文本），定义文本上标
sub	语义：Subscripted Text（下标文本），定义文本下标
bdo	语义：Direction of Text Display（文本显示方向），定义文本显示方向
br	语义：Break（换行），定义换行
~~center~~	语义：~~Centered Text（居中文本），定义文本居中~~
~~font~~	语义：~~Font（字体），定义文字的样式、大小和颜色~~
~~u~~	语义：~~Underlined Text（下划线文本），定义文本下划线~~
~~s~~	语义：~~Strikethrough Text（删除文本线），定义删除线~~
~~strike~~	语义：~~Strikethrough Text（删除文本线），定义删除线~~

请注意，其中标识删除线的为不建议选用元素。

实训2 了解HTML属性的语义分类

HTML 元素包含的属性众多，无法列出所有元素的全部属性，当然也没有这个必要，这里仅就公共属性进行分析。在某种情况下，属性的语义还不能清楚地表述，但是可以大致分为核心语义、语言语义、键盘语义、内容语义和延伸语义等类型。

请注意，HTML 元素的部分属性是属于修饰性属性，在标准设计中是不建议使用的。

1．核心语义属性

核心语义属性（Core Attributes）主要包括下面三个，这三个基本属性为大部分元素所拥有。

class	语义：Class（类），定义类规则或样式规则
id	语义：IDentity（身份），定义元素的唯一标识
style	语义：Style（样式），定义元素的样式声明

但是下面这些元素不拥有核心语义属性：

html、head	文档和头部基本结构
title	网页标题
base	网页基准信息
meta	网页元信息
param	元素参数信息
script、style	网页的脚本和样式

这些元素一般位于文档头部区域，用来传递网页元信息。

2．语言语义属性

语言语义属性（Language Attributes）主要用来定义元素的语言类型，包括以下两个属性。

lang	语义：Language（语言），定义元素的语言代码或编码
dir	语义：Direction（方向），定义文本的方向，包括 ltr 和 rtl 取值，分别表示从左向右和从右向左

下面这些元素不拥有语言语义属性：

frameset、frame、iframe	网页框架结构
br	换行标识

hr	结构装饰线
base	网页基准信息
param	元素参数信息
script	网页的脚本

例如，下面分别为网页代码定义了中文简体的语言，字符对齐方式为从左到右的方式。第二行代码为body，定义了美式英语。

```
<html xmlns="http://www.w3.org/1999/xhtml" dir="ltr" xml:lang="zh-CN">
<body id="myid" lang="en-us">
```

3．键盘语义属性

键盘语义属性（Keyboard Attributes）定义元素的键盘访问方法，包括以下两个属性：

accesskey	语义：Access Key（访问键），定义访问某元素的键盘快捷键
tabindex	语义：Tab Index（Tab 键索引），定义元素的 Tab 键索引编号

使用 accesskey 属性可以使用快捷键（Alt+ 字母）访问指定 URL，但是浏览器不能很好地支持，在 IE 中仅能激活超链接，需要配合 Enter 键确定，而在 FF（Firefox）中没有反应。

```
<a href="http://www.css8.cn/" accesskey="a">按住 Alt 键，单击 A 键可以链接到样吧首页 </a>
```

一般在导航菜单中经常设置快捷键。

tabindex 属性用来定义元素的 Tab 键访问顺序，可以使用 Tab 键遍历页面中的所有链接和表单元素。遍历时会按照 tabindex 的大小决定顺序，当遍历到某个链接时，按 Enter 键即可打开链接页面。

```
<a href="#" tabindex="1">Tab 1</a>
<a href="#" tabindex="3">Tab 3</a>
<a href="#" tabindex="2">Tab 2</a>
```

4．内容语义属性

内容语义属性（Content Attributes）定义元素包含内容的附加信息，这些信息对于元素来说具有重要的补充作用，避免元素本身包含信息不全而被误解。内容语义包括以下五个属性。

alt	语义：Alternate Text（替换文本），定义元素的替换文本
title	语义：Title（标题），定义元素的提示文本
longdesc	语义：Long Describe（长文描述），定义元素包含内容的大段描述信息
cite	语义：Cite（引用），定义元素包含内容的引用信息
datetime	语义：Date and Time（日期和时间），定义元素包含内容的日期和时间

由于很多初学者经常误用这些属性，下面详细讲解它们的基本用法。

（1）alt 属性

alt 和 title 是两个常用的属性，分别定义元素的替换文本和提示文本，但是很多设计师习惯于混用这两个属性，没有刻意去区分它们的语义性。实际上，除了 IE 浏览器，其他标准浏览器都不会支持它们的混用，但是由于 IE 浏览器的纵容，才导致了很多设计师误以为 alt 属性就是设置提示文本的。

```
<a href="URL" title=" 提示文本 ">超链接 </a>
<img src="URL" alt=" 替换文本 " title=" 提示文本 " />
```

替换文本（Alternate Text）并不是用来做提示的（Tool Tip），或者更加确切地说，它并不是为图像提供额外说明信息的。相反，title 属性才负责为元素提供额外说明信息。

当图像无法显示时，必须准备替换的文本来替换无法显示的图像，这对于图像和图像热点是必须的，因此 alt 属性只能用在 img、area 和 input 元素中（包括 applet 元素）。对于 input 元素，alt 属性用来替换提交按钮的图片。

```
<input type="image" src="URL" alt="替换文本" />.
```

之所以要放置替换文本，是因为浏览器被禁止显示、不支持或无法下载图像时，通过替换文本给那些不能看到图像的浏览者提供文本说明，这是一个很重要的预防和补救措施。另外，还应该考虑到网页对于视觉障碍者，或者使用其他用户代理（如屏幕阅读器、打印机等代理设备）的影响。当然，从语义角度考虑，替换文本应该提供图像的简明信息，并保证在上下文中有意义，而对于那些修饰性的图片可以使用空值（alt=""）。

（2）title 属性

title 属性为元素提供提示性的参考信息，这些信息是一些额外的说明，具有非本质性，因此该属性也不是一个必须设置的属性。当鼠标指针移到元素上面时，即可看到这些提示信息。但是 title 属性不能够用在下面这些元素上：

html、head	文档和头部基本结构
title	网页标题
base、basefont	网页基准信息
meta	网页元信息
param	元素参数信息
script	网页的脚本和样式

相对而言，title 属性可以比 alt 属性设置更长的文本，不过有些浏览器可能会限制提示文本的长度。提示文本一定要简明、扼要，并用在恰当的地方，而不是所有元素身上都定义一个提示文本，那样就显得画蛇添足了。提示文本一般多用在超链接上，特别是对图标按钮必须提供提示性说明信息，否则用户就会不明白这些图标按钮的作用。

（3）longdesc 属性

如果要为元素定义更长的描述信息，则应该使用 longdesc 属性。longdesc 属性可以用来提供链接到一个包含图片描述信息的单独页面或者长段描述信息上，其用法如下：

```
<img src="URL" alt="人物照" title="朱印宏于2010-5-1中国馆留念" longdesc="这是朱印宏于2010年5月1日在中国馆前的留影，当时天很热，穿着短裤，手里拿着矿泉水，到处都是云集于此的世博会开幕式观众，场面热闹非凡" />
```

或

```
<img src="UTL" alt="替换文本" longdesc="详细描述图像的网页.html" />
```

这种方法意味着从当前页面链接到另一个页面，由此可能会造成理解上的困难。另外，浏览器对于 longdesc 属性的支持也不一致，因此应该避免使用。如果感觉对图片的长描述信息很有用，那么不妨考虑把这些信息简单地显示在同一个文档里，而不是链接到其他页面或者藏起来，这样能够保证每个人都可以阅读。

（4）cite 和 datetime 属性

cite 一般用来定义引用信息的 URL。例如，下面一段文字引自 http://www.css8.cn/csslayout/index.htm，所以可以这样来设置：

```
<blockquote cite="http://www.css8.cn/csslayout/index.htm">
    <p>CSS 的精髓是布局，而不是样式，布局是需要缜密的结构分析和设计的</p>
</blockquote>
```

datetime 属性定义包含文本的时间，这个时间表示信息的发布时间，也可能是更新时间，例如：

```
<ins datetime="2010-5-1 8:0:0">2010年上海世博会</ins>
```

5．其他语义属性

其他语义属性（Other Attributes）定义元素的相关信息，当然这类属性也很多，这里仅列举以下两个比较实用的属性。

| rel | 语义：Relationship（关联），定义当前页面与其他页面的关系 |
| rev | 语义：Reverse Link（反向链接），定义其他页面与当前页面之间的链接关系 |

提及 rel 属性，很多人把它当作 target 的替代属性，实际上，它们是不同性质的属性，rel 和 rev 属性相对应，它们的语义比较如下。

- rel：表示从源文档到目标文档的关系。
- rev：表示从目标文档到源文档的关系。

这里的源文档可以理解为超链接所在的当前文档，而目标文档也就是这个超链接将要打开的文档。通俗地说，rel 属性和 rev 属性定义文档之间的链接关系，而并非是与超链接中所设置浏览器的显示目标文档的 target 属性。

rel 属性和 rev 属性定义了源文档和目标文档的关系，说明如下。

- appendix：链接到文档的附录页。
- alternate：链接到一个备选的源。
- bookmark：链接到一个书签。
- chapter：从当前文档链接到一个章节。
- contents：链接到当前文档的内容目录。
- copyright：链接到当前文档的版权或隐私页面。
- glossary：链接到当前文档术语表。
- index：链接到当前文档的索引。
- next：链接到集合中的下一个文档。
- prev：链接到集合中的前一个文档。
- section：链接到文档列表中的一个小节。
- start：链接到当前文档的第一页。
- subsection：链接到当前文档列表中的子小节。
- head：链接到集合中的顶级文档。
- toc：链接到集合的目录。
- parent：链接到源上面的文档。
- child：链接到源下面的文档。

例如，下面实例链接到同一个文件夹中的前一个文档，这样当搜索引擎检索到 rel="prev" 信息之后，就知道当前文档与所链接的目标文档是平等关系，且处于相同的文件夹中。

```
<a href="4-3.html" rel="prev">链接到集合中的前一个文档</a>
```

其他关系与此类似，读者可以根据需要确定当前文档与目标文档之间的位置关系，并进行准确定义，以方便浏览器对于信息的来源进行准确判断。

4.2 文本信息和列表的语义结构

实训1 掌握文本信息的语义结构

良好的语义化结构应该是一个结构良好的 XML 文档。XML 文档实际上就是数据文档，在理想状态下，文档中除了数据之外不应该再出现任何的冗余代码。当然，在 XHTML 文档中完全做到没有冗余是不太现实的。

所有信息的描述都应基于语义来确定，例如，结构的划分、属性的定义等。设计一个好的语义结构或许会占用更多的时间，但它带来的信息可读性和扩展性将让你受益匪浅，同时也降低了结构的维护成本，为跨平台信息交流和阅读打下了基础。

1．标题信息的语义结构

标题是信息的灵魂。网页标题很重要，因为不仅浏览者要看标题，机器人也同样要先检索标题。

本节所用文件的位置如下：	
视频路径	视频文件\files\4.4.1.swf
效果路径	实例文件\4\

HTML 定义了六个标题元素，按级别不同分别为 h1、h2、h3、h4、h5、h6，并且依据重要性逐渐递减。其中 h1 是最高的标题，而 h6 很少被人使用，因为它的级别太低了，如果按默认样式显示，你会发现浏览器把它排在正文信息的下面，相当于注释文本之类的信息，如图 4.1 所示。

很多初学者很不注意标题的语义性，随意使用一个标签就来定义。例如，下面的做法是不妥当的，即使可以借助 CSS 来让其显示得像标题，但那都是掩耳盗铃的把戏，机器人只会把它们看作三个普通的包含框。

图4.1 标题与正文的信息重要性比较

```
<div id="header1">一级标题</div>
<div id="header2">二级标题</div>
<div id="header3">三级标题</div>
```

反过来，又有很多人在使用标题元素时很不规范，随手就用。例如：

```
<div id="wrapper">
        <h1>模块标题</h1>
    <div id="box1">
        <h1>子栏目标题</h1>
        <p>正文</p>
    </div>
    <div id="box2">
        <h1>子栏目标题</h1>
        <p>正文</p>
    </div>
</div>
```

在上面这个微结构中，h1 元素被重复使用了三次，这样做显然是不合适的。下面就来讨论两个问题：一是标题元素何时才能够使用？二是标题元素用在什么地方？

我们知道一本书只有一个标题，自然一个网页也应该只有一个标题。很多初学者把头部的标题与网页正文的标题混为一谈，认为"<title>网页标题</title>"才是所谓的"网名"，实际上，那是不对的，title元素所定义的标题仅是在浏览器标题栏中显示的信息，它与网页内容的标题是两个不同的概念。因此，网页内容的标题也只有一个主标题，换句话说，一个网页中应该只用一次h1元素，用它来表示网页内容的标题。使用h2元素来定义网页内容标题的副标题，如果页面内容中没有副标题，则考虑使用h2元素定义网页栏目的标题，同时可以使用h3元素定义子栏目的标题，依此类推。下面是一个模拟的结构：

```
<div id="wrapper">
    <h1>网页标题</h1>
    <h2>网页副标题</h2>
    <div id="box1">
        <h3>栏目标题</h3>
        <p>正文</p>
    </div>
    <div id="box2">
        <h3>栏目标题</h3>
        <div id="sub_box1">
            <h4>子栏目标题</h4>
            <p>正文</p>
        </div>
        <div id="sub_box2">
            <h4>子栏目标题</h4>
            <p>正文</p>
        </div>
    </div>
</div>
```

这种层次清晰、语义合理的结构对于阅读者和机器人来说都是很友好的。除了h1元素外，h2、h3和h4等标题元素在一篇文档中可以重复使用多次。但是如果把h2作为网页副标题之后，应该只能够使用一次，因为网页的副标题只有一个。

对于设计师来说，h1、h2和h3元素比较常用，h4元素偶尔使用，h5和h6元素基本上不被使用，除非在结构层级比较深的文档中才会考虑选用，因为一般文档的标题层次都在三级左右。

对于标题元素的位置，前面的模拟结构实例已经很清晰地显示出来。标题应该出现在所在结构的内容顶部，一般为第一行的位置，当然要除去结构元素所占据的位置，例如，h1元素一般位于网页内容的顶部，如总包含框的第一行，而栏目标题总会出现在栏目结构块内的第一行。

总之，合理选用标题元素、恰当放置标题位置是初学者必须认真考虑的问题，只有这样才能够保证标题信息的语义化显示。

2．段落信息的语义结构

在传统布局中，我们习惯使用 br 元素来分行，连续使用两个 br 元素来分段，但实际上这样做是不妥当的。

本节所用文件的位置如下：	
视频路径	视频文件\files\4.4.2.swf
效果路径	实例文件\4

p在整个HTML标签大家族中应该是最普通、最常用的元素了。p是Paragraph段落的首字母缩写，简单但很重要。如果说离开了p元素，就会发现网页结构表现得非常不完整。网页内容的正文基本上都应该使用p元素来组织，有些读者习惯使用div元素来分隔文本块，认为div元素没有默认的格式，反而比p元素更好用。事实不然，虽然对于浏览者来说，使用什么元素都可以实现段落定义，但是对于机器来说，这样使用会误认为段落文本是结构块，从而忽略了信息的检索。例如，下

面代码使用语义化的元素构建文章的结构，其中使用div元素定义文章包含框，使用h1定义文章标题，使用h2定义文章的作者，使用p定义段落文本，使用cite定义转载地址，所显示的结构效果如图4.2所示。

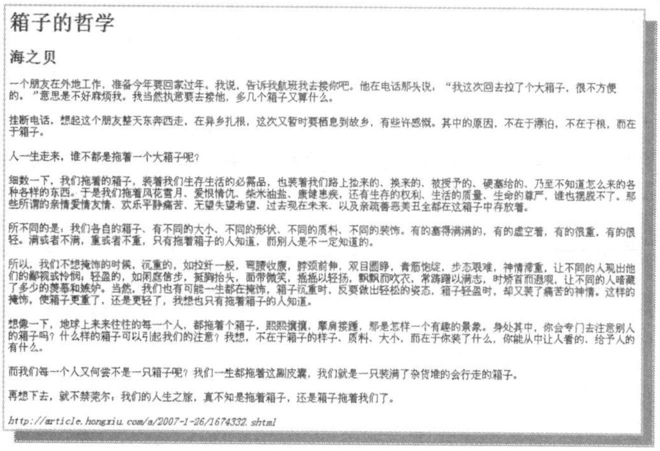

箱子的哲学

海之贝

一个朋友在外地工作，准备今年要回家过年。我说，告诉我航班我去接你吧。他在电话那头说，“我这次回去拉了个大箱子，很不方便的。”意思是不好麻烦我。我当然执意要去接他，多几个箱子又算什么。

挂断电话，想起这个朋友整天东奔西走，在异乡扎根，这次又暂时要栖息到故乡，有些许感慨。其中的原因，不在于漂泊，不在于根，而在于箱子。

人一生走来，谁不都是拖着一个大箱子呢？

细数一下，我们拖着的箱子，装着我们生存生活的必需品，也装着我们路上捡来的、换来的、被授予的、硬塞给的、乃至不知道怎么来的各种各样的东西。于是我们拖着风花雪月、爱恨情仇、柴米油盐、康健患疾，还有生存的权利、生活的质量、生命的尊严，谁也摆脱不了。那些所谓的亲情爱情友情、欢乐平静痛苦、无望失望希望、过去现在未来、以及亲疏善恶美丑全都在这箱子中存放着。

所不同的是：我们各自的箱子、有不同的大小、不同的形状、不同的质料、不同的装饰。有的塞得满满的，有的虚空着，有的很重，有的很轻。满或者不满，重或者不重，只有拖着箱子的人知道，而别人是不一定知道的。

所以，我们不想掩饰的时候，沉重的，如拉纤一般，弯腰收腹，脖颈前伸，双目圆睁，青筋饱绽，步态艰难，神情滞重，让不同的人现出他们的鄙视或怜悯；轻盈的，如闲庭信步，挺胸抬头，面带微笑，摇摇以轻扬，飘飘而吹衣，常踌躇以满志，时矫首而遐观，让不同的人暗藏了多少的羡慕和嫉妒。当然，我们也有可能一生都在掩饰，箱子沉重时，反要做出轻松的姿态，箱子轻盈时，却又装出痛苦的神情。这样的掩饰，使箱子更重了，还是更轻了，我想也只有拖着箱子的人知道。

想像一下，地球上来来往往的每一个人，都拖着个箱子，熙熙攘攘，摩肩接踵，那是怎样一个有趣的景象。身处其中，你会专门去注意别人的箱子吗？什么样的箱子可以引起我们的注意？我想，不在于箱子的样子、质料、大小，而在于你装了什么，你能从中让人看的、给予人的有什么。

而我们每一个人又何尝不是一只箱子呢？我们一生都拖着这副皮囊，我们就是一只装满了杂货堆的会行走的箱子。

再想下去，就不禁莞尔：我们的人生之旅，真不知是拖着箱子，还是箱子拖着我们了。

http://article.hongxiu.com/a/2007-1-26/1674332.shtml

图4.2 文档结构图效果

```
<div id="article">
    <h1 title=" 哲学散文 "> 箱子的哲学 </h1>
    <h2 title=" 作者 "> 海之贝 </h2>
        <p> 一个朋友在外地工作，准备今年要回家过年。我说，告诉我航班我去接你吧。他在电话那头说 :“我这次回去拉了个大箱子，很不方便的。" 意思是不好麻烦我。我当然执意要去接他，多几个箱子又算什么。</p>
        <p> 挂断电话，想起这个朋友整天东奔西走，在异乡扎根，这次又暂时要栖息到故乡，有些许感慨。其中的原因，不在于漂泊，不在于根，而在于箱子。</p>
    <p> 人一生走来，谁不都是拖着一个大箱子呢？ </p>
    <p> 细数一下，我们拖着的箱子，装着我们生存生活的必需品，也装着我们路上捡来的、换来的、被授予的、硬塞给的、乃至不知道怎么来的各种各样的东西。于是我们拖着风花雪月、爱恨情仇、柴米油盐、康健患疾，还有生存的权利、生活的质量、生命的尊严，谁也摆脱不了。那些所谓的亲情爱情友情、欢乐平静痛苦、无望失望希望、过去现在未来、以及亲疏善恶美丑全都在这箱子中存放着。</p>
      <p> 所不同的是 : 我们各自的箱子、有不同的大小、不同的形状、不同的质料、不同的装饰。有的塞得满满的，有的虚空着，有的很重，有的很轻。满或者不满，重或者不重，只有拖着箱子的人知道，而别人是不一定知道的。</p>
        <p> 所以，我们不想掩饰的时候，沉重的，如拉纤一般，弯腰收腹，脖颈前伸，双目圆睁，青筋饱绽，步态艰难，神情滞重，让不同的人现出他们的鄙视或怜悯 ; 轻盈的，如闲庭信步，挺胸抬头，面带微笑，摇摇以轻扬，飘飘而吹衣，常踌躇以满志，时矫首而遐观，让不同的人暗藏了多少的羡慕和嫉妒。当然，我们也有可能一生都在掩饰，箱子沉重时，反要做出轻松的姿态，箱子轻盈时，却又装出痛苦的神情。这样的掩饰，使箱子更重了，还是更轻了，我想也只有拖着箱子的人知道。</p>
        <p>想像一下，地球上来来往往的每一个人，都拖着个箱子，熙熙攘攘，摩肩接踵，那是怎样一个有趣的景象。身处其中，你会专门去注意别人的箱子吗？什么样的箱子可以引起我们的注意？我想，不在于箱子的样子、质料、大小，而在于你装了什么，你能从中让人看的、给予人的有什么。</p>
        <p> 而我们每一个人又何尝不是一只箱子呢？我们一生都拖着这副皮囊，我们就是一只装满了杂货堆的会行走的箱子。</p>
        <p> 再想下去，就不禁莞尔 : 我们的人生之旅，真不知是拖着箱子，还是箱子拖着我们了。
```

```
</p>
        <cite title="转载地址">http://article.hongxiu.com/a/2007-1-26/1674332.shtml </cite>
</div>
```

另外，很多读者喜欢直接使用<p>标签，但是不习惯封闭该结构（即不使用</p>标签）。虽然这种用法浏览器一般也能够正确解析，但是在HTML严格型文档类型中是不允许这样使用的。

同时，p元素还提供了很多属性，如align（文本对齐属性），这些设置样式的属性已不再被支持使用，因为这些属性不再具有语义性，仅作为修饰性使用，而对于修饰性的属性则可以使用CSS进行控制，不过对于语义性属性（如id、class、style、title等）则是可以使用的。

3．引用信息的语义结构

在网页信息中，经常会引用别人说的话，这些话就是引文。引文必须使用对应的引文元素。

本节所用文件的位置如下：	
视频路径	视频文件\files\4.4.3.swf
效果路径	实例文件\4\

HTML 提供了以下元素：cite、q 和 blockquote 以及 cite 等引文属性。
- q 是 Quotation（引用语）的缩写，该元素用来定义单行引用，如论坛、博客中经常引用别人的话，都可以使用该元素。
- blockquote 是 Block Quotation 短语的合写，可以翻译为区块信息引用，一般使用该元素引用一段或者多段的长篇信息。

注意，一段文本是不可以直接放在 blockquote 元素中的，引用的内容还必须包含在一个元素中，通常是 p 元素，这时可以使用 cite 属性指定引文的地址。cite 属性还可以与 q 元素一起使用，用来提供引用内容的来源地址，但是 cite 属性不能够用在其他元素中，如 span 元素等。

- cite 元素也表示引用，它常用来引用短语或短句子，与 q 元素在语义上基本相同，主要用来引用某人的话。两者主要在显示效果上略有区别：q 元素引用的文本会被加上双引号，而 cite 元素引用的文本以斜体显示。

例如，下面这个结构综合展示了 cite、q 和 blockquote 元素以及 cite 引文属性的用法，演示效果如图 4.3 所示。

```
<div id="article">
    <h1>智慧到底是什么呢？</h1>
    <h2>《卖拐》智慧摘录</h2>
        <blockquote cite="http://www.szbf.net/Article_Show.asp?ArticleID=1249">
            <p>有人把它说成是知识，以为知识越多，就越有智慧。我们今天无时无处不在受到信息的包围和信息的轰炸，似乎所有的信息都是真理，仿佛离开了这些信息，就不能生存下去了。但是你掌握的信息越多，只能说明你知识的丰富，并不等于你掌握了智慧。有的人，知识丰富，智慧不足，难有大用；有的人，知识不多，但却无所不能，成为奇才。</p>
        </blockquote>
        <p>下面让我们看看<cite>大忽悠</cite>赵某的这段台词，从中可以体会到语言的智慧。</p>
        <div id="dialog">
            <p>赵　某：<q>对头，就是你的腿有病，一条腿短！</q></p>
            <p>范　某：<q>没那个事儿！我要一条腿长，一条腿短的话，那卖裤子人就告诉我了！</q>
```

```
</p>
        <p>赵  某：<q>卖裤子的告诉你你还买裤子么，谁像我心眼这么好哇？这样吧，我给
你调调。信不信，你的腿随着我的手往高抬，能抬多高抬多高，往下使劲落，好不好？信不信？腿指定
有病，右腿短！来，起来！</q> </p>
        <p class="action">（范某配合做动作）</p>
        <p>赵  某：<q>停！麻没？</q> </p>
        <p>范  某：<q>麻了</q> </p>
        <p>高  某：<q>哎，他咋麻了呢？</q> </p>
        <p>赵  某：<q>你踩，你也麻！</q> </p>
    </div>
</div>
```

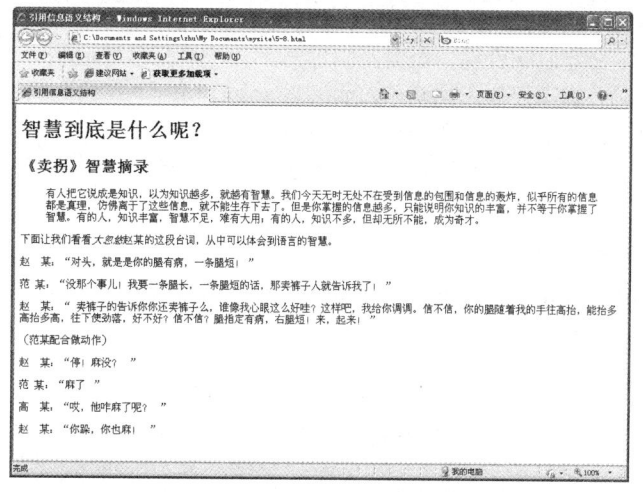

图4.3 引用信息的语义结构效果

使用时应注意，由于 IE 7 及其以下版本不能够很好地解析 q 元素，甚至会出现访问性的问题，因此，在使用时建议尽量不要使用 q 元素，手动插入引用标记，但是这样又会失去信息的语义性。如果在 IE 7 浏览器中预览，就会发现 q 元素包含的文本并没有带双引号，如图4.4 所示。

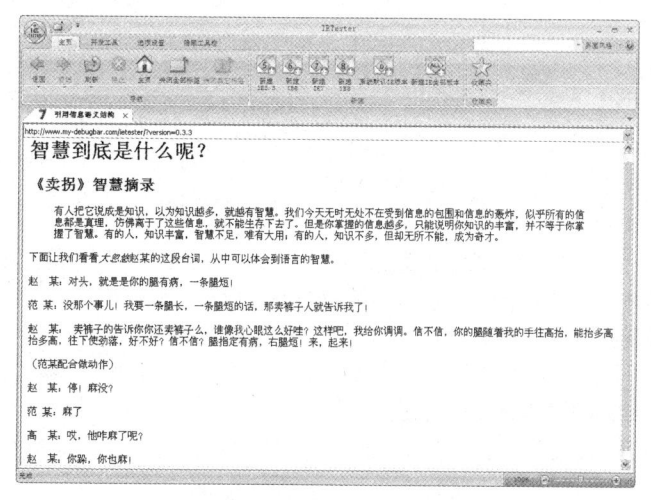

图4.4 引用信息的语义结构效果

4．强调信息的语义结构

强调是为了指明被强调信息的重要性。很多读者会误认为所谓强调信息就是被加粗或者斜体显示的信息，实际上这是不正确的。从语义角度考虑，HTML提供了两个专用于信息强调的语义元素：em和strong。

- em是Emphasized Text（加重文本）的缩写，它表示强调信息。
- strong是Strong Text（加重文本）的缩写，它表示加强强调信息，重要性要比em元素强。

例如，对于下面这段信息，所显示的效果如图4.5所示。其中em强调信息以斜体显示，而strong强调的信息以粗体显示。

```
<p>没有 <em> 最好 </em> 只有 <strong> 更好 </strong>!</p>
```

于是有人就用CSS来模拟这种显示效果，以求达到强调或者重点强调信息的目的，实际上这种做法是没有必要的。如果是为了确定强调内容的显示方式，当然应该使用CSS来定义它们的表现。但当我们想要的只是视觉上的效果时，就不要使用强调了。如果想要强调，但还是觉得粗体或者斜体视觉效果不是很好，那么完全可以定义一些其他比较醒目的样式来达到强调的效果。

图4.5 强调信息的语义结构效果

5．格式化文本的语义结构

格式化文本是网页排版中一项重要工作，例如，给文本设置粗体、斜体、变大、变小、下划线等。

本节所用文件的位置如下：	
视频路径	视频文件\files\4.4.5.swf
效果路径	实例文件\4\

格式化文本的常用结构如下：

b	粗体
i	斜体
big	文本变大
small	文本变小
sup	文本上标
sub	文本下标
bdo	文本显示方向

例如，对于下面这个数学解题演示的段落文本，使用格式化语义结构能够很好地解决数学公式中各种特殊格式的要求。对于机器人来说，也能够很好理解它们的用途。

```
<div id="maths">
    <h1> 解一元二次方程 </h1>
    <p> 一元二次方程求解有四种方法：</p>
    <ul>
        <li> 直接开平方法 </li>
        <li> 配方法 </li>
        <li> 公式法 </li>
```

```
            <li>分解因式法</li>
        </ul>
        <p>例如，针对下面这个一元二次方程：</p>
        <p><i>x</i><sup>2</sup>-<b>5</b><i>x</i>+<b>4</b>=0</p>
        <p>我们使用<big><b>分解因式法</b></big>来演示解题思路如下：</p>
        <p><small>由：</small>(<i>x</i>-1) (<i>x</i>-4)=0</p>
        <p><small>得：</small><br /><i>x</i><sub>1</sub>=1<br />
            <i>x</i><sub>2</sub>=4</p>
</div>
```

在上面代码中混合使用格式化文本的大部分常用元素。例如，使用i元素定义变量x以斜体显示；使用sup元素定义二元一次方程中的二次方；使用b元素加粗显示常量值；使用big元素和b元素加大加粗显示"分解因式法"这个短语；使用small元素缩写操作谓词"由"和"得"的字体大小；使用sub元素定义方程的两个解的下标。所显示的效果如图4.6所示。

图4.6 格式化文本的语义结构效果

6．输出信息的语义结构

从IO（Input/Output，输入和输出接口）角度来分析，信息应该包含输入和输出两个方面。

本节所用文件的位置如下：		
	视频路径	视频文件\files\4.4.6.swf
	效果路径	实例文件\4\

所谓输入信息就是指表单输入接口（即表单元素）；而输出信息是指信息显示的各种语义元素。HTML为常用语义块提供了不同的显示元素。如果说输入接口是为浏览者准备的；那么输出接口却是为浏览器、机器人和残疾人士准备的。对于屏幕浏览者来说，使用CSS可以更加轻松地实现不同表现。

HTML元素提供了很多输出信息的元素（如下所示），这些元素的语义性可以参阅第4.2.2节中的内容。

- code：表示代码字体，即显示源代码。
- pre：表示预定义格式的源代码，即保留源代码显示中的空格大小。
- tt：表示打印机字体。
- kbd：表示键盘字体。
- dfn：表示定义的术语。
- var：表示变量字体。
- samp：表示代码范例。

例如，下面这个实例中演示了每种输出信息的显示效果，如图4.7所示。虽然它们的显示效果不同，但是对于机器人来说其语义是比较清晰的。

```
<div id="output">
    <p>表示预定义格式的源代码：</p>
    <pre>
```

```
        var count = 0;
        while (count < 10) {
            document.write(count + "&lt;br&gt;");
            count++;
        }
    </pre>
        <p>表示代码字体：<code>Specifies a code sample</code></p>
        <p>表示打印机字体：<tt>Renders text in a fixed-width font</tt></p>
        <p>表示键盘字体：<kbd>Renders text in a fixed-width font</kbd></p>
        <p>表示定义的术语：<dfn>Indicates the defining instance of a term</dfn></p>
        <p>表示变量字体：<var>Defines a programming variable. Typically renders in an italic font style</var></p>
        <p>表示代码范例：<samp>Specifies a code sample</samp></p>
    </div>
```

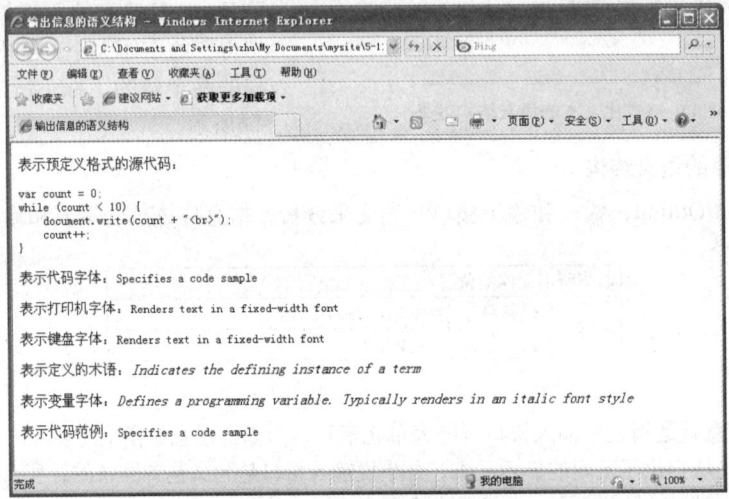

图4.7 输出信息的语义结构效果

7. 信息缩写的语义结构

信息缩写在网页中经常看到，例如，W3C 就是 World Wide Web Consortium 的缩写形式。

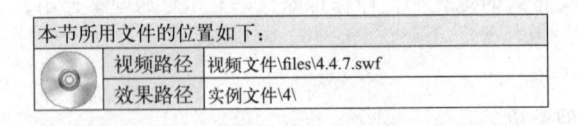

本节所用文件的位置如下：	
视频路径	视频文件\files\4.4.7.swf
效果路径	实例文件\4\

对于这样的信息该如何在网页中表示呢？当然不能够使用如下方法，虽然这种表示法对于浏览者是无障碍的，但是对于浏览器、机器人等对象就不友好了。

```
<p> <span title="World Wide Web Consortium">W3C</span> 于1994年10月在麻省理工学院计算机科学实验室成立。创建者是万维网的发明者 Tim Berners-Lee。</p>
```

为此，HTML专门提供了两个专用语义元素：abbr和acronym。

- abbr是Abbreviation一词的缩写，中文翻译为缩写词，通俗地说就是简称。例如，dfn是Defines a Definition Term的简称，kbd是Keyboard Text的简称，samp是Sample的简称，var是

Variable的简称。
- acronym也是缩写的意思，但是它是首字母的缩写。例如，CSS是Cascading Style Sheets短语的首字母缩写，HTML是Hypertext Markup Language短语的首字母缩写等。

例如：

```
<p><abbr title="Abbreviation">abbr</abbr> 元素最初是在 HTML5.0 中引入的，表示它所包含的文本是一个更长的单词或短语的缩写形式。浏览器可能会根据这个信息改变对这些文本的显示方式，或者用其他文本代替。</p>

<p><acronym title="Hypertext Markup Language">HTML</acronym> 是目前网络上应用最为广泛的语言，也是构成网页文档的主要语言。</p>
```

使用缩写信息能够为浏览器、拼写检查程序、翻译系统以及搜索引擎分度器提供有用的信息，但是IE 6及其以下版本的浏览器暂不支持abbr元素，不过这并不妨碍我们使用abbr和acronym元素，因为语义性不是为了适应IE浏览器的显示而定义的。如果要实现在IE浏览器中正确显示，不妨在abbr元素外包含一个span元素。例如，通过这种折中的方法可以实现在abbr元素显示提示信息。

```
<p><span title="Abbreviation"><abbr title="Abbreviation">abbr</abbr></span> 元素最初是在 HTML5.0 中引入的，表示它所包含的文本是一个更长的单词或短语的缩写形式。浏览器可能会根据这个信息改变对这些文本的显示方式，或者用其他文本代替。</p>
```

8．插入和删除信息的语义结构

文档不可避免地要加加减减，也许今天插入一句，明天又删除一行，如此一来该如何甄别这些信息呢？

本节所用文件的位置如下：	
视频路径	视频文件\files\4.4.8.swf
效果路径	实例文件\4\

你可能会认为：直接删除不用信息即可，或者在原文中修改，这样既干净又整洁。但这样能够保证所有增删都准确吗？同时如果要查阅以前的原文，如此操作也就无从谈起了。

或许你认为：用span元素为增加或删除的文本设置不同的颜色，这样一看就明白了。是的，对于浏览者来说，这种做法很好。虽然span元素符合语义性，但机器人是"色盲"，所有span元素对于它来说都是陌生的，谈不上信息的检索。

还有的用户习惯使用s或strike元素来表示删除文本，而使用u元素来表示增加文本，实际上这种做法与使用span元素没有什么两样，它们都是从表现上来区分信息的含义，这种做法是不被赞成的，且s、strike和u已放置到被禁止元素的行列，不再支持使用。因此，最好的方法还是采用HTML提供的对应语义元素：ins和del。

Ins是Inserted Text的缩写，表示插入文本的意思；del是Deleted Text的缩写，表示删除文本的意思。使用它们来定义插入和删除信息是符合语义的，同时它们都支持cite和datetime属性，使用这些属性可以设置操作的原由、出处和时间。例如，下面演示实例的显示效果如图4.8所示。

```
<p> <cite>因为懂得，所以慈悲</cite>。<ins cite="http://news.sanwen8.cn/a/2008-07-13/9518.html" datetime="2008-8-1">这是张爱玲对胡兰成说的话</ins>。</p>
<p> <cite>笑全世界便与你同笑，哭你便独自哭</cite>。<del datetime="2008-8-8">出自冰心的《遥寄印度哲人泰戈尔》</del>，<ins cite="http://news.sanwen8.cn/a/ 2008-07-13/9518.html" datetime="2008-8-1">出自张爱玲的小说《花凋》</ins> </p>
```

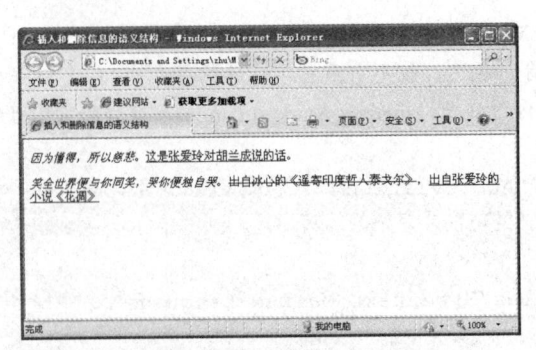

图4.8 插入和删除信息的语义结构效果

9．其他文本信息的语义结构

上面各节就文档中常用语义元素进行了详细讲解。另外，还有一些元素的语义特征比较明显，下面简单说明一下。

本节所用文件的位置如下：	
视频路径	视频文件\files\4.4.9.swf
效果路径	实例文件\4\

address 表示地址的意思，用来表示特定的语义信息，如地址、签名、作者和文档摘要等。例如：

```
<h1> 语义网的发展与研究 </h1>
<address title=" 作者 ">朱印宏 </address>
<address title=" 详细地址 ">中国北京 </address>
<address title=" 文章摘要 ">HTML 元素的语义特征及其表现 </address>
<p> 论文的正文……</p>
```

在上面实例中，利用 address 元素来表示特定的信息，演示效果如图 4.9 所示。

图4.9 特定语义信息的结构效果

a 是 anchor 一词的简称，直译为锚的意思，实际上多用该元素来表示超链接的意思。当然它有两种用法：一是用来作为超链接，二是用来作为锚。虽然用法不同，但是它们的本质都是相同的，用来定义网页之间或网页内部不同位置之间的指向关系。

如果说 a 是一个标识元素，倒不如说它是一种互联网定位技术，其底层包含的逻辑和结构实际上是非常复杂的，非一般读者能够读懂。可以毫不夸张地说，没有 a 元素的功劳就没有今天互联网的繁荣。

使用 a 元素来定义定位语义，相信这个大家都不陌生。例如：

```
<p><a href="http://www.css8.cn/" target="_blank" title="跳转到样吧首页" accesskey="y" tabindex="1">样吧 </a> </p>
```

a元素包含的属性很多，而且这些属性也比较重要和实用。例如，href属性设置超链接的目标地址（URL）。target表示打开目标文档的方法，如_blank表示在新窗口中打开文档，_parent表示在父窗口中打开文档，_self表示在当前窗口中打开文档，_top表示在顶层窗口中打开文档。

除了上面两个必用属性之外，还可以使用title属性为a元素定义提示文本，使用accesskey属性为元素定义快捷键，使用tabindex属性为元素定义Tab访问顺序。

另外，还可以使用a元素来访问页面（当前页或者其他页）内部的锚点。锚点实际上就是一个定位标记，任意定义了id属性的元素都可以作为一个锚点。例如：

```
<a href="#btm">跳转到底部</a>
<div id="box" style="height:2000px; border:solid 1px red;">撑开浏览器滚动条</div>
<span id="btm">底部锚点位置</span>
```

在上面代码中，div元素就是一个锚点，其锚点名称为"box"；span元素也是一个锚点，其锚点名称是"btm"。需要从页面顶部跳转到页面底部的span元素定位的位置，则可以在a元素的href属性中通过井号（#）来定义，井号后面是锚点的名称，该名称实际上也是id属性的值。如果要定位到其他页面内的锚点，则可以在井号前面增加详细的URL。如果是当前页面则可以省略井号前面的这个URL，直接写成"#Name"的形式。演示效果如图4.10所示。

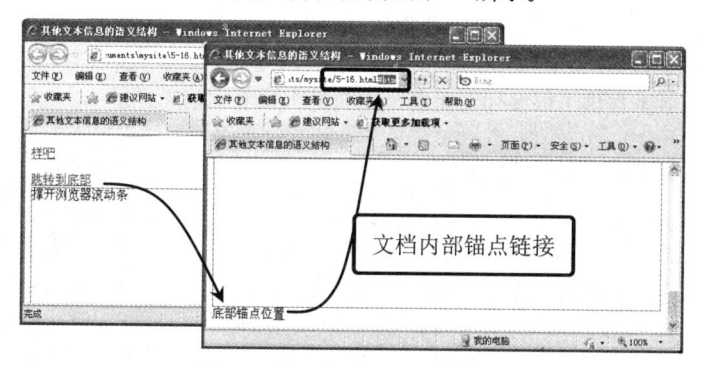

图4.10 文档内部锚点演示效果

实训2 掌握列表信息的语义结构

列表是网页结构中最常用的标签，也是信息组织和管理中最得力的工具。4.4节我们重点讲解了文本信息本身的语义特性，那么本节将重点探讨列表结构的语义内涵。文本信息的语义特性重点强调信息本身的含义，而列表信息则主要关注信息的结构特征和内涵。下面将仔细讲解列表信息的语义结构。

1. 认识列表结构

列表是网页中最常见的一种信息结构。何为列表？它到底有什么作用？对于这些问题，很多初学者总爱囫囵吞枣，潜意识地认为就是带有项目符号的多行信息模块就是列表。甚至很多人易于把它与表格、Div结构或段落结构混淆在一起。实际上，这是对列表的语义误解。列表的英文意思是list，该词还可以翻译为目录、名单、序列或数据清单等。根据这些意思来推论，笔者认为列表应该是同类、同型或同质信息的排列和组合。

例如，对于下面这些来源于百度新闻中的互联网分类信息，就属于同类信息列表。

男子为提高广告点击量链接淫秽视频被指控
微软前女主管贪污近百万 被判入狱 22 个月

网友热论网络文学：渐入主流还是刹那流星？
杭州电信封杀路由器？消费者质疑：强迫交易
杭州成立大学生创业俱乐部为大学生自主创业助力

而对于下面这些焊机产品型号列表，则可以归为同型信息：

直流氩弧焊机系列
脉冲手弧/氩弧焊两用机系列
CO_2气体保护焊机系列
空气等离子切割机系列
氩焊/手弧/切割三用机系列

下面这些信息都为站点导航信息，我们可以把它们归为同质信息，即都是菜单名。

首页
博客
社区
新闻
下载

列表信息总会在某些方面具有共同的特点，如何组织和管理它们，使其更易于阅读就成为了列表结构的核心任务。同时，对于浏览器、机器人和其他设备来说，列表结构使用列表信息更容易被接收、检索或显示。

早期的 HTML 版本提供了很多列表元素，详细说明如下：

ul	无序列表
ol	有序列表
li	列表项目
dl	定义列表
dt	定义列表标题
dd	定义列表说明
menu	菜单列表
dir	目录列表

早期版本的 HTML 把列表元素区分得过细，列表语义性存在很多重复性，因此 menu 和 dir 就不再建议使用。

2. 使用普通列表结构

普通列表元素包括 ul、ol 和 li。从语义角度上来分析，实际上 ul 和 ol 没有什么太大的区别。

本节所用文件的位置如下：	
视频路径	视频文件\files\4.5.2.swf
效果路径	实例文件\4\

ul 是 Unordered List 短语的缩写，可以翻译为不排序列表，从形式上看，也就是项目符号，不是有序符号，如 1、2、3 等。ol 是 Ordered List 短语的缩写，可以翻译为排序列表；li 是 List Item 短语的缩写，表示列表项，该元素必须包含在 ul、ol 元素中。

例如，针对上面的列表信息，可以尝试使用 ul、ol 和 li 元素来进行结构化，所显示的效果如图 4.11 所示。

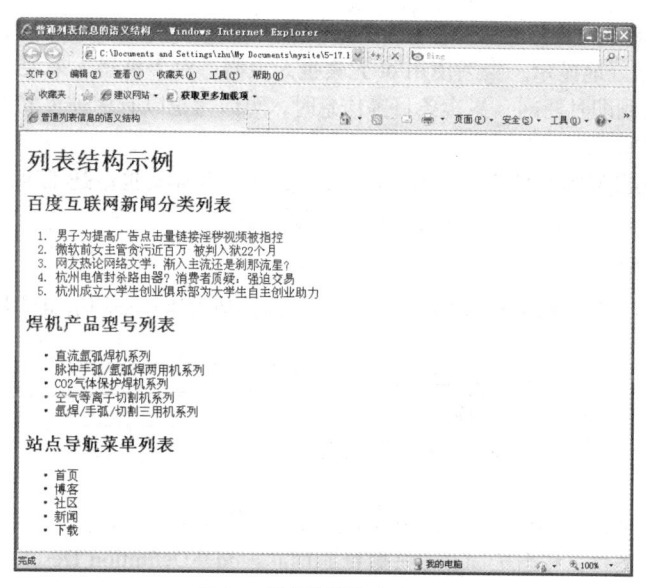

图4.11 列表结构的演示效果

```
<h1>列表结构实例</h1>
<h2>百度互联网新闻分类列表</h2>
<ol>
    <li>男子为提高广告点击量链接淫秽视频被指控</li>
    <li>微软前女主管贪污近百万 被判入狱22个月</li>
    <li>网友热论网络文学：渐入主流还是刹那流星？</li>
    <li>杭州电信封杀路由器？消费者质疑：强迫交易</li>
    <li>杭州成立大学生创业俱乐部为大学生自主创业助力</li>
</ol>
<h2>焊机产品型号列表</h2>
<ul>
    <li>直流氩弧焊机系列</li>
    <li>脉冲手弧/氩弧焊两用机系列</li>
    <li>CO₂气体保护焊机系列</li>
    <li>空气等离子切割机系列</li>
    <li>氩焊/手弧/切割三用机系列</li>
</ul>
<h2>站点导航菜单列表</h2>
<ul>
    <li>首页</li>
    <li>博客</li>
    <li>社区</li>
    <li>新闻</li>
    <li>下载</li>
</ul>
```

对于 ul 和 ol 元素来说，笔者认为使用 ul 元素更好一些，因为很多列表信息是不分顺序的，在无 CSS 状态下能够很好地显示。当然使用 ol 元素也无大碍，对于机器人来说，它们的语义结构都是一样的。不过涉及到即时新闻、买卖条目等信息时，可以考虑以有序列表的方式进行结构化，这样能够体现信息的时间顺序。

如果已建立结构良好的 HTML 信息结构，为它设计 CSS 样式也不是难事。客观地说，CSS 更多地依靠使用技巧，而良好的语义结构是需要你认真思考的。

3. 使用定义列表结构

定义列表包含了三个元素：dl、dt 和 dd，这也为设计师构建复杂的信息结构提供了想象空间。

本节所用文件的位置如下：	
视频路径	视频文件\files\4.5.3.swf
效果路径	实例文件\4\

dl 是 Definition List 短语的缩写，直译为定义列表，相当于列表包含框；dt 是 Definition Term 短语的缩写，直译为定义条目，相当于词典中被解释的词汇；dd 是 Definition Description 短语的缩写，直译为定义描述，它相当于词典中的解释内容。例如：

```
<h2>中药词条列表</h2>
<dl>
    <dt>丹皮</dt>
        <dd>为毛茛科多年生落叶小灌木植物牡丹的根皮。产于安徽、山东等地。秋季采收，晒干。生用或炒用。</dd>
</dl>
```

在上面结构中，"丹皮"是词条，而"为毛茛科多年生落叶小灌木植物牡丹的根皮。产于安徽、山东等地。秋季采收，晒干。生用或炒用。"是对词条进行的描述（或解释）。

同一个 dl 元素中可以包含多个词条。例如，在下面这个定义列表中包含了三个词条：

```
<h2>成语词条列表</h2>
<dl>
    <dt>知无不言，言无不尽</dt>
    <dd>知道的就说，要说就毫无保留。</dd>
    <dt>醉翁之意不在酒</dt>
        <dd>原是作者自说在亭子里真意不在喝酒，而在于欣赏山里的风景。后用来表示本意不在此而在别的方面。</dd>
    <dt>智者千虑，必有一失</dt>
    <dd>不管多聪明的人，在很多次的考虑中，也一定会出现个别错误。</dd>
</dl>
```

当然，dl、dt 和 dd 元素不仅仅是为了解释词条，如果仅是为了解释词条，那么定义列表结构也就没有很大的普及意义了。实际上，在语义结构中，设计师不再把定义列表看作是一种词条解释结构。至于 dt 元素包含的内容是否为一个真正意义上的词条，还是 dd 元素包含的是一个真正意义上的解释，对于设计师和搜索引擎来说都不重要了。

一般来说，设计师和搜索引擎仅认为 dt 元素包含的是抽象、概括或简练的内容，对应的 dd 元素包含的是与 dt 内容相关联的具体、详细或生动的说明。

例如，类似下面的列表结构是设计师们的习惯性用法：

```html
<h2>不恰当的列表结构</h2>
<div id="softList">
    <ul>
        <li>Vagaa 哇嘎画时代版 2.6.5.10</li>
        <li>软件大小：2431 KB</li>
        <li>软件语言：简体中文</li>
        <li>软件类别：国产软件 / 免费软件 / 文件共享</li>
    </ul>
    <ul>
        <li>快车 (FlashGet) 2.1 正式版</li>
        <li>软件大小：6560 KB</li>
        <li>软件语言：简体中文</li>
        <li>软件类别：国产软件 / 免费软件 / 下载工具</li>
    </ul>
</div>
```

从结构本身来看，它似乎没有问题，在表现效果上也许会更容易控制，不过从语义角度来考虑，对于这类的信息使用列表定义结构会更恰当一些。例如：

```html
<h2>恰当的列表结构</h2>
<div id="softList">
    <dl>
        <dt>软件名称</dt>
        <dd>Vagaa 哇嘎画时代版 2.6.5.10</dd>
        <dt>软件大小</dt>
        <dd>2431 KB</dd>
        <dt>软件语言</dt>
        <dd>简体中文</dd>
        <dt>软件类别</dt>
        <dd>国产软件 / 免费软件 / 文件共享</dd>
    </dl>
    <dl>
        <dt>软件名称</dt>
        <dd>快车 (FlashGet) 2.1 正式版</dd>
        <dt>软件大小</dt>
        <dd>6560 KB</dd>
        <dt>软件语言</dt>
        <dd>简体中文</dd>
        <dt>软件类别</dt>
        <dd>国产软件 / 免费软件 / 下载工具</dd>
    </dl>
</div>
```

对于此类信息，为什么说使用定义列表结构比使用无序列表更富有语义呢？

其实仔细分析一下每个项目的信息就可以明白了。例如，对于"<li>软件大小：6560 KB</li>"这个项目，它实际上包含了两部分信息：第一部分是信息的名称（即"软件大小"），第二部分是信息的具体内容（即"6560 KB"）。也许对于浏览者来说，使用无序列表反而显得更加简洁、明了，但是对于机器人来说，它会把"软件大小：6560 KB"当作一个完整的信息进行检索，这样就容易出现问题。

对于定义列表来说，机器人检索到"<dt>软件大小</dt>"时，立即知道它是一个标题，而检索到"<dd>2431 KB</dd>"时就知道它是上面标题对应的具体信息。这样一分析是不是觉得定义列表更富有语义呢。

可能读者此时疑惑了：明明没有"<dt>软件名称</dt>"这个节点，是不是多余呢？这个不多余，如果不希望它显示出来，可以使用CSS隐藏显示。另一方面，如果从表现层的角度来分析，使用定义列表会多一个机会来控制结构的表现。关于定义列表的表现层话题，我们将在后面章节详细讲解。

4．使用定义列表的误区

定义列表是一个非常棒的数据结构，在HTML结构中发挥了重要的、积极的作用，但是很多初学者、甚至设计师对此存在很多误用。

本节所用文件的位置如下：	
视频路径	视频文件\files\4.5.4.swf
效果路径	实例文件\4\

误用一，把定义列表看作是栏目的模板结构，也就是说，在定义列表中一个dt元素下面跟随多个dd元素。

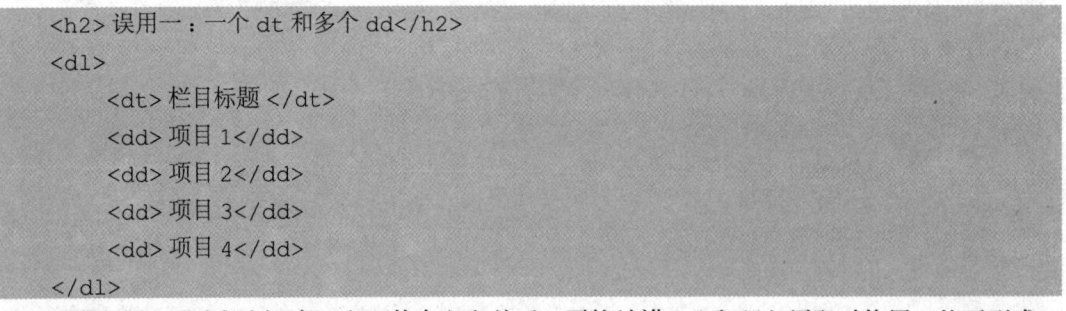

```
<h2>误用一：一个 dt 和多个 dd</h2>
<dl>
    <dt>栏目标题</dt>
    <dd>项目1</dd>
    <dd>项目2</dd>
    <dd>项目3</dd>
    <dd>项目4</dd>
</dl>
```

错误原因：没有深刻理解dt和dd的含义和关系。严格地讲，dt和dd必须配对使用，从而形成一个完整的语义单元。如果使用一个dt元素配对多个dd元素，虽然能够方便地对表现层进行控制，但是对于搜索引擎以及其他设备来说就会感觉莫名其妙。

误用二，缺失dt或dd元素，也就是说把定义列表当作普通列表来使用。

```
<h2>误用二：dt 或 dd 缺失</h2>
<dl>
    <dd>项目1</dd>
    <dd>项目2</dd>
    <dd>项目3</dd>
    <dd>项目4</dd>
</dl>
```

错误原因：没有能够理解定义列表和普通列表的关系和区别。如果要定义如此结构，则不妨使用普通的有序列表或无序列表。

4.3 数据表格与表单的语义化结构

实训1 掌握数据表格的语义化结构

表格是什么？提及这个问题，你是不是想到了设计、切图或布局，也许经过近1~2年的拨乱反正，大家淡化了这种概念，对于表格有一种排斥情绪。但无论如何对于设计师来说都应该理性分析表格的语义作用。本节将讲解表格结构的一般用法和注意事项。

1. 认识数据表的结构

表格是非常稳定的数据结构，在网页设计中使用表格进行布局可以解决绝大部分浏览器的兼容性问题。

本节所用文件的位置如下：
视频路径	视频文件\files\4.6.1.swf
效果路径	实例文件\4\

同是"三人帮"（包含三个共同使用的元素）的定义列表或者表单框架（也称为字段级）都没有这样的功夫，看来表格确实"深藏绝技"，难怪很多年来Web设计师痴迷于表格而不愿意改变。

表格在布局上固然很厉害，但是还应该从语义结构上来分析和定位它的价值和所用之处。在默认情况下表格包含三个元素：table、tr和td。

table	语义：Table（表）
tr	语义：Table Row（表格行）
td	语义：Table Data Cell（表格数据单元）

table元素用来定义数据表格的外框，或者称为数据包含框。tr是Table Row（表格行）的缩写，根据语义可以知道它是一行数据的包含框；td元素是Table Data Cell（表格数据单元）的缩写，有时可以简称为单元格。数据表中的数据一般都存储在td元素中，而该元素又嵌套在tr元素中，tr元素嵌套在table元素中，形成三层结构关系，其典型结构如下。

```
<h2>数据表格的结构</h2>
<table>
    <tr>
        <td></td>
        <td></td>
        <td></td>
    </tr>
    <tr>
        <td></td>
        <td></td>
        <td></td>
    </tr>
</table>
```

这种三层包含的结构，如果使用普通列表结构来模拟，则可以使用如下嵌套结构来实现。

```
<h2>嵌套的普通列表结构</h2>
<ul>
```

```
            <li>
                <ul>
                    <li></li>
                    <li></li>
                    <li></li>
                </ul>
            </li>
            <li>
                <ul>
                    <li></li>
                    <li></li>
                    <li></li>
                </ul>
            </li>
</ul>
```

虽然借助CSS的强大功能，我们也可以把嵌套列表结构设计出多行多列的数据表格形式，但是从语义角度来分析，它仍然是嵌套的信息列表，这种嵌套结构在设计多级菜单中经常使用，在后面的章节中也会对多级菜单技术进行讲解。如果使用嵌套列表来代替数据表格，则是绝对不行的，因为它们属于不同的语义范畴。

现在Web设计界很多人都在痛斥表格，于是很多初学者谈表格色变，不敢轻易使用。表格真的应该被绝杀吗？何时该使用表格呢？

简单地说，表格还是有其存在价值的，且价值非常大。一般来说，对于多行多列的分类数据，是一定要使用数据表格的结构的，而使用其他元素既不合理也不容易。

当然这里也存在几个误区，很多时候读者不知是选用表格还是使用列表。如图4.12所示的是一个多行多列的数据集合，对于这样的数据集该不该使用表格呢？

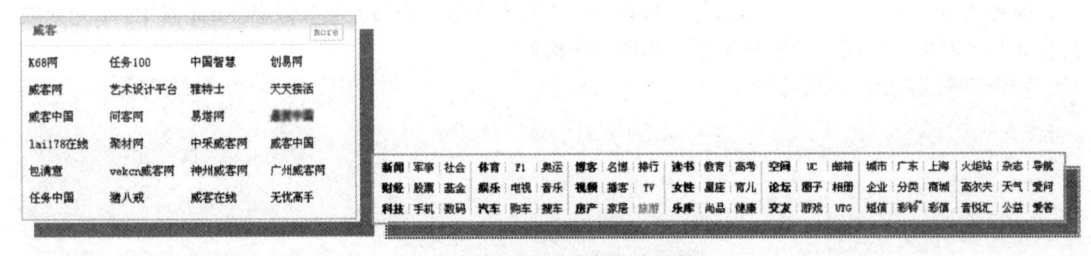

图4.12 多行多列的数据列表效果

答案是否定的，因为它们都是导航菜单名，都属于同质数据，适合使用列表结构。对于如图4.13所示的多行多列数据结构必须使用表格，因为图中每列数据都属于不同的类型，每行数据又表达一定的意思。

如果使用数据库专业术语来称呼，就是每行是一条记录，表达一个完整的意思。例如，数据正文的第一行表示北京大学的各项得分情况明细；对于每列数据就是一个字段，表达一类信息，例如，数据正文的第一列表示排名的顺序。

no	country	custome	employee	bill2005	bill2006	bill2007	bill2008	orderDate
170-20	SP	Sam	Vern	93	66	85	71	2008-12-18
180-21	US	Brian	Leopold	45	70	52	39	2008-11-07
180-22	CA	Leander	Caspar	62	94	53	88	2008-03-18
180-23	SP	Justin	Joe	38	97	35	74	2008-07-31
190-24	UK	Coli	Thomas	55	58	62	46	2008-07-19
190-25	MA	Gino	Andrew	33	52	68	67	2008-11-11
190-26	SP	Brant	Gary	61	54	62	42	2008-08-16
210-27	RA	Ryan	Bob	83	50	34	46	2008-12-01
210-28	US	Gavin	Johnny	45	56	36	79	2008-02-23
210-29	CA	Randolph	Carl	59	42	65	47	2008-09-20

图4.13 多行多列的数据表格效果

有一种情况比较特殊，也存在很大的争议，那就是单列数据的结构问题。对于单列数据来说是使用列表好，还是使用表格好呢？对于这个问题，笔者的观点是如果数据本身是纯专业、技术的数据，使用表格结构会更合适；而对于同类型的信息使用列表结构会更优秀。当然，何为技术数据，何为类型信息，就可能是仁者见仁，智者见智了。

2．使用表格元素

表格不仅包含table、tr和td这三个元素，实际上，它还包含更多的语义元素和语义属性，可极大地提高其语义性。

本节所用文件的位置如下：	
视频路径	视频文件\files\4.6.2.swf
效果路径	实例文件\4\

其中数据表格的语义元素说明如下。

th	语义：Table Header（表头），列标题元素
caption	语义：Table Caption（表格标题），数据表格的标题元素
summary	语义：Table Summary（表格摘要），table 元素的属性，定义数据表格的摘要

th是Table Header（表头）的简称，实际上它应该是列或行表头。th元素是与td元素具有同等地位的语义单元，或者说它们都是数据单元格，但是th包含的数据为标题信息，而td包含的数据为详细信息。

caption（标题）元素定义表格的标题，与th元素相比，它才是数据表的真正标题。一般caption元素必须紧随在table元素之后，一个表格只有一个标题。

summary属性是table元素的一个语义属性，用来定义表格数据的摘要，这个摘要不会显示出来，仅为语音合成、非视觉浏览器或机器人定义的。

看一个简单的实例：

\<h1\> 数据表格的语义化结构 \</h1\>
\<table summary="ASCII 是英文 American Standard Code for Information Interchange 的缩写。ASCII 编码是目前计算机最通用的编码标准。因为计算机只能接受数字信息，ASCII 编码将字符转换为数字来表示，以便计算机能够接受和处理。"\>
    \<caption\>ASCII 字符集（节选）\</caption\>
    \<tr\>
        \<th\> 十进制 \</th\>
        \<th\> 十六进制 \</th\>
        \<th\> 字符 \</th\>

```
            </tr>
            <tr>
                <td>9</td>
                <td>9</td>
                <td>TAB（制表符）</td>
            </tr>
            <tr>
                <td>10</td>
                <td>A</td>
                <td> 换行 </td>
            </tr>
            <tr>
                <td>13</td>
                <td>D</td>
                <td> 回车 </td>
            </tr>
            <tr>
                <td>32</td>
                <td>20</td>
                <td> 空格 </td>
            </tr>
</table>
```

在上面实例中，使用table元素的summary属性定义数据表格的信息摘要，这个摘要应该尽可能详细，这样可以方便机器人检索或者其他设备使用。使用caption元素定义数据表格的标题，演示效果如图4.14所示。

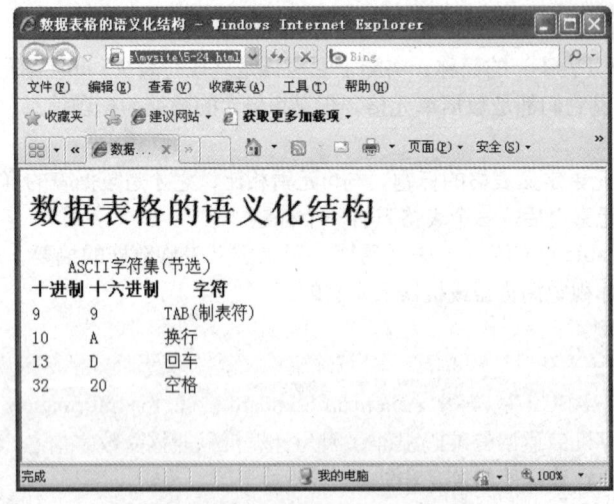

图4.14 语义化数据表格的演示效果

3．数据分组

数据分组是数据库操作中的一项重要工作。数据为什么要分组呢？笔者认为主要是为了方便数据的阅读和检索。

本节所用文件的位置如下：	
视频路径	视频文件\files\4.6.3.swf
效果路径	实例文件\4\

也许对于一张简单的数据表来说，对其进行分组意义不大，但是对于几百行、甚至上千行的数据表，并且数据表所包含的字段（列）又很多的情况下，那么对数据表进行分组就很重要了。

HTML提供了五个数据表分组元素，简单说明如下。

- 数据行分组。

thead	语义：Table Header（表格头），在数据表中定义头部区域
tbody	语义：Table Body（表格主体），在数据表中定义主体区域
tfoot	语义：Table Footer（表格脚），在数据表中定义脚部区域

- 数据列分组。

col	语义：Table Columns（表格列）。在数据表中定义列区域
colgroup	语义：Groups of Table Columns（数据列组）。在数据表中定义数据列组

这里读者需要弄清两个概念，thead元素与th元素是两个不同语义的概念。thead是一个复数，也就是说它可能包含多行数据，具体包含几行需要结合具体的数据表格来确定。对于th元素来说，它只代表一行数据。

col元素可以嵌入到colgroup元素中，也可以独立使用，但是使用colgroup元素时，必须配合col元素来使用，否则是无效的。在col元素中可以定义span属性来指定列分组的数目，默认值为1。col元素将从左到右按顺序分组数据列，没有包含的列则为不分组列。

另外，对于thead、tbody、tfoot这三个元素来说，如何划定它们的分界线，这是没有标准答案的。即使对于同一个数据表格，可能不同用户会根据需求采用不同的划分标准。例如，在下面这个数据表中简单地给它分为上下两个部分：头部区域和主体区域。对于列，则可以分为四个区域，如图4.15所示。

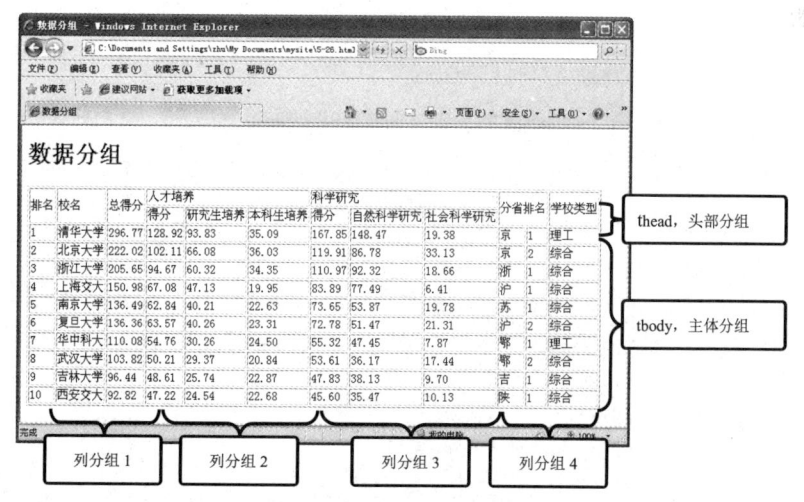

图4.15 数据表结构分区示意图

根据上面的分区来定义数据表的分组结构，具体代码如下：

```
<h1> 数据分组 </h1>
<table border="1">
```

```html
        <colgroup>                              <!-- 数据列分组结构 -->
            <col span="3" />                    <!-- 1~3 列为一组 -->
            <col span="3" />                    <!-- 4~6 列为一组 -->
            <col span="3" />                    <!-- 7~9 列为一组 -->
            <col span="3" />                    <!-- 10~12 列为一组 -->
        </colgroup>
        <thead>                                 <!-- 把前两行视为头部区域 -->
            <tr>
                <td rowspan="2">排名 </td>
                <td rowspan="2">校名 </td>
                <td rowspan="2">总得分 </td>
                <td colspan="3"> 人才培养 </td>
                <td scope="col" colspan="3">科学研究 </td>
                <td scope="col" colspan="2" rowspan="2">分省排名 </td>
                <td rowspan="2">学校类型 </td>
            </tr>
            <tr>
                <td>得分 </td>
                <td>研究生培养 </td>
                <td>本科生培养 </td>
                <td>得分 </td>
                <td>自然科学研究 </td>
                <td>社会科学研究 </td>
            </tr>
        </thead>
        <tbody>                                 <!-- 从第 3 行起为数据主体区域 -->
            <tr>
                <td>1</td>
                <td>清华大学 </td>
                <td>296.77</td>
                <td>128.92</td>
                <td>93.83</td>
                <td>35.09</td>
                <td>167.85</td>
                <td>148.47</td>
                <td>19.38</td>
                <td width="16">京 </td>
                <td width="12">1 </td>
                <td>理工 </td>
            </tr>
            <!--余下数据省略 -->
        </tbody>
</table>
```

考虑到元素的嵌套规则，即使不为数据表格分组，浏览器也会自动（或默认）为数据结构进行分组，一般都是把整个数据表中的行视为tbody元素内。所以当用IE浏览器保存网页到本地时，都会发现表格多了tbody元素。

实训2　掌握表单的语义化基本结构

从数据表格的结构中走出来，再来研究一下表单的结构。与表格一样，表单是网页设计中最重要的对象之一，它也是网页交互的大门，完成用户端（客户端）数据输入和发送。有关表单数据的交互开发问题不是本章的话题，这里重点研究表单的语义结构问题。

1．认识表单的结构

如果在Dreamweaver中插入一个文本框，则系统会提示插入表单，单击【确定】按钮之后，在【代码】视图中可见如下结构。

本节所用文件的位置如下：	
视频路径	视频文件\files\4.7.1.swf
效果路径	实例文件\4\

```
<form id="form1" name="form1" method="post" action="">
    <input type="text" name="textfield" id="textfield" />
</form>
```

form元素在这里表示表单的意思。与table元素一样，form元素也是一个包含框，它包含了所有的表单域元素。实际上，脱离了form元素，任何表单域都不能够正常工作，因为form元素还负责数据的处理任务，具体说就是将各个表单域的数据采集、打包和发送到指定的服务器端目标文件中。

input是一个表单域对象，也可以称为一个输入框，由该元素还可以延伸出很多形式的输入框。虽然形式不同，但是它们都承载着用户数据输入的接口作用。

一个功能完整的表单块应该包含三部分结构：包含框、输入框和提交按钮。例如，在上面实例代码的基础上来完善这个表单结构。

```
<!-- 表单包含框 -->
    <form id="form1" name="form1" method="post" action="">
<!-- 输入框 -->
        <input type="text" name="textfield" id="textfield" />
<!-- 提交按钮 -->
        <input type="submit" name="button" id="button" value=" 提交 " />
    </form>
```

当然，在网页中没有这么简单的表单，可能还包含多个输入框、复选框、单选按钮、文本区域和下拉菜单等表单域对象。至于如何选用，还要根据读者自己的需要而定。为了方便读者对于各种表单域对象有一个整体认识，下面把常用表单域都列举出来，如图4.16所示的是表单的毛坯结构，当然，它还不是很完善。

图4.16　表单毛坯结构示意图

```html
<h1>表单的语义化结构</h1>
<form id="form1" name="form1" method="post" action="">
    <p>单行文本域:<input type="text" name="textfield" id="textfield" /></p>
    <p>密码域:<input type="password" name="passwordfield" id="passwordfield" /></p>
    <p>多行文本域:<textarea name="textareafield" id="textareafield"> </textarea></p>
    <p>复选框:复选框1<input name="checkbox1" type="checkbox" value="" />
             复选框2<input name="checkbox2" type="checkbox" value="" /> </p>
    <p>单选按钮:
        <input name="radio1" type="radio" value="" />按钮1
        <input name="radio2" type="radio" value="" />按钮2</p>
    <p>下拉菜单:
        <select name="selectlist">
            <option value="1">选项1</option>
            <option value="2">选项2</option>
            <option value="3">选项3</option>
        </select>
    </p>
    <p><input type="submit" name="button" id="button" value=" 提交 " /></p>
</form>
```

简单了解了表单的结构之后,在下面各节中将详细分析这些表单域的功能和用法。

2. 认识表单元素

表单包含多个元素,且这些元素的属性众多。灵活设置表单属性是使用表单的关键,由于这些属性都具有很强的语义性,无法使用CSS来控制,因此很多初学者在刚接触表单时感觉难度很大,不过,借助Dreamweaver等网页编辑软件可以帮助你解决这个问题,但是从长期看,还是建议读者努力记住这些表单元素及其属性的用法。

所有表单元素的语义列表如下(其中标识为删除线的isindex元素不推荐使用)。

form	语义:Form(形状),定义表单
input	语义:Input Field(文本区域),定义输入域
textarea	语义:Text Area(文本区域),定义输入区域
select	语义:Selectable List(可选择的列表),定义下拉菜单或列表框
option	语义:Option(选项),定义下拉选项或列表选项
button	语义:Push Button(发送按钮),定义表单的发送按钮
optgroup	语义:Option Group(选项组),定义下拉选项组
label	语义:Label(标签),定义表单的控制标签
fieldset	语义:Field Set(域组),定义表单的字段域(或称字段集)
legend	语义:Legend(图例),定义字段域的标题
~~isindex~~	语义:~~Is Index~~(索引),定义简单的输入框

所有表单元素都包含两个基本属性。

- name：该属性定义了表单对象的控制句柄，后台服务器能够利用该属性值来读取其中的数据或者控制该对象。除了按钮之外，其他表单对象都必须设置name属性。设置name属性可以根据对应表单对象包含的内容来确定。
- id：该属性定义了表单对象的ID编码，前台客户端脚本能够利用该属性控制该对象的动态表现。一般可以为表单对象的name和id属性设置相同的属性值。

下面将讲解这些元素及其包含属性的详细用法。

3. 认识 form 元素

form 是表单的包含框，任何其他表单域都必须包含其中。另外，form 元素也可以说是表单数据的前端处理器，因为它负责数据的收集、打包和发送。掌握 form 元素的关键是要理解它所包含的几个核心属性。

(1) enctype

enctype 是 Encase Type（包装类型）的简称，该属性将设置表单中用户输入的数据发送到服务器时浏览器使用的编码类型。通俗地说，该属性用来设置打包表单数据的方法。

enctype 属性包含三个值，这些值都比较长，也比较生僻，详细说明如下。

- application/x-www-form-urlencoded：将表单中的数据编码为名/值对的形式发送给服务器。
  例如：

```
<h1>enctype 属性详解 </h1>
    <form action="action.asp" enctype="application/x-www-form-urlencoded" name="login" id="form1">
        <p>用户名：<input type="text" name="user" id="user" value="朱印宏" /></p>
        <p>密    码：<input type="password" name="password" id="password" value= "11111111" /></p>
        <p><input type="submit" name="button" id="button" value="提交" /></p>
    </form>
```

在上面表单中，当提交数据之后，form 会自动把数据打包为"user = "朱印宏"，password= "11111111""，然后以二进制数据的形式发送到服务器，服务器接收到数据之后，就能够根据 user 和 password 变量句柄来获取用户提交的数据。

- multipart/form-data：将表单中的数据编码为一条消息，每个表单域对应消息中的一个部分，然后发送到服务器。

通俗地说，就是表单将每个表单域中的数据视为一个数据包（相当于一个数据容器或对象），然后把表单域的 name 属性值作为一个标签贴在对应数据包上面（专业地说就是数据指针），然后发送到服务器。例如，针对上面实例，如果把其中的 enctype 属性值设置为 multipart/form-data：

```
<form action="action.asp" enctype="multipart/form-data" name="login" id="form1">
```

提交数据之后，form会自动把所有表单域独立打包为数据包，其形式如下：

```
login={
    user ={"朱印宏"},
    password={"11111111"}
}
```

上面以JSON数据格式进行模拟，其中大括号表示数据包的外包装，等号设置标签名（左侧变量名）和数据包（右侧数据）之间的对应关系。服务器接收到数据之后，会自动根据这些标签来接收和查看对应数据包中的数据，当然，其内部结构是比较复杂的，这里仅形象地描述一下。

使用这种方式提交数据一般常用来传递二进制信息，例如，使用表单进行文件上传、提交图像等。

- text/plain：将表单中的数据以纯文本的形式进行编码，其中不含任何控件（即表单域的名称）或格式字符。这种方法一般很少使用，也不建议使用。

(2) action

action属性用来设置表单提交数据的目标文件。该文件一般可以是任意位置和任何类型的文件。但是提交表单的目的是希望对用户数据进行处理。因此，该文件应该是包含服务器端脚本的处理文件，使用服务器技术来接收这些数据，并对数据进行处理，例如，计算数据、反馈处理结果、把数据写入数据库，或者把数据传递给其他文件或变量等。

当然，结合JavaScript脚本也能够在前端接收数据并进行处理。例如，表单前台验证就是利用JavaScript脚本来对数据进行处理的一种表现形式。

(3) method

method属性是form元素的另一个重要属性，method直译为方法的意思，它表示处理表单数据的方法。method属性主要包括两种方法：get和post，在数据传输过程中分别对应HTTP协议中的GET和POST方法。get和post方法主要区别如下。

- get方法是从服务器上获取数据，而post是向服务器上传递数据。
- get方法将表单中的数据以"名/值"对的形式添加到action所设置的URL后面，并使用"?"符号连接URL，而各个变量之间使用"&"连接，例如，在下面的URL后面就是使用get方法传递的数据。

http://www.css8.cn/web_park/index.asp?menu=3&sub_menu=77

post是将表单中的数据放在form的数据体中，按照变量和值相对应的方式传递到action所指向的url。

- get方法所传递的数据以附加字符串的形式通过浏览器地址栏公共传递，因此所发送的数据是不安全的，这样就会有一些隐私的信息被第三方看到。post方法所传递的数据对用户来说都是不可见的，相对来说要安全些。
- 由于受URL长度的限制，get方法传输的数据量小，而post可以传输大量的数据，因此一般在上传文件时只能使用post方法。
- 在get方法中，由于数据在URL中传输，因此数据的值必须为ASCII字符，而post方法没有字符集的限制。

4. 认识 input 元素

input直译为输入的意思。input元素可以定义多种形式的输入框，用来接收用户输入的数据。输入框的形式主要通过type属性来决定。详细说明如下。

- type="text"，定义单行文本框。这时input元素可以包含如下特殊属性。

value：定义文本框包含的默认字符串。

size：定义文本框的字符数，即设置文本框的宽度，该属性可以通过CSS来控制，所以不需要设置。

maxlength：定义文本框能够接收的最大字符数。

- type="password"，定义密码域。密码域实际上是文本框的特殊形式，只不过其包含的值不显示出来，而是以圆点或星号形式代替，所包含的属性与单行文本框相同。
- type="hidden"，定义隐藏域。顾名思义，隐藏域就是其传递的值不会显示出来。隐藏域是一种简单但很实用的表单域对象。因为在实际应用中，很多数据不需要用户输入，但是需要作为参数传递给服务器，于是使用隐藏域可以避免这些数据对表单交互行为的干扰。

隐藏域只包含一个value属性，利用该属性可以传递各种固定参数到服务器。

- type="checkbox"，定义复选框。复选框实际上就是一个方形的选择框，多个复选框组合在一起可以多选。定义复选框的目的是简化用户输入数据的复杂程度，同时提高提交数据的准确性。

复选框主要包含value属性和checked属性。value属性设置复选框的传递值，而checked属性则可以设置复选框在默认状态下是否为勾选状态。只有被勾选的复选框的值才被传递给服务器。当然，用户可以在客户端的页面表单中决定哪些复选框被勾选。

- type="radio"，定义单选按钮。单选按钮实际上就是一个圆形的选择框，多个单选按钮可以组合为一个单选按钮组。单选按钮组中所有input元素的name属性值都必须相等，这样就可以把多个单选按钮捆绑在一起。例如：

```
<p>
    <input type="radio" name="RadioGroup1" value="" id="RadioGroup1_0"/>单选1
    <input type="radio" name="RadioGroup1" value="单选" id="RadioGroup1_1" />单选2
</p>
```

对于单选按钮组来说，只能有一个按钮被选中，被选中的单选按钮的值将被提交，单选按钮所传递的值虽然可以是任意值，但实际上它仅是一个开关，本质上它仅包含两个值：true和false。服务器一般也仅把单选按钮作为一个逻辑值来进行处理。

- type="file"，定义文件域。文件域实际上是多个表单域捆绑的混合体，它包含文本框和浏览按钮。文件域能够方便用户把本地各种类型的文件以二进制数据流的形式传递给服务器。因此，type="file"也是目前表单交互中最重要的数据接口，用来向服务器提交大量二进制数据流。

对于浏览者来说，可以通过【浏览】按钮打开一个【选择文件】对话框，选择一个本地文件，该文件的物理路径就被自动输入到文本框中。当提交数据时，浏览器会自动根据这个物理路径把指定的文件上传到服务器。

请注意，当表单中包含文件域时，form元素的method属性必须设置为post，enctype属性必须设置为multipart/form-data，否则提交操作将会失败。

- type="submit"，定义提交按钮。该按钮负责提交表单数据到服务器。
- type="reset"，定义重设按钮。该按钮能够清空用户输入的数据，并恢复到默认状态。
- type="image"，定义图像按钮。它是普通按钮的自定义形式，读者可以通过指定一个图标来定制按钮的样式。因此，图像按钮包含按钮和图像两种元素的属性，例如，使用src属性定义图像按钮的URL，使用alt属性定义图像替换文本等。该按钮没有动作，需要用户通过脚本的形式为其定义操作的动作。
- type="button"，定义普通按钮。该按钮没有动作，需要用户通过脚本的形式为其定义操作的动作。

5．认识 textarea 和 select 元素

textarea元素用来设置文本区域，也就是所谓的多行文本框。当需要用户输入大量数据时，使用textarea元素是最佳选择。

本节所用文件的位置如下：	
视频路径	视频文件\files\4.7.5.swf
效果路径	实例文件\4\

例如，下面实例简单演示了文本区域的定义。

```
<form action="action.asp" name="login" id="login">
    <p><textarea cols="40" rows="5" wrap="off">请在这里输入信息</textarea>
```

```
</p>
    <p><input type="submit" name="button" id="button" value=" 提交 " /></p>
</form>
```

textarea元素包含很多属性，简单说明如下。

cols和rows分别设置文本区域的字符宽度和行数，实际上也就是以字符为单位定义文本区域的宽度和高度。由于这两个属性不属于语义性属性，仅用来设置样式，因此不建议使用。文本区域示意图如图4.17所示。

wrap属性定义用户输入内容大于文本域宽度时的显示方式，选值包括四个。

- 默认值：文本自动换行。当输入的文本超过文本域的右边界（即字符超出文本区域的宽度）时会自动换行显示，而数据在被提交、处理时自动换行的地方不会包含额外的换行符信息。
- off（关）：禁止输入文本换行。当输入的内容超过文本域右边界时，文本将向左滚动，只有按Enter键才能将插入点移到下一行。
- virtual（虚拟）：允许输入文本自动换行。当输入的文本超过文本域的右边界（即字符超出文本区域的宽度）时会自动换行显示，而数据在被提交、处理时，自动换行的地方不会包含额外的换行符信息。
- physical（实体）：允许输入文本自动换行。当数据被提交处理时，换行符也将被一起提交到服务器并进行处理。

select元素用来定义下拉菜单或列表框。select元素必须与option元素配合使用，使用option元素定义每个选项的信息，包括显示的值和要传递的值。例如：

```
<h1>select 元素详解 </h1>
<form action="action.asp" name="login" id="login">
    <p>
        <select name="select">
            <option value="1">选项1</option>
            <option value="2">选项2</option>
            <option value="3">选项3</option>
        </select>
        <input type="submit" name="button" id="button" value=" 提交 " />
    </p>
</form>
```

当为select元素定义了size属性之后，select元素就会由下拉菜单的形式转换为列表框形式。size的值如果大于或等于select元素包含的option元素时，则列表框不会出现滚动条，否则就会出现滚动条。例如，下面这个列表框中会显示滚动条，因为size属性的值小于option元素的个数，显示效果如图4.18所示。

```
<form action="action.asp" name="login" id="login">
    <p>
        <select name="select" size="2" multiple="multiple">
            <option value="1">选项1</option>
            <option value="2">选项2</option>
            <option value="3">选项3</option>
        </select>
        <input type="submit" name="button" id="button" value=" 提交 " />
    </p>
</form>
```

图4.17 文本区域示意图 　　　　　图4.18 列表框的演示效果图

当为select元素定义了size属性之后，你就可以为select元素定义multiple属性，设置列表框是否允许多选，取值固定为"multiple"。

实训3　语义化表单结构的高级设计

语义化表单的结构主要表现在两个方面：第一，方便用户输入（这里涉及到用户体验和界面设计的问题，本章不想就此问题展开深入探讨）；第二，构建富有语义性的表单结构，这样不仅方便用户的输入，更重要的是对机器人以及其他设备比较友好。

1．表单分组

数据表格可以分组，实际上表单也可以进行分组。数据表分组的目的是为了方便浏览，而表单域分组的目的是方便数据输入。

本节所用文件的位置如下：	
视频路径	视频文件\files\4.8.1.swf
效果路径	实例文件\4\

例如，在一个BBS注册表单中可能包含用户注册（基本信息）、填写详细资料、基本设置选项、个人真实信息（参考Dvbbs设置）等项，那么对于这些不同类型和用途的输入信息就需要分组，否则会严重影响用户输入操作。

表单分组可以使用fieldset和legend元素。fieldset是Field Set短语的连写，表示字段集合（即表单域组），它相当于一个容器，把这些表单收容在一起，当然该元素本身不参与数据的交互操作。legend直译为图例的意思，这里表示表单组的标题。例如，下面是一个BBS论坛用户注册信息的表单（片段）：

```
<h1>用户注册表单分组</h1>
<form action="action.asp" name="register" id="login">
    <h2>基本信息（必填）</h2>
    <ul>
        <li>用户名<input id="" maxlength="12" size="30" name="username" />
            <span>注册用户名长度限制为 3～12 字符 </span></li>
        <li>论坛密码<input type="password" maxlength="16" size="30" value="" name="psw" /></li>
    </ul>
```

```html
<h2>参考资料（选填）</h2>
<ul>
    <li>个人网址<input maxlength="80" size="44" name="homepage" /></li>
    <li>QQ 号码<input maxlength="20" size="44" name="OICQ" />
        <span>填写您的QQ号码，方便与他人联系 </span></li>
</ul>
<p><input name="" type="submit" value=" 提交 " /></p>
</form>
```

下面对其进行分组：

```html
<h1>用户注册表单分组</h1>
<form action="action.asp" name="register" id="login">
    <fieldset>
    <legend>基本信息（必填）</legend>
    <ul>
        <li>用户名<input id="" maxlength="12" size="30" name="username" />
            <span>注册用户名长度限制为 3～12 字符</span></li>
        <li>论坛密码<input type="password" maxlength="16" size="30" value="" name="psw" /></li>
    </ul>
    </fieldset>
    <fieldset>
    <legend>参考资料（选填）</legend>
    <ul>
        <li>个人网址<input maxlength="80" size="44" name="homepage" /></li>
        <li>QQ 号码<input maxlength="20" size="44" name="OICQ" />
            <span>填写您的QQ号码，方便与他人联系 </span></li>
    </ul>
    </fieldset>
    <p><input name="" type="submit" value=" 提交 " /></p>
</form>
```

然后比较分组前和分组后表单的整体效果（如图4.19所示），可以看出通过对表单进行分组，能够加快用户的输入速度。

图4.19 表单分组前后效果比较图

fieldset元素默认显示边框效果，而legend默认位于左上角，所有这些样式都可以通过CSS来改变。另外，legend元素必须包含在fieldset元素内部，且紧邻fieldset元素。

2. 绑定提示标签到表单域

在表单中还提供了一个label元素。该元素可以使用for属性使其与表单域绑定在一起，形成关联。

本节所用文件的位置如下：	
视频路径	视频文件\files\4.8.2.swf
效果路径	实例文件\4\

当用户单击标签文本时，系统会自动把输入焦点定位到对应的表单域中，这对于快速输入信息有很大帮助。例如，下面这个实例在浏览器中预览页面时，只要用鼠标单击提示文本，光标马上跳转到对应的文本框中。

```html
<h1>绑定提示标签到表单域</h1>
<form action="action.asp" name="register" id="login">
    <fieldset>
    <legend>基本信息（必填）</legend>
    <ul>
        <li>
            <label for="username">用户名</label>
            <input type="text" id="username" name="username" />
            <span>注册用户名长度限制为 3～12 字符</span></li>
        <li>
            <label for="psw">论坛密码</label>
            <input type="password" id="psw" name="psw" /></li>
    </ul>
    </fieldset>
    <p><input name="" type="submit" value=" 提交 " /></p>
</form>
```

另外，还可以使用 label 元素嵌套整个表单域对象，例如：

```html
<label for="username">用 户 名<input type="text" id="username" name="username"/> <span>注册用户名长度限制为 3～12 字符</span></label>
```

这样提示的标签文本会自动与相邻的表单域关联在一起。

3. 快捷键、访问键和禁止访问

HTML为表单中的每一种元素都提供了三个属性：accesskey、tabindex和disabled。

考虑到一部分用户习惯使用键盘（如笔记本电脑用户），所以应该为交互中的每个表单域定义一个快捷访问键、Tab访问键，如果对于不希望用户输入的表单域，则可以定义disabled属性。

例如，在下面实例中分别定义了两个文本框的快捷访问键和Tab访问键。第二个文本框中定义了disabled属性，该属性只有一个值"disabled"，当定义该属性之后，就表示禁止了该文本框的使用，所定义的快捷访问键和Tab访问键都将失效。

```html
<label for="username">用 户 名<input type="text" id="username" name="username" accesskey="a" tabindex="1" /></label>
<label for="psw">论 坛 密 码<input type="password" id="psw" name="psw" accesskey="b" tabindex="2" disabled="disabled" /></label>
```

这时候使用Alt+accesskey属性值（IE中）或Alt+shift+accesskey属性值（FF中）可以快速访问页面中对应的表单域。使用Tab键也可以快速访问对应的表单域，不过将根据tabindex属性值来决定输入的顺序。

4．select选项分区

optgroup是表单中比较生僻的一个元素，但是学会使用它能够提高下拉菜单或列表框的可访问性和语义性。

本节所用文件的位置如下：	
视频路径	视频文件\files\4.8.4.swf
效果路径	实例文件\4\

optgroup元素的作用是在下拉菜单或列表框中定义分组选项。通俗地说，就是可以使用optgroup元素为select元素所包含的option元素进行分类。

例如，在下面这个实例中，使用optgroup元素把下拉选项分成两个组，然后使用label属性为分组定义一个标签，属性值会在下拉选项中显示为一个不可选的标题样式，如图4.20所示。

图4.20 下拉列表分组效果

```html
<h1>select 选项分区</h1>
<form action="action.asp" name="register" id="login">
    <p>
        <select name="">
            <optgroup label=" 数字 ">
            <option value="1">1</option>
            <option value="2">2</option>
            </optgroup>
            <optgroup label=" 字母 ">
            <option value="a">a</option>
            <option value="b">b</option>
            </optgroup>
        </select>
        <input name="" type="submit" value=" 提交 " />
    </p>
</form>
```

optgroup元素不支持嵌套，因此，在使用时不要相互包含。

5．使用按钮

通过前面介绍的内容可以知道，在HTML中定义按钮的方式有多种，那么是不是可以随意选用呢？当然从功能上说可以随意使用，但是从语义角度来分析，按钮只有使用button元素时才更符合语义结构，实际上简单地从字面意思上也可以理解。

button元素默认表现的效果与将input元素的属性type设置为submit的效果是一致的，但是从语义角度分析，不建议使用input元素。因为input是输入的意思，用作按钮时，对于机器人来说是一种不友好的表现。在button元素内可以放置内容，如文本和图片等。例如：

```
<button><img src="images/login.gif" alt=" 登录 " /></button>
```

相对于input元素来说，button元素为按钮提供了更多的功能、更丰富的内容。button元素将按钮文字单独出来，并且可以在button元素内添加图片，赋予文字和图片更多选择的样式，使生硬的按钮变得更生动。

第 5 章

网页结构化布局

　　结构至上，这是网页标准化的最优原则，也是 Web 设计的最高境界。由于设计师设计的每个页面结构迥异，因此对于 HTML 结构来说，没有统一的标准，也很难找到完美的解决方案。但是，通过众多重构师多年的实践经验积累，也能够总结出一些通用的法则，或者说是约定俗成的标准。熟悉这些结构标准，将帮助你编写出能够被所有人接受，并被不同搜索引擎接纳的 HTML 文档。

　　本章将在前面 HTML 结构的基础上从大的方向探索网页结构化的一般规则和设计之道。为了方便和更有利于读者理解，在第 5.1 节中，系统分析了 (X)HTML 所有元素的显示类型，以及严格型 HTML 文档中元素嵌套的基本规则，这些知识将指导读者在学习和实践中如何设计 HTML 结构。本章还选用了两篇全球顶尖设计师设计的作品，分析这些作品的结构，吸取其精华，体会其操作的途径和方法。

5.1　HTML元素的显示类型

HTML 共定义了 91 个元素，这些元素在默认状态下都拥有一定的显示属性。本来这些显示属性可以使用 CSS 的 display 属性来进行定义，但是本章的重点是研究网页的 HTML 结构，所以对于如何定义元素的显示属性就不再展开，读者可以参阅 CSS 中的部分内容。

在默认状态下，网页信息遵循HTTP协议（超文本传输协议），以二进制数据流的形式从服务器端下载到客户端中，浏览器接收到数据流之后，再根据HTML语言的规则把数据流按顺序组装起来，并能够一边解析一边把效果呈现在页面中。如果网速非常慢，可以看到网页解析和呈现的缓慢过程，我们把这种信息流称之为flow（流动），但是不同的元素拥有不同的显示属性，所以最终呈现的效果也不尽相同。根据显示属性的不同，网页元素可以包含以下几种显示效果。

- 块状显示。

块状显示会把元素当作一个长方形的木板显示出来，如果为块状元素设置边框，则可以清晰地看见它的轮廓，其拥有清晰的宽、高、边界、边框、补白和背景等基本属性。

块状元素具有两个基本的特性。

第一，块状元素默认宽度都是100%，换句话说就是块状元素会挤满一行显示。

第二，块状元素的末尾都会隐藏一个换行符，你可以看到这个效果，也就是说块状元素后面是不能够再跟着显示其他元素的。

- 行内显示。

行内显示没有块状显示的轮廓，因此可以形象地把它联想为一个皮纸袋了。如果为行内元素描一个边，有时显示的是不规则的。同时，行内元素正如它的名字所说的那样，多个行内元素并列显示在同一行内。

行内元素也具有两个基本的特性。

第一，行内元素没有高度和宽度，即使可以为它定义，但是浏览器在解析时也不会显示。

第二，行内元素的呈现效果与块状元素也存在很大区别，这不仅仅体现在宽和高方面，而且不同浏览器对其解析的差异性有时大到令人吃惊，这也为浏览器兼容性问题埋下隐患。

- 行内块状显示。

行内块状显示是行内显示和块状显示的组合结果，因此拥有它们各自的优势，但是在默认状态下元素不会显示该状态。部分浏览器还不能够完全支持该显示。

- 表格显示。

从本质上讲，表格也是一种块状元素，但是它还具有一些其他特性，如更严格的组织性、表格元素之间的严密协调性等。表格显示还包括表格、行、单元格、标题、列、组等不同的显示性质和效果。

- 列表显示。

列表在本质上讲也属于块状元素，但是它拥有项目符号等一些其他特性。

当然还可以借助CSS为元素定义更多的显示效果，但是考虑到浏览器支持的完全性，使用者甚少，这里也不再介绍。

1. 块状元素

块状显示可以称为block。在网页设计中，块状元素主要用来进行网页布局，构建网页基本框架和结构。HTML 4默认的块状元素包括：

html、body、frameset、frame、noframes、iframe	网页、框架基本结构块
form、fieldset、legend	表单结构块
div	布局结构块
p	段落结构块
h1、h2、h3、h4、h5、h6	标题结构块

ol、ul、dl、dt、dd、menu、dir	列表结构块
col、colgroup	表格列结构块
center	居中结构块
pre	预定义结构块
address	引用结构块
blockquote	特定信息结构块
hr	结构装饰线
isindex	交互提示框
title	网页标题框

在上面的结构块列表中，div是网页布局最核心、最常用的元素，然后是段落、标题和列表元素，这些元素在网页布局中都是主力队员。块状元素能够嵌套其他块状、行内等不同类型的元素，因此，它们主要负责网页结构的支撑和构建。

不过hr、isindex和title块状元素有点特殊，它们不直接参与到网页结构构建中。pre、address和blockquote主要用于网页内容排版，不建议用到网页结构中。center结构块虽然可以参与网页布局，但是设计师基本使用CSS代替其功能，也属于不建议选用元素。

2．行内元素

行内显示被称为inline。在网页设计中，行内元素主要用来定义特定语义信息。HTML 4默认的行内元素包括：

span	行内包含框
a、area	超链接和映射包含框
img	图像包含框
abbr、acronym、b、bdo、big、cite、code、del、dfn、em、font、i、ins、kbd、q、s、samp、small、strike、strong、sub、sup、tt、u、var	格式化信息包含框
button、select、textarea、label	表单对象包含框
applet、object	可执行的插件或对象包含框
caption	表格标题包含框
noscript	无脚本包含框

在行内元素中使用最频繁的是span元素，该元素常用来作为修饰行内文本或对象的样式。请注意，行内元素是不能用来进行网页结构构建的，虽然这样操作不会影响页面的解析效果，但是它不符合HTML结构嵌套规范，不建议这样使用。同时，也不建议在行内元素中包含其他块状元素，这样会严重破坏结构的逻辑关系。

3．其他元素

除了块状元素和行内元素外，常用的元素类型还包括以下几种。

- 头部区域隐藏元素。

head	头部包含框
base	URL基础
basefont	默认基础字体属性
link	链接
meta	元信息
script	脚本
style	样式

- 行内块状元素。

input	输入框

| optgroup | 下拉项分组 |
| option | 下拉项 |

- 列表项元素。

| li | 列表项 |

- 结构内隐藏元素。

map	图像映射包含框
param	参数
br	换行

- 表格系列类型元素。

table	表格框显示
tr	表格行显示
td	单元格显示
th	表格标题显示
tbody	表格行组显示
tfoot	表格脚注组显示
thead	表格标题组显示

5.2　HTML结构嵌套规则详解

　　HTML 语言允许元素相互包含，从而形成复杂的嵌套关系，正因为这种复杂的嵌套关系才形成了如今互联网丰富多彩的世界。可以毫不夸张地说，在互联网中很难找到两个结构完全相同的页面，当然这不包括利用模板和动态技术生成的网页。HTML 结构的复杂性可见一斑，那么是不是网页元素可以随意组合、任意嵌套呢？答案是否定的，本节将详细讲解 HTML 结构嵌套的规则，相信通过本节学习，能够渐进地纠正以前各种不良结构嵌套的习惯。

　　HTML是一种简单的标记语言，比较容易学习。易学本是件好事，但就是因为它太"简单"了，导致很多用户累积了很多结构设计上的陋习，加上浏览器的智能纠错行为，对于各种错误的结构，浏览器都能够正常显示，于是也就无意识地帮助了设计师继续沿袭错误的用法，时间久了也就不认为已有的陋习是错误的，从而陷入错误有理而不知情的尴尬境界。

　　这种陋习在 HTML 结构嵌套使用中比较明显。例如：

```
<span>
    <div>
        <h2></h2>
        <p></p>
    </div>
</span>
```

　　严格说这种结构是不对的，因为span元素内部不能够包含块状元素，但是经常这样做，也没有感觉有什么不对的，浏览器也没有提示错误或禁止执行。

　　HTML结构中各种网页元素各不相同，什么样的结构就应该采用对应的元素。再例如，可以经常在网页中看到下面这个结构：

```
<ul>
    <h2> 标题 </h2>
    <li> 列表 </li>
    <li> 列表 </li>
</ul>
```

上面这种结构也是错误的。ul、ol、dl 元素不能够直接包含标题元素，但是可以写成这样：

```
<ul>
    <li><h2>标题</h2></li>
    <li>列表</li>
    <li>列表</li>
</ul>
```

常见的结构嵌套错误还有很多，例如，把图像作为 body 元素的子元素直接插入到页面中，这样是不妥的，一是结构嵌套有误，二是图像控制不方便。

```
<body>
    <img src="" />
</body>
```

或者把一个块状元素包含在 p、h1、h2、h3、h4、h5 或 h6 元素中。例如：

```
<p>段落文本<div>其他对象</div>
</p>
```

上面这种做法应是不允许的。总之，类似的这种无意识的错误还有很多，如果对照5.2.2节介绍的嵌套规则，还能够发现很多这样的错误，虽然它们都能够正确显示，但是结构嵌套得很乱。

实训1 (X)HTML Strict下的嵌套规则

到底什么样的结构才算正确的呢？结构嵌套有没有标准呢？

下面是一份在HTML 4 Strict 和XHTML 1.0 Strict模式下必须遵守的标签嵌套规则。参考本规则，读者可以快速发现自己书写的HTML结构是否妥当，每个元素该包含什么标签，不该包含什么标签，一目了然，也就不用再为此而苦恼。

- 大写单词代表对应的网页元素，但是根据XHTML语法规则，元素的名称必须小写，例如，html元素应该是标签"<html>"，而不是标签"<HTML>"。
- 小写单词用来描述一组收集元素的特指术语。通俗地说，就是某个元素下面包含的子元素的性质。例如，flow表示流动类元素，inline表示流动的行内元素，block表示流动的块状元素。
- 每个条目（元素）后面如果跟随一组元素，则表明作为子元素，它们可以被包含在该元素中。如果元素后面没有跟随元素列表，则表明该元素不可以嵌套任何元素，这也意味着该元素只能够包含纯文本内容。
- 如果在元素后面注明"空白"，则表示该元素内部不包含任何内容，而对于flow、inline、block、OBJECT和BODY来说，其内部包含的内容请参考下文列表说明。
- #PCDATA 是 parsed character data 的简写，表示纯文本内容，它表示不包含任何 HTML 标签的文本，但是可以包含转义字符，例如，<（左尖括号）和>（右尖括号）是允许的。
- CDATA 是 character data 的缩写，它表示不包括转义字符在内的纯文本内容。
- 如果元素后面附加"拒绝接纳附加的…元素"，则表示它不能包含指定的元素。

```
01  HTML
02      HEAD
03          TITLE （必须）
04          SCRIPT, STYLE
05              CDATA
06          BASE, META, LINK （空的）
07          OBJECT （可参阅下面正文模型）
08      BODY
```

```
09        INS, DEL （适应于特殊的规则）
10            flow
11                block
12                inline
13        SCRIPT
14            CDATA
15        block
16            P, H1, H2, H3, H4, H5, H6
17                inline
18                    #PCDATA
19                    TT, I, B, BIG, SMALL, EM, STRONG, DFN, CODE,
SAMP, KBD, VAR, CITE, ABBR, ACRONYM, SUB, SUP, Q, SPAN, BDO
20                        inline
21                        A
22                            inline （拒绝接纳附加的 A 元素）
23                        OBJECT
24                            PARAM （空的）
25                            flow
26                        IMG, BR （空的）
27                        SCRIPT
28                            CDATA
29                        MAP
30                            AREA （空的）
31                            block
32                        INPUT （空的）
33                        SELECT
34                            OPTGROUP
35                                OPTION
36                            OPTION
37                        TEXTAREA
38                        LABEL
39                            LABEL （拒绝接纳附加的 LABEL 元素）
40                        BUTTON
41                            flow （拒绝接纳附加的 A, INPUT, SELECT,
TEXTAREA, LABEL, BUTTON, FORM, FIELDSET 元素）
42            UL, OL
43                LI
44                    flow
45            DL
46                DT
47                    inline
48                DD
49                    flow
50            PRE
```

51		inline（拒绝接纳附加的 IMG, OBJECT, BIG, SMALL, SUB, SUP 元素）
52	DIV	
53		flow
54	BLOCKQUOTE	
55		block
56		SCRIPT
57		CDATA
58	NOSCRIPT	
59		flow
60	FORM	
61		block（拒绝接纳附加的 FORM 元素）
62		SCRIPT
63		CDATA
64	HR（空的）	
65	TABLE	
66		CAPTION
67		inline
68		COLGROUP
69		COL（空的）
70		COL（空的）
71		THEAD, TBODY, TFOOT
72		TR
73		TH, TD
74		flow
75	ADDRESS	
76		inline
77	FIELDSET	
78		#PCDATA
79		inline
80		flow
81		LEGEND
82		inline

补充说明，以上内容基于HTML 4.01 Specification的Strict DTD。XHTML 1.0与上面的结构嵌套规则基本上一致，但是也存在两种不同。

- 对于script和style元素包含的文本内容来说，在HTML 4里是CDATA，而在XHTML里是#PCDATA，也就是说在XHTML中是允许包含转义字符的。
- 在XHTML中，table元素可以直接包含一个tr元素，而在HTML 4.01里是不允许的，但是tbody元素可以省略。通俗地说，就是如果table元素直接包含tr元素，对于HTML 4.01来说，则会隐形生成一个tbody元素，而在XHTML里面就没有tbody元素，这会影响到样式表使用tbody作为选择器。

实训2　HTML嵌套规则解析

结合5.2.2节所介绍的(X)HTML语言在Strict（严格型）版本下的嵌套规则，下面来详细讲解HTML结构嵌套规则的一般使用技巧。

本节所用文件的位置如下：	
视频路径	视频文件\files\5.2.3.swf
效果路径	实例文件\5\

技巧一：网页body元素能够直接包含的元素有ins、del、script和block类型元素。
- block表示块状类型的元素，换句话说，body元素能够直接包含任何块状元素（具体元素可以参阅第5.1.2节内容）。
- script是头部隐藏显示的脚本元素，也就是说除了头部网页信息区域外，网页中（body元素内）能够包含脚本（script元素），但是不能够包含任何样式（style元素）。
- ins和del是两个行内元素，其中ins元素表示插入到文档中的文本，而del元素表示文本已经从文档中删除，也就是说除了这两个特殊的行内元素外，其他任何行内元素都不能够直接包含在body中。

技巧二：ins和del元素能够直接包含块状元素和行内元素等不同类型的元素，但是行内元素是禁止包含块状元素的。

技巧三：p、h1、h2、h3、h4、h5和h6元素可以直接包含行内元素和纯文本内容，但是不能够直接包含块状元素，这是很多设计师最容易忽视的问题，也是最常犯的错误。

但是p、h1、h2、h3、h4、h5和h6元素能够间接包含块状元素，例如，object、map和button行内元素中还可以包含块状元素。

```
<button><div style="width:400px;"> 长按钮 </div></button>
```

技巧四：ul和ol元素只能够直接包含li元素，但是可以在li元素中包含其他元素，例如，下面的结构是允许的：

```
<ul>
    <li><h2> 标题 </h2></li>
    <li><p> 段落 </p></li>
</ul>
```

但是下面的结构嵌套是不允许的：

```
<ul>
    <h2> 标题 </h2>
    <p> 段落 </p>
</ul>
```

技巧五：dl元素只能够包含dt和dd元素，不能包含其他元素。同时dt元素内只能够包含行内元素，但是不能包含块状元素，而dd元素能够包含任何元素。

例如，下面的结构是允许的：

```
<dl>
    <dt><span><strong> 标题 1</strong></span></dt>
    <dd>
        <div></div>
    </dd>
```

```
    <dt><span><strong>标题 2</strong></span></dt>
    <dd>
        <div></div>
    </dd>
</dl>
```

但是下面的结构是不允许的。一是dl元素不能够直接包含h2元素，二是dt元素中不能够包含center块状元素。

```
<dl>
    <h2>标题 1</h2>
    <dd>
        <div></div>
    </dd>
    <dt><center>标题 2</center></dt>
    <dd>
        <div></div>
    </dd>
</dl>
```

技巧六：form元素不能够直接包含input元素。因为input元素是行内元素，而form元素仅能够包含块状元素。例如，下面的结构是不允许的：

```
<form>
    <input type="text" />
    <input type="checkbox" />
</form>
```

正确的写法是：

```
<form>
    <div><input type="text" />
    <input type="checkbox" /></div>
</form>
```

技巧七：table元素能够直接包含caption、colgroup、col、thead、tbody和tfoot，但是不能够包含tr以及其他元素。不过我们习惯于在table元素中直接包含tr，浏览器一般都能够自动在table和tr之间嵌入tbody元素。在此，还是建议读者养成使用thead、tbody和tfoot元素的习惯。

caption元素只能够包含行内元素，这与dt元素使用规则类似。tr元素中只能够包含th和td元素。而th和td元素能够包含任何元素。例如，下面是一个正确、完整的表格嵌套结构。

```
<table>
    <colgroup>
        <col />
    </colgroup>
        <col />
    <caption>表格标题</caption>
    <thead>
        <tr>
            <td><strong>表头行</strong></td>
        </tr>
    </thead>
```

```
            <tbody>
                <tr>
                    <td><p> 主体行 </p></td>
                </tr>
            </tbody>
            <tfoot>
                <tr>
                    <td><div> 表尾行 </div></td>
                </tr>
            </tfoot>
</table>
```

5.3 解析CSS Zen Garden的结构

在前面两节中已经重点讲解了 (X)HTML 各种元素的显示类型以及它们的嵌套规则，下面来研究和分析网页结构的构建方法和技巧。本节将详细解析 CSS Zen Garden 结构，从中学习完全符合标准的结构设计思路和技巧。

CSS Zen Garden（CSS 禅意花园）的结构绝对是完美无缺的，笔者本人不敢恭维禅意花园的设计效果，也许它的首页还不如二手设计师设计的界面好看，但是其结构堪称经典。

实训1 认识CSS禅意花园

Dave Shea 于 2003 年创建的 CSS 标准推广小站闻名全球，获得众多奖项。站长 Dave Shea（如图 5.1 所示）是一位图像设计师，致力于推广标准 Web 设计。

CSS Zen Garden 被设计师薛良斌和李士杰汉化为中文繁体版之后，就有人把它称为"CSS 禅意花园"，从此禅意花园就成了 CSS Zen Garden 网站的代名词。

"CSS 禅意花园"默认设计效果如图 5.2 所示。整个页面通过左上、右下对顶角定义背景图像，这些荷花、梅花以及汉字形体修饰配合右上顶角的宗教建筑，完全把人带入禅意的后花园之中。

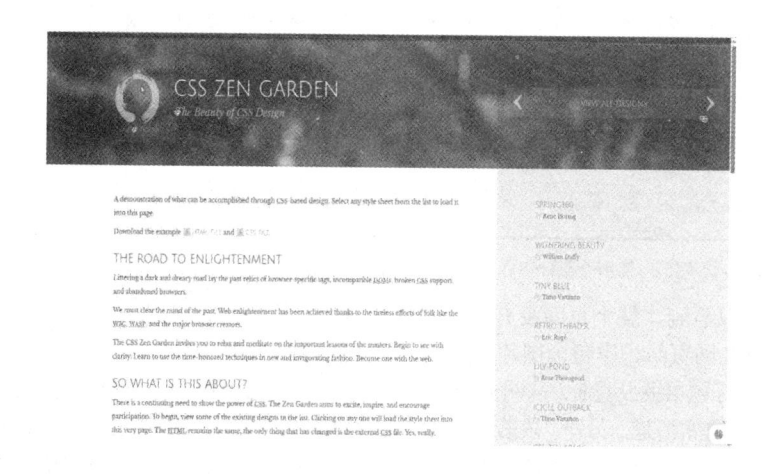

图5.1 CSS禅意花园

图5.2 css Zen Garden首页设计效果全貌

也许很多网友浏览这样的页面时，看不出它有什么优点：内容简单、结构单纯、样式也很朴实，相信很多读者第一眼看到它时，绝对不会认可。但是如果仔细分析它的结构和样式之后，一定会学到很多东西。

正所谓外行看热闹，内行看门道。当网页设计高手们看到一个页面时，首先不会去欣赏它的页面效果如何好看，而是会先看它的结构。查看结构的快速方法是借助浏览器插件来实现，而不是把网页下载到本地或者查看它的源代码。例如，使用IE浏览器的IE Developer Toolbar（读者可以在网上免费下载）或者使用FF（Firefox的简称）浏览器的Web Developer Toolbar工具（读者可以在网上免费下载），然后禁止网页的全部CSS样式即可。

仔细查看它的结构图，就会发现整个页面的信息一目了然，结构层次清晰明了。信息从上到下，按着网页标题、网页菜单、主体栏目信息、次要导航和页脚信息有顺序地排列在一起，页面的结构如图5.3所示。

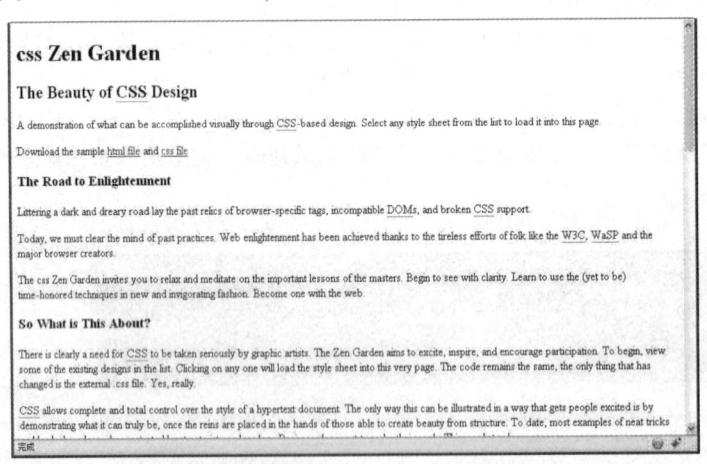

图5.3 禁用全部CSS样式后的Css Zen Garden首页结构

通过纯网页结构可以看到，整个页面没有一幅图片，这是完美结构的基础。当然，如果网页中包含信息图片，则应该在网页结构中包含图片。

"CSS禅意花园"的标题层级很明晰，从网页标题（1级标题）、网页副标题（2级标题）到栏目标题（3级标题）都一目了然，非常清楚。另外，段落信息（P）和列表信息（ul）占据了整个页面信息结构。

从SEO设计的角度来考察，可以看到Dave把所有导航菜单等功能信息全部放在结构的后面，这也是经典之笔，很值得读者认真研究和学习。

实训2　网页基本结构设计

标准设计的第一步不是去设计页面效果，而是分析页面信息的模块化。对于普通网站来说，一般页面都会存在很多共同的信息模块。

本节所用文件的位置如下：	
视频路径	视频文件\files\5.3.2.swf
效果路径	实例文件\5\

信息模块一般包括标题（Logo）、广告（Banner）、导航（Mneu）、功能（Serve）、内容（Content）和版权（Copyright）等信息，而不同类型的网站有不同的页面需求，对于各种公共信息模块的取舍会略有不同，这时就应该具体情况具体分析。

在设计网页基本结构时，读者不妨根据对信息需求的简单分析和信息的重要性来对页面中的各个模块进行适当排序，然后列出其基本结构：

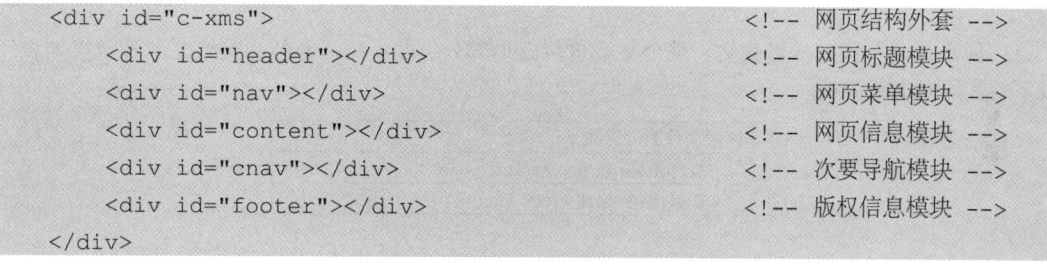

```
<div id="c-xms">                <!-- 网页结构外套 -->
    <div id="header"></div>     <!-- 网页标题模块 -->
    <div id="nav"></div>        <!-- 网页菜单模块 -->
    <div id="content"></div>    <!-- 网页信息模块 -->
    <div id="cnav"></div>       <!-- 次要导航模块 -->
    <div id="footer"></div>     <!-- 版权信息模块 -->
</div>
```

构建基本结构应该注意以下几个问题。
- 在设计基本结构时，可以不考虑标签的语义性，统一使用div元素来构建。
- 应该为基本结构的每一个div元素进行命名（设置ID属性），以便后期控制。
- 可以考虑为整个页面结构设计一个外套（即定义一个结构根元素），以方便控制。
- 在设计结构时，不要考虑后期如何显示，也不要顾虑结构的顺序是不是会影响页面的显示效果，应该完全抛弃页面效果和CSS样式等概念的影响。

有了基本的框架结构，可以继续深入，这时不妨去完善主体区域的结构（即网页内容模块），这部分是整个页面的核心，也是工作的重点。当然，这部分的设计是最难的，主要难在下面几点。
- 此时，该不该考虑页面显示效果问题？
- 如何更恰当地嵌套结构？
- 如何处理子模块的结构关系？

应该说，在编辑网页结构的全部过程中，都不应该去考虑页面显示效果问题，而是应静下心来单纯考虑结构。但是在实际操作中，会不可避免地联想到页面的显示问题，例如，分几行几列显示（这里的行和列是指网页基本结构的走向问题）。不同的行列结构肯定都有适合自己的显示方式，所以当读者进入到这一步时，适当考虑页面显示问题也无可厚非，但是不要考虑太多。

恰当地嵌套结构需要结合具体的信息来说，这里暂不详细分析。抽象地说，模块的结构关系可以分为三种基本模型。
- 兄弟关系（平行结构）。

```
<div id="A"></div>
<div id="B"></div>
<div id="C"></div>
```

- 父子关系（包含结构）。

```
<div id="A">
    <div id="B"></div>
```

```
        <div id="C"></div>
</div>
```
- 邻居关系（嵌套结构）。
```
<div id="A"></div>
<div>
        <div id="B"></div>
        <div id="C"></div>
</div>
```

具体采用哪种结构可以根据信息的结构关系进行设计。如果<div id="latest">和<div id="m2">两个信息模块内容比较接近，而<div id="subcol">模块与它们在内容上相差很远，不妨采用嵌套结构。如果这些栏目的信息类型雷同，使用并列式的平行结构会更经济。

实训3　"禅意花园"结构嵌套分析

"禅意花园"犹如一篇散文，整个文章包含三个部分，即：站点介绍、支持文本和链接列表。以下对其逐一进行分析。

本节所用文件的位置如下：	
视频路径	视频文件\files\5.3.3.swf
效果路径	实例文件\5\

1. 站点介绍

站点介绍部分犹如抒情散文，召唤你赶紧加入到CSS标准设计中来，该部分包含三段。
- 网页标题信息，包括主标题和副标题。
- 内容简介，呼唤网友赶紧加入进来。
- 启蒙之路，回忆和总结当前标准之路的艰巨性和紧迫性。

抽象意译如下：

CSS 禅意花园
CSS 设计之美
展示以CSS技术为基础，并提供超强的视觉冲击力。只要选择列表中任意一个样式表，就可以将它加载到本页面中，并呈现不同的设计效果。
下载HTML文档和CSS文件。
启蒙之路
不同浏览器随意定义标签，导致无法相互兼容DOM结构，或者提供缺乏标准支持的CSS等陋习随处可见，如今当使用这些不兼容的标签和样式时，设计之路会更坎坷。
现在必须清除以前为了兼容不同浏览器而使用的一些过时的小技巧。感谢W3C、WASP等标准组织以及浏览器厂家和开发师们的不懈努力，我们终于能够进入Web设计的标准时代。
CSS Zen Garden（样式表禅意花园）邀请你发挥自己的想象力，构思一个专业级的网页。让我们用慧眼来审视，充满理想和激情去学习CSS这个不朽的技术，最终使自己能够达到技术和艺术合二为一的最高境界。

2. 支持文本

支持文本部分犹如叙事散文，娓娓道来，详细介绍活动的内容，用户参与的条件、支持、好处等。
- 这是什么？
- 邀您参与。
- 参与好处。

- 参与要求。

另外末尾还包含了相关验证信息。

抽象意译如下：

这是什么？

对于网页设计师来说应该好好研究 CSS。Zen Garden 致力于推广和使用 CSS 技术，努力激发和鼓励你的灵感和参与。您可以从浏览高手的设计作品入门，只要选择列表中的任意一个样式表，就可以将它加载到这个页面中。HTML 文档结构始终不变，但是可以自由地修改和定义 CSS 样式表。

CSS 具有强大的功能，可以自由控制 HTML 结构。当然你需要拥有驾驭 CSS 技术的能力和创意的灵感，同时亲自动手，用具体的示例展示 CSS 的魅力，展示个人的才华。截至目前为止，很多 Web 设计师和程序员已经介绍过许多关于 CSS 应用技巧和兼容技术的案例，而平面设计师还没有足够地重视 CSS 的潜力，你是不是需要从现在开始呢？

邀您参与

我们邀请广大设计师参与到这项计划中来，当然包括您。您需要修改这个页面的样式表，所以要有良好的 CSS 技术。不过本文档已经详尽地加上批注，即使是 CSS 初学者，也能够在此基础上尝试设计出很棒的作品来。请参考 CSS 资源，里面提供了 CSS 入门教程和使用技巧。

您虽然可以自由修改样式表，但是千万别改动 HTML 文档结构。如果您感觉手还比较生，没有思路，建议先单击列表中的作品，通过深入学习和研究别人的案例，从中找到设计的感觉。

请下载 HTML 和 CSS 文件，然后尝试并努力在本地计算机中进行修改。当您设计完成之后，先将 CSS 样式表文件上传到网页服务器，再把样式表文件的网址告诉我们。如果我们采用您的作品，就会自动下载相关图片，最后将成品放在我们的服务器上。

参与好处

为什么要邀请您参与这项计划呢？因为这里提供了一个平台，能够展现您的技术水平、激发您的设计灵感，并且所设计的 CSS 案例文档将成为重要的学习资料。即使到了今天，这些资料都是很珍贵，也是很重要的。越来越多的主流网站开始采用 CSS 技术，虽然现在还不成气候，但总有一天这些资料会成为历史的宝藏。

参与要求

在可能的情况下，我们希望看到 CSS1 和 CSS2 的用法，CSS3 和 CSS4 应该只限于广泛支持的元素。CSS Zen Garden 采用的是可行、实用的 CSS 语法，而不是那些仅能被个别超前浏览器所能解析的技术（如 CSS3）。实际上，我们唯一的要求就是你的 CSS 要符合标准。

即便如此，您还需要考虑 CSS 的兼容性。因为即使是完全符合标准的 CSS 语法，不同浏览器所呈现的效果也是不一致的。很多设计师整天忙于 CSS 兼容性处理，这实在是件让人恼火的事情。也请您参考相关资源，了解一些 Bug 修正的信息。希望所有浏览器都能够完整、正确、统一地支持 CSS 是不切实际的，我们也不希望您用精准到像素级别的 CSS 代码来实现在不同浏览器中具有相同的呈现效果。如果您的设计无法在 IE 9 及以上版本浏览器中正常显示（因为超过 90% 以上的用户都使用这些浏览器），我们无法采用您的作品。我们还要求您提交原创作品，因此您必须尊重别人的版权。

这仅是一个示例，也是学习用的材料。您可以保留图片的完整版权，但我们要求您许可在本站免费发布您的 CSS 作品，这样其他读者可以从中学习。

带宽由 dreamfire studios 提供。

XHTML CSS cc 508 aaa

3. 链接信息

第三部分很简洁地列出了所有超链接信息。该部分也包含三小块链接信息。

选择一项设计

作品 #1 创作 作者1

作品 #2	创作	作者 2
作品 #3	创作	作者 3
作品 #4	创作	作者 4
作品 #5	创作	作者 5
作品 #6	创作	作者 6
作品 #7	创作	作者 7
作品 #8	创作	作者 8

作品档案

下一个设计 »

浏览所有设计

参考资源

查看这个设计的样式表 CSS

CSS 参考资料

常见问题

投稿

翻译文件

实训4　构建"禅意花园"的基本结构

下面就可以建立"禅意花园"的基本结构了。首先，勾勒出基本框架：一个网页包含框下面包含了三个平行的结构。

本节所用文件的位置如下：

视频路径	视频文件\files\5.3.4.swf
效果路径	实例文件\5\

```
<div id="container">                          <!-- 网页结构外套 -->
    <div id="intro"></div>                    <!-- 站点介绍 -->
    <div id="supportingText"></div>           <!-- 支持文本 -->
    <div id="linkList"></div>                 <!-- 链接列表 -->
</div>
```

继续拓展结构，构建三级基本结构。在构建基本结构时，应该确保每个div结构都有一个编号（ID属性值），属性名应该注意大小写，因为CSS是要区分大小写的。"禅意花园"的ID命名遵循驼峰式命名法，即第一个单词首字母小写，后面单词的首字母大写。

```
<div id="container">
    <div id="intro">
        <div id="pageHeader"></div>           <!-- 网页头部信息块 -->
        <div id="quickSummary"></div>         <!-- 简介 -->
        <div id="preamble"></div>             <!-- 启蒙之路 -->
    </div>
    <div id="supportingText">
        <div id="explanation"></div>          <!-- 网站解释 -->
        <div id="participation"></div>        <!-- 邀您参与信息块 -->
        <div id="benefits"></div>             <!-- 参与好处 -->
```

```
        <div id="requirements"></div>        <!-- 参与要求 -->
        <div id="footer"></div>              <!-- 验证链接信息 -->
    </div>
    <div id="linkList">
        <div id="linkList2">                 <!-- 链接部分内层包含框 -->
            <div id="lselect"></div>         <!-- 作品信息列表 -->
            <div id="larchives"></div>       <!-- 存档信息列表 -->
            <div id="lresources"></div>      <!-- 资源链接信息 -->
        </div>
    </div>
</div>
```

在构建基本结构时，应该考虑SEO设计，把重要信息放在前面，而把功能性信息放在结构的末尾。应该说，现在的"禅意花园"的结构做得还是非常不错的，当然这也是Dave多次改进的结果，其间也倾听了很多Web设计师的意见。读者不要认为经典作品都是天赋的，不可攀比的，真正有价值的东西都需要在实践中去锤炼，最后才能煅出瑰宝。

曾有人建议：把第一部分（<div id="intro">）中的第三个信息块（<div id="preamble">）"启蒙之路"放在第二部分（<div id="supportingText">）"支持文本"中。这种建议还是有一定道理的。从结构上看，第一部分属于前言性质的内容，而第二部分属于正文性质的内容。"启蒙之路"信息块更适合放在正文之中，如果从表现层来考虑，这样的改变也将增强其灵活性。

另一个存有争议的问题：第二部分（<div id="supportingText">）的第五个信息块"验证链接信息"（<div id="footer">）放在这儿是否合适？

- 从信息分类的角度来说，它是一个链接信息块，放在第三部分是不是更恰当些？
- 从信息关联的角度来说，它是不是与正文紧密相连呢？

也许不同的人有不同的观点，笔者也不想贸然下结论，还是留给读者自己去思考吧，其实这也是一个很有趣的问题。

实训5　构建"禅意花园"的微观结构

如果把一个页面比作一棵大树，则基本结构就是大树的主干，然后在这些主干的基础上继续生长，伸出多个分枝，由分枝再长出很多细枝。

本节所用文件的位置如下：	
视频路径	视频文件\files\5.3.5.swf
效果路径	实例文件\5

初看一棵大树，当然首先看到的是树的主干和大的分枝，不妨把树的主干和大的分枝比喻为宏观结构，而对于那些小分枝和细枝，就需要走近仔细观看，犹如显微镜下的微观结构，因此不妨把它比喻为微观结构。

宏观结构一般不考虑标签的语义化问题，统一使用div元素，主要考虑如何对公共信息、私有信息进行分块，即信息模块化。对于微观结构，就应该时刻注意模块的语义性问题，不同类型的信息子模块就应该选用相应的标签。例如，网页标题使用h1元素，版块标题使用h2，菜单和导航使用ul、ol，段落信息使用p，定义列表使用dl等。

阅读"禅意花园"的结构是件很快乐的事情，反复细读能够从中学到很多东西。细看整个文档的微观结构，就会发现整个结构非常简洁，除了h1、h2、h3、p、ul元素外，基本上没有使用其他元素。分析"禅意花园"的微观结构，应遵循一定的规则。

- 微观结构中尽量避免使用ID。在设计结构时，宏观结构应保证为每个div元素设置ID编号，但是微观结构就不建议全部使用ID。

微观结构不用ID的原因如下。

第一，微观结构一般多使用语义性标签，定义ID意义不大。

第二，微观结构可能会出现很多重复的结构，定义ID容易引发冲突。

第三，如果要控制微观结构的样式，可以使用包含选择符来精确控制文档结构。

- 标题使用恰当，层次清晰。一般网页只有一个一级标题用于网页题目，然后根据结构的层次关系有序使用不同级别标题，这一点很多设计师都忽略了。从SEO的角度来考虑，合理使用标题是非常重要的，因为搜索引擎对于不同级别标题的敏感性是不同的，级别越大，被检索的机会就越大。
- 由于段落文本很多拥有相同的呈现样式，所以全文统一使用类进行控制，类命名也比较有规律，如p1（第一段）、p2（第二段）、p3（第三段）等。

```html
<body id="css-zen-garden">
<div id="container">
    <div id="intro">
        <div id="pageHeader">
            <h1></h1>                          <!-- 网页标题 -->
            <h2></h2>                          <!-- 网页副标题 -->
        </div>
        <div id="quickSummary">
            <p class="p1"></p>                 <!-- 段落1 -->
            <p class="p2"></p>                 <!-- 段落2 -->
        </div>
        <div id="preamble">
            <h3></h3>                          <!-- 信息块标题 -->
            <p class="p1"></p>                 <!-- 段落1 -->
            <p class="p2"></p>                 <!-- 段落2 -->
            <p class="p3"></p>                 <!-- 段落3 -->
        </div>
    </div>
    <div id="supportingText">
        <div id="explanation">
            <h3></h3>                          <!-- 信息块标题 -->
            <p class="p1"></p>                 <!-- 段落1 -->
            <p class="p2"></p>                 <!-- 段落2 -->
        </div>
        <div id="participation">
            <h3></h3>                          <!-- 信息块标题 -->
            <p class="p1"></p>                 <!-- 段落1 -->
            <p class="p2"></p>                 <!-- 段落2 -->
            <p class="p3"></p>                 <!-- 段落3 -->
        </div>
        <div id="benefits">
```

```html
            <h3></h3>
            <p class="p1"></p>
        </div>
        <div id="requirements">
            <h3></h3>                            <!-- 信息块标题 -->
            <p class="p1"></p>                   <!-- 段落 1 -->
            <p class="p2"></p>                   <!-- 段落 2 -->
            <p class="p3"></p>                   <!-- 段落 3 -->
            <p class="p4"></p>                   <!-- 段落 4 -->
            <p class="p5"></p>                   <!-- 段落 5 -->
        </div>
        <div id="footer"> </div>
</div>
<div id="linkList">
    <div id="linkList2">
        <div id="lselect">
            <h3 class="select"></h3>            <!-- 信息块标题 -->
            <ul>                                <!-- 列表信息 -->
                <li></li>
                <li></li>
                <li></li>
                <li></li>
                <li></li>
                <li></li>
                <li></li>
                <li></li>
            </ul>
        </div>
        <div id="larchives">
            <h3 class="archives"></h3>  <!-- 信息块标题 -->
            <ul>                             <!-- 列表信息 -->
                <li></li>
                <li></li>
            </ul>
        </div>
        <div id="lresources">
            <h3 class="resources"></h3>         <!-- 信息块标题 -->
            <ul>                                <!-- 列表信息 -->
                <li></li>
                <li></li>
                <li></li>
                <li></li>
                <li></li>
```

```
                </ul>
            </div>
        </div>
    </div>
</div>
<div id="extraDiv1"><span></span></div>      <!-- 附加标签（备用）-->
<div id="extraDiv2"><span></span></div>      <!-- 如果不用可以隐藏 -->
<div id="extraDiv3"><span></span></div>      <!-- 主要用于增加额外信息 -->
<div id="extraDiv4"><span></span></div>      <!-- 它们相当于程序的接口 -->
<div id="extraDiv5"><span></span></div>
<div id="extraDiv6"><span></span></div>
</body>
```

崇拜并不意味着迷信。没有任何完美的事物，"禅意花园"当然也存在需要继续完善的地方。例如，对于第二部分的第五个信息块（<div id="footer">），这个信息块是一个链接信息列表，代码如下：

```
<div id="footer"> <a href="http://validator.w3.org/check/referer" title="Check the validity of this site&#8217;s XHTML">xhtml</a>   <a href="http://jigsaw.w3.org/css-validator/check/referer" title="Check the validity of this site&#8217;s CSS">css</a>   <a href="http://creativecommons.org/licenses/by-nc-sa/1.0/" title="View details of the license of this site, courtesy of Creative Commons.">cc</a>   <a href="http://mezzoblue.com/zengarden/faq/#s508" title="Read about the accessibility of this site">508</a>   <a href="http://www.mezzoblue.com/zengarden/faq/#aaa" title="Read about the accessibility of this site">aaa</a> </div>
```

此处竟然如此简单地把所有超链接信息堆放在一起，实在不可思议。根据语义化结构规则：详细列表应该使用列表元素来实现。更为妥当的结构方法如下：

```
<div id="footer">
    <h3>文档验证链接</h3>
    <ul>
        <li><a href="http://validator.w3.org/check/referer" title="Check the validity of this site&#8217;s XHTML">xhtml</a>   </li>
        <li><a href="http://jigsaw.w3.org/css-validator/check/referer" title="Check the validity of this site&#8217;s CSS">css</a>   </li>
        <li><a href="http://creativecommons.org/licenses/by-nc-sa/1.0/" title="View details of the license of this site, courtesy of Creative Commons.">cc</a>   </li>
        <li><a href="http://mezzoblue.com/zengarden/faq/#s508" title="Read about the accessibility of this site">508</a>   </li>
        <li><a href="http://www.mezzoblue.com/zengarden/faq/#aaa" title="Read about the accessibility of this site">aaa</a> </li>
    </ul>
</div>
```

下面插入一个有趣的故事。

Dave在初次构建"禅意花园"的结构时，竟然使用span元素来包含每个链接信息，但是这种做法无法通过验证工具的验证，于是又尝试在每个项目后增加一个额外的" ；"（空格符），企图使用这种Hack方法来解决该问题，后来也以失败而告终。作者最终放弃选用span元素，但是每个超链接信息后面的那个多余的" ；"依旧被保留着。

如果仔细阅读"禅意花园"的结构，就会发现在微观结构中，每一个结构标签内都包裹了一个span元素。例如：

```
<div id="preamble">
    <h3><span></span></h3>
    <p class="p1"><span></span></p>
    <p class="p2"><span></span></p>
    <p class="p3"><span></span></p>
</div>
```

如同上面多余的" ；"（空格符）一样，这个span放在这儿是不是多余？不多余。这是一个很奇妙的用法，正如糖果包装盒内裹着一层锡箔纸一样，作用不言自明。从结构的角度来看，它可能是多余的，但是如果使用CSS控制结构时，这些多余的span就派上了用场。例如，如果希望使用图像来替换标题文本，则可以在h3元素中定义背景图像，然后隐藏h3包裹的span元素，即把标题文本隐藏了，但是标题的位置依然没有变化。

如果为某个标题设置圆角，则需要定义两个背景像素，如果没有内部裹着的span元素，这种效果是很难实现的，因为每种元素只能够定义一个背景图像。

实训6　内容版式设计

如果说网页结构犹如大树的枝丫，那么版式结构就是树叶的叶经，无数的树叶遍布了密密麻麻的叶经，再由这些叶经滋润着叶肉。

本节所用文件的位置如下：	
视频路径	视频文件\files\5.3.6.swf
效果路径	实例文件\5\

树枝由块状元素负责实现，而版式结构需要行内元素来支持。可以这样说，如果没有无数的行内元素支持，那么您所看到的树叶必定是没有生机的。版式结构设计应该充分挖掘行内元素的不同语义特性，实现信息的恰当显示。

"禅意花园"把正文的版式结构设计得精简至极，总共使用了a、span和acronym三个行内元素。其中使用a来定义文本内超链接信息；使用span为部分文本定义样式类；使用acronym截取首字母缩写。

段落结构虽然很简单，但却把这几个元素使用到了炉火纯青的地步，目的是为了体现语义化结构的设计原则。

在a元素中定义了提示文本和访问快捷键。例如：

```
<a href="http://www.mezzoblue.com/zengarden/resources/" title="A listing of CSS-related resources">Resources</a>
<a href="http://www.csszengarden.com/?cssfile=/210/210.css&amp;page=0" title="AccessKey: d" accesskey="d">Oceanscape</a>
```

快捷键（accesskey）是一项起辅助作用的技术，用来让浏览者更加容易地在页面中导航，不过目前浏览器对其的支持不是很好。

为特殊字母定义类，目的是为了方便后期应用样式。例如：

```
<span class="accesskey">V</span>
```

使用acronym元素解释首字母缩写词的含义。例如：

```
<acronym title="Cascading Style Sheets, version 1">CSS1</acronym>
<acronym title="World Wide Web Consortium">W3C</acronym>
```

这种做法不仅方便浏览器明白缩写词的含义，同时也有利于搜索引擎的检索。

初看这个信息块的结构，感觉毫无章法，远没有网页结构那么层次清晰、明了。实际上，这也是版式结构的特点，因为所有行内元素都不会换行，全部挤在一起。

我们可以看到，"禅意花园"的作者在正文中大量使用了如下四个行内元素。

a	信息超链接，外联接口
img	装饰图标和操作按钮图标
strong	强调关键信息
span	局部信息修饰

在设计版式结构中，最让人困惑的是图像处理。标准设计的一般原则如下。

- 包含信息的图像应该使用img元素插入，如新闻图片，欣赏性质的图像，传递某种信息的图案、图示等。
- 不包含任何有用的信息，仅负责页面版式或功能的修饰，应该以背景图像的方式显示。
- 很显然，在上面这个信息块中，三个图像的处置是不恰当的，因为这些图像是使用img元素插入的，但是它们都不传递信息，仅作为修饰性来使用。更好的设计方法是，用文本信息代替插入的图像，然后通过CSS来隐藏文本信息，并利用背景图像显示图标。

原代码如下：

```
<span class="commentlink"> <img src="images/stopdesign/txt_comments_off.gif" width="68" height="7" alt="Comments off" /> </span>
```

标准化为：

```
<span class="commentlink">Comments off</span>
```

然后在CSS样式表中设置背景图像，并隐藏该元素包含的文本信息即可。

第6章 CSS语言基础

HTML、CSS和JavaScript共同构筑了Web前端设计的基础，有人形象地把它们比作凳子的三条腿。三条腿的凳子自然能够很牢固地撑起客户端Web设计与开发这座大厦，并由此衍生出很多应用技术和概念。相对而言，HTML和CSS的学习门槛不是很高，由于JavaScript涉及到编程逻辑和结构，有时可能需要掌握一些算法和设计模式，因此学习难度稍大一些。很多读者在学习这些语言之后会发现CSS比较容易学习，但是如何把CSS用好就绝非易事了。

CSS是Cascading Style Sheets的简称，中文翻译为层叠样式表，俗称样式表或者样式，它专注于Web表现层技术，也就是说使用CSS来装饰HTML构建的页面内容。在没有CSS技术之前，设计师习惯使用HTML标签和属性来定义网页对象的显示效果，但是这种做法存在很多问题，例如，烦琐、笨拙、简陋、浪费。而CSS因为有丰富的表现力，可以有效地避免出现这些问题。

本章将围绕CSS语言来讲解网页样式的设计以及网页结构的表现层开发，同时还会对浏览器的CSS兼容性问题展开详细探索。

6.1 CSS样式创建与应用

实训1 创建CSS样式

样式是CSS的最小、最基本的单元，即使是最精美的页面，也都是从单个样式的设计开始的。也许当多个互不关联的样式共同作用于同一个页面时，读者会惊奇地发现，页面效果瞬间从丑小鸭变成了白天鹅。样式就这么神奇，它用最简单的规则创造了美，使用枯燥的代码编织出迷人的乐章。本节将重点讲解CSS的基本语法规则以及如何准确创建CSS样式。

1．网页样式发展概述

你可能认为网页样式是CSS的专利，有了CSS才出现的样式，实际上自从20世纪90年代初，HTML语言出现之后，网页样式即开始以各种形式出现了，不同的浏览器支持不同的样式语言。读者（即浏览者）可以使用这些样式来改变网页的显示效果。因此，最初的样式表是给读者使用的，而不是给用户（即设计师）用来设计的。

早期版本的HTML只包含很少的几个标签和显示属性，因为那时候还没有网页设计这一概念，制作网页的目的仅是用来传递和交流信息，因此只需要知道如何设置文章的标题和简单的段落格式即可，甚至在页面中不需要使用图像，读者能够根据个人需要，借助浏览器提供的样式表功能来决定网页的显示样式。当然，这些显示样式只有很简陋的几种，但与现代浏览器在【查看】菜单中提供的各种设置网页字体大小、页面风格和字符编码等样式是基本相同的。

随着HTML语言的发展，为了满足用户的设计要求，HTML增加了大量显示标签和属性。随着这些功能的增加，以前那种通过浏览器来定义样式的语言越来越没有意义了。

1994年哈坤•利提出了CSS的设想，而这时伯特•波斯正在设计一款名为Argo的浏览器，于是他们决定一起合作开发CSS语言。当时样式表语言已经有一些雏形了，但CSS是第一个包含有层叠的意思。在CSS中，一个文件的样式可以从其他的样式表中继承下来。读者在有些地方可以使用自己喜欢的样式，当然也可以继承或层叠其他设计者制作的样式，这种层叠方式使设计者和读者都可以灵活地加入自己的样式，以提高样式设计的灵活性。

1994年哈坤•利在一次会议中正式公布了个人对于CSS的想法，1995年他与伯特•波斯一起再次深入探索CSS技术问题。当时W3C组织刚刚成立，W3C对CSS的发展很感兴趣，于是主动介入到CSS技术的开发中，从此以后，W3C组织对于CSS的开发起到了关键作用。1996年底，CSS初稿设计完成，同年12月，CSS的第一版本出版，W3C正式推荐CSS 1.0为标准。1997年年初，W3C组织成立了专门管理CSS的工作组，这个工作组开始讨论第一版中没有涉及到的问题。1998年5月，CSS 2.0版本被正式发布，随后W3C正式推荐CSS 2.0为标准。

W3C汇集了各方人士的建议，对CSS 2.0版本进行改进，升级为CSS 2.1，并把它作为标准版本推荐使用。

目前，已经发布的CSS 3.0版本的大部分功能已被主流浏览器支持。

2．CSS样式的构成

从本质上来看，CSS样式就是网页格式化的规则列表，这个规则的最小单元就是样式，那什么是样式呢？它又有什么神秘的结构和法则呢？

样式就是作用于网页对象上的显示效果。一个样式单元必须包含以下两部分。

- 样式作用的对象：选择器（Selector）。
- 作用对象的效果：声明块（Declaration Block）。

这两部分缺一不可。缺少选择器，浏览器则无法确定样式作用的对象；缺少声明块，浏览器则无法确定样式的显示效果。例如，段落文本的显示效果如下。

- 首行缩进两个字符。
- 字体显示大小为12像素。
- 行高为字体大小的1.6倍。
- 字体颜色显示为灰色。

根据这样的显示效果，则可以定义如下的样式：

```
p {
    text-indent:2em;
    font-size:12px;
    line-height:1.6em;
    color:gray;
}
```

其中p是选择器，这里也可以称之为标签选择器，它定义了样式作用于网页中所有段落文本（即p元素包含的文本信息）。大括号包含的内容是定义文本显示效果的规则列表，这些规则列表整体构成声明块。CSS样式的结构示意图如图6.1所示。

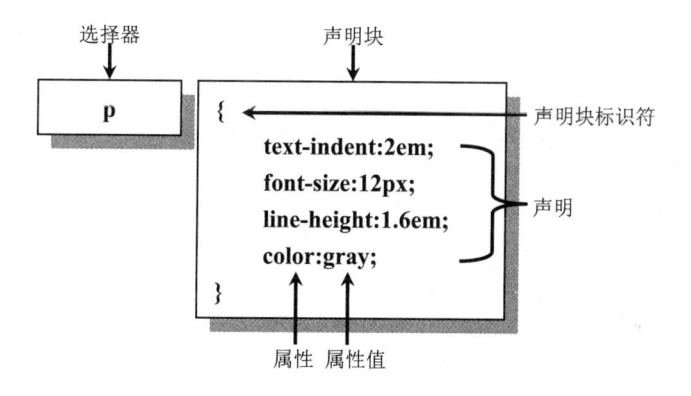

图6.1 样式结构示意图

CSS是以声明列表的形式设计样式的，这种方式虽然很直观，但是CSS无法使用描述语句来形象描绘网页的显示效果，所以要彻底掌握CSS设计的精髓，读者应首先培养CSS样式的思维模式，只有这样才能够读懂大量的CSS代码，并能够在脑海中把它们迅速转换成一幅页面显示效果。为了更好地理解CSS样式，下面对样式的各部分基本规则进行简单说明。

- 选择器：定义样式作用的对象。为了能准确选定页面中的特定对象，CSS提供了很多类型的选择器，这些选择器功能各异，但是它们的共同目标就是帮助设计师精确选择对象或对象范围。
- 声明块：声明块必须紧跟在选择器的后面，中间不能插入其他非注释字符。声明块由大括号包括。大括号内列表显示一个或无数个声明，当然也可以保持大括号为空，即为指定选择器不定义具体的样式。声明之间必须使用分号进行分隔，最后一个声明可以省略分号，但是为了养成好的习惯，建议所有声明后面都增加一个分号。
- 声明：实际上就是一个"属性/属性值"对。声明包含两部分，左侧部分是属性，右侧部分是属性值，左右两部分之间使用冒号进行分隔。

CSS样式结构的特征与JavaScript的对象结构比较相似，很多时候设计师也习惯把样式称为规则。由于CSS语言忽略空格符号，所以可以利用空格符号对样式进行格式化排版。排版的目的主要是方便阅读。例如，对于上面的代码，可以实现以下不同的版式效果。

- 一行内显示。

```
p {        text-indent:2em;   font-size:12px;   line-height:1.6em;   color:gray;}
```

- 完全分行显示。

```
p
{
    text-indent:2em;
    font-size:12px;
    line-height:1.6em;
    color:gray;
}
```

甚至还可以使用多种格式来混合排版CSS样式。Dreamweaver也提供了这样的代码格式化工具，在【代码】视图下选择【编码】工具栏中的【格式化源代码】命令，即可快速整理CSS源代码，当然也可以在其中设置CSS排版的格式。

任何一门语言都应该提供注释语句。在CSS中要增加注释语句，可以使用"/*"和"*/"分隔符来进行设置。例如：

```
/* 样式或多个样式功能说明
------------------------------------------------ */
p {/* 段落文本样式 */
    text-indent:2em;                /* 首行缩进显示 */
    font-size:12px;                 /* 正文字体大小 */
    line-height:1.6em;              /* 正文行高 */
    color:gray;                     /* 正文字体颜色 */
}
```

注释语句的位置可以任意放置，根据习惯有三种方法（如上面代码所示）。创建CSS的规则比较简单，但是要想随心所欲地创建样式，读者还应该在下面几个方面下点功夫。

- 能够准确选用不同类型的选择器。正确使用选择器是创建样式的关键，特别是在复杂结构的页面中，如何正确使用选择器是定义复杂样式的基础。
- 能够深入理解CSS属性含义、属性之间的相互关系、作用范围、呈现效果等。由于CSS 2.1提供了150多个属性，完全理解这些属性的使用技巧还需要一个渐进的过程。
- 能够正确设置属性值。设置属性值的关键是如何设置好值的单位，CSS提供了众多单位，这些单位都有各自的适用范围和特点。

实训2　应用CSS样式

能够定义一个简单的CSS样式，并不等于它已经发挥了作用，读者还需要把所定义的样式应用到页面中。有些样式可能只需要简单引入页面即可实现应用，但是有些样式还需要绑定在具体标签上时才能够生效，这主要根据样式的选择器类型来确定。本节将重点讲解样式的一般应用方法。CSS样式应用的方法主要包括三种：行内样式、内部样式和外部样式。

1. 行内样式

在讲解HTML元素的属性时曾经提到过style属性。style是一个公共属性，基本上所有元素都拥有它。那么它是用来做什么的呢？原来style属性就是用来定义行内样式的。所谓行内样式，就是把CSS样式直接放在代码行内的标签中，一般都是放在标签的style属性中。由于样式直接放入到标签中，所以它的作用对象就已经明确了，不再需要指定样式的选择器。行内样式的写法如下：

```
<p style="
    text-indent:2em;
    font-size:12px;
    line-height:1.6em;
    color:gray;
"> 段落样式 </p>
```

通过上面代码会发现，声明块的分隔符（原为大括号）被引号代替，这是因为根据 XHTML 语法规则，所有标签的属性值都必须使用引号括起来，而且一个标签中只有一个样式，此时使用大括号来分隔不同样式就显得多余了。

实际上，行内样式一般会把所有声明并列为一行显示，这样能够节省代码书写的篇幅：

```
<p style="text-indent:2em; font-size:12px; line-height:1.6em; color:gray;"> 段落样式 </p>
```

行内样式是一种简单、直接的应用方式，这与传统布局中使用标签属性来定义样式没有什么区别。因为行内样式既不利于代码重用，也不利于样式的灵活控制，因此，一般不建议使用这种方法来应用样式。不过在某种情况下，当仅为某个标签定义一种特殊样式时，可以使用行内样式进行快速定义。

2. 内部样式

HTML 提供了一个 style 元素，使用该元素能够在文档内定义仅供当前页面内使用的样式，因此称其为内部样式。

style 元素必须位于页面的头部区域，即必须包含在 <head> 和 </head> 标签之间。例如：

```
<!DOCTYPE html PUBLIC "-//W3C//DTD XHTML 1.0 Transitional//EN" "http://www.w3.org/TR/xhtml1/DTD/xhtml1-transitional.dtd">
<html xmlns="http://www.w3.org/1999/xhtml">
<head>
<meta http-equiv="Content-Type" content="text/html; charset=gb2312" />
<title> 内部样式 </title>
<style type="text/css">
p {
    text-indent:2em;
    font-size:12px;
    line-height:1.6em;
    color:gray;
}
</style>
</head><body>
<p> 段落样式 </p>
</body></html>
```

style 是 HTML 用来声明样式的专用元素，但是它不仅可以定义 CSS 样式，还可以定义 JavaScript 脚本，所以在使用 style 元素定义样式时，应该使用 type 属性设置当前标签所包含内容的文本类型。对于 CSS 样式来说，只需要定义"type="text/css""即可，它指定当前包含的文本类型为 CSS 样式代码。另外，style 元素还包含以下两个可选属性。

- media：定义样式的媒体类型。通俗地说就是该样式将在什么类型的设备中有效，取值如表6.1所示。该属性可以不用设置，在默认状态下表示当前样式表可以用于所有设备类型。

表6.1 媒体类型及其说明

媒体类型	说明
all	用于所有设备类型
aural	用于语音和音乐合成器
braille	用于触觉反馈设备
embossed	用于凸点字符（盲文）印刷设备
handheld	用于小型或手提设备
print	用于打印机
projection	用于投影图像，如幻灯片
screen	用于计算机显示器
tty	用于使用固定间距字符格的设备，如电传打字机和终端
tv	用于电视类设备

- title：定义样式的标题。它是一个比较特殊而实用的属性，但遗憾的是目前IE浏览器暂不支持该属性。使用title属性可以为不同的样式设置一个标题，这样就可以方便读者（浏览者）在浏览器中切换不同标题的样式来进行浏览。例如，在文档中定义两个独立的样式，分别命名为"font12px"和"font22px"，这样就可以方便读者在Firefox 3.0浏览器中自由控制样式的显示效果，如图6.2所示。

```
<!DOCTYPE html PUBLIC "-//W3C//DTD XHTML 1.0 Transitional//EN" "http://www.w3.org/TR/xhtml1/DTD/xhtml1-transitional.dtd">
<html xmlns="http://www.w3.org/1999/xhtml">
<head>
<meta http-equiv="Content-Type" content="text/html; charset=gb2312" />
<title>内部样式</title>
<style type="text/css" title="font12px">
p {
    text-indent:2em;
    font-size:12px;
    line-height:1.6em;
    color:gray;
}
</style>
<style type="text/css" title="font22px">
p {
    text-indent:2em;
    font-size:22px;
    line-height:1.6em;
    color:gray;
}
</style>
</head><body>
```

```
<p> 段落样式 </p>
</body></html>
```

图6.2 定义客户端样式

　　style元素不仅仅包含一个样式,它还可以包含多个样式。多个样式组成一个样式集合,习惯上被称为样式表,即使style元素仅包含一个样式也是如此。例如,在下面这个style元素中包含了两个样式,分别定义了p和h2元素的显示效果。

```
<style type="text/css">
p {
    text-indent:2em;
    font-size:12px;
}
h2 {
    line-height:1.8em;
    color:red;
}
</style>
```

　　内部样式仅适用于当前文档。如果要在多个页面中共享CSS样式,使用内部样式是不行的,此时就应该使用外部样式(请参阅6.2.3节内容)。为不同页面定义的内部样式,后期维护和修改也很不方便,因此,在构建网站样式时,设计师多应用的是外部样式。

3. 外部样式

　　所谓外部样式,就是把样式代码存放在独立的文件中,使用时再把这个独立的文件导入或链接到HTML文档中。样式表文件就是我们常说的CSS文件,其扩展名为.css。CSS文件实际上就是一个文本文件,使用任何文本编辑器都可以打开并进行编辑。

　　例如,新建一个文本文件,另存为7-6.css,然后在该文件中输入下面字符,如图6.3所示。

```
@charset "gb2312";
p {
    text-indent:2em;
    font-size:12px;
}
h2 {
    line-height:1.8em;
    color:red;
}
```

　　代码的第一行是一个CSS规则命令,@charset命令用来定义外部样式表文件的字符集(即字符编码),该命令不能够在HTML文档中定义,因为网页文件自身已经定义了字符编码。如果不为外部

```
7-6 - 记事本
文件(F) 编辑(E) 格式(O) 查看(V) 帮助(H)
@charset "gb2312";
p {
        text-indent:2em;
        font-size:12px;
}
h2 {
        line-height:1.8em;
        color:red;
}
```

图6.3 外部样式表文件

样式表文件定义字符集，则CSS文件默认将根据应用的HTML字符集来确定自己的字符编码。@charset命令在外部样式表文件内只允许使用一次，且必须位于样式表的最前面。

读者也可以在Dreamweaver CS4或者以上版本中选择【修改】|【页面属性】命令，在打开的【页面属性】对话框中快速设置CSS文件的字符编码。

在外部样式表文件中设计样式与在内部样式表中设计样式一样，都必须严格遵守样式的基本结构和规则。

4．引入外部样式

外部样式表文件在没有被引入到HTML文档中时是没有任何效果的，只有与HTML文档相结合后才能够发挥作用。引入CSS文件的方法有两种：链接法和导入法。

(1) 链接外部样式表文件

HTML提供了link元素专门用来链接外部样式表文件到HTML文档中，这是使用率最高的一种样式表引入方式，也是目前最实用的方法。这种方法把HTML文档与CSS文件完全分离，实现结构层与表现层的彻底独立，增强了网页结构的可扩展性和CSS样式的可维护性。

链接外部样式表文件的具体用法如下：

```
<link href="images/7-6.css " type="text/css" rel="stylesheet" media="all" />
```

link元素包含了四个主要属性，说明如下。

- href：定义外部样式表文件的地址。该属性值以URL的格式设置，可以是相对路径，也可以是绝对路径。作为link元素的最基本属性，使用时必须设置有效的URL。
- type：定义链接文档的类型。这与style元素包含的type属性功能相同。
- rel：定义链接外部文件的关联类型，也就是设置文件默认应用的是哪种类型的链接文件。很遗憾的是目前IE浏览器不支持该属性，而对于非IE浏览器来说又很重要，所以建议读者认真设置。例如，在FF（Firefox）浏览器中如果不指定rel属性，则导入的样式表文件会无效。

为什么说rel属性很重要呢？当我们使用link元素链接多个外部文件时（如样式表文件、脚本文件、主题文件和自定义文件），需要告诉浏览器在默认状态下应该执行哪类文件，而rel="stylesheet"设置属性的目的就是告诉浏览器在默认状态下应该先执行样式表的文件类型。

- media：定义样式表的媒体应用类型。
- title：与style元素的title属性用法一致，这里就不再详解。

同一篇HTML文档中可以链接多个外部样式表文件，相互之间没有直接联系。当然，如果发生样式声明冲突时，则可以根据CSS的层叠特性决定页面的显示效果。

(2) 导入外部样式表文件

也可以在内部样式表中使用@import命令导入外部样式表，用法如下：

```
<style type="text/css" media="all">
<!--
@import url("images/6-7.css");
-->
</style>
```

导入命令在语法和运作方式上与链接方式会略有不同。使用导入命令则把整个样式表文件直接导入HTML文档中，与整个文档紧密联系在一起。@import命令所使用的url属性与style元素的href属性格式设置相似，但是url属性中的字符串可以不带引号。在包含@import命令的style元素中还可以继续导入其他样式表文件，或继续定义其他样式，例如：

```
<style type="text/css" media="all">
<!--
@import url("images/6-7.css");
@import url("images/6-2.css");
p {
   text-indent:2em;
   font-size:12px;
}
-->
</style>
```

在上面样式表中，"<!--"和"-->"分隔符是HTML语言的注释符，用来预防当浏览器无法识别CSS样式代码时，自动把CSS代码作为注释隐藏起来，避免在网页中把CSS代码显示出来。

早期的部分浏览器（如Netscape 4.0）不支持CSS外部文件导入方法，因此很多设计师习惯使用@import命令来为支持该命令的浏览器定义特殊的样式，这种做法也称为浏览器兼容处理，更专业地讲就是CSS Hack（CSS代码补丁），但是现在所有浏览器都支持这种方法，因此也不再建议继续使用这种不安全的浏览器兼容方法。

6.2 CSS选择器的选用

实训1 准确选用CSS选择器

在CSS学习中，如何灵活使用选择器是CSS应用的一个重点，而深入理解CSS属性则是CSS应用的难点。本节将详细讲解CSS选择器的类型，以及如何根据需要准确选择不同类型的选择器。

1．基本选择器

CSS提供了丰富的选择器类型，不同类型的选择器各有其适合的特定对象和需求，其中基本选择器包括三种类型，如表6.2所示。

表6.2 基本选择器类型

类　　型	用　　法	范　　围	适　　用	说　　明
标签选择器	element { }	复数	元素的默认样式	统一元素的显示样式
类选择器	.class { }	复数	细节修饰	提炼不同元素所拥有的相同样式
ID选择器	#id { }	单数	框架布局	精确控制元素的具体显示样式

（1）标签选择器

所谓标签选择器就是以HTML默认提供的标签名作为选择器。一般情况下我们习惯使用标签选择器来定义标签的默认样式。当为页面中的标签定义样式之后，该样式将影响到页面中所有同名的元素，因此要慎重使用，避免牵一发而动全身。使用标签选择器的原则如下。

- 统一元素的显示样式。
- 修改、删除元素的默认样式。

例如，下面CSS代码分别统一了页面中文本的字体类型、字体显示大小，修改段落文本的默认间距，删除默认的页边距。

```css
body { /* 统一页面中字体类型和大小 */
    font-size:12px;                                    /* 字体大小 */
    font-family:"宋体";                                /* 字体类型 */
}
p { /* 修改段落间的默认间距 */
    margin:12px 0;                                     /* 段落边距 */
}
body { /* 删除默认的页边距 */
    margin:0;                                          /* 页边距为 0 */
    padding:0;                                         /* 页补白为 0 */
}
```

(2) 类选择器

类选择器常被用来定义一类相同的显示效果，然后把它应用于不同元素的对象身上。

定义类样式需要在类选择器前面补加一个点号，用时需要把类名称绑定到具体标签的class属性中。例如：

```html
<!DOCTYPE html PUBLIC "-//W3C//DTD XHTML 1.0 Transitional//EN" "http://www.w3.org/TR/xhtml1/DTD/xhtml1-transitional.dtd">
<html xmlns="http://www.w3.org/1999/xhtml">
<head>
<meta http-equiv="Content-Type" content="text/html; charset=gb2312" />
<title>使用选择器</title>
<style type="text/css">
.red {color:red;}                              /* 红色字体类 */
.font14px {font-size:14px;}                    /* 14 像素字体大小类 */
.center {text-align:center;}                   /* 居中对齐类 */
.bold {font-weight:bold;}                      /* 文本加粗显示类 */
</style>
</head><body>
<h1 class="center">标题样式</h1>
<p class="bold">文本样式</p>
<div class="font14px red">盒子样式</div>
</body></html>
```

上面实例演示了类样式的定义和应用方法，同时也可以看到多个类能够被同时绑定到一个class属性中，多个类名称之间通过空格进行分隔。多个类样式能够作用于同一个对象上，这给设计师灵活使用类样式奠定了基础（如图6.4所示）。

使用类样式不妨记住三个字：细、小、巧。

● 类样式声明应该细。
● 类样式应用适合小。
● 类样式特点在于巧。

通过上面的实例也可以看到，在定义类样式时，类样式的声明不应该很多，这样能够增强类样式的适用范围。例如，在上面实例中，由于center和bold类样式作用于div元素，可能你会认为如果把这两个样式合并为一个样式会更简洁，实际上这样做会局限了类的应用范围。所以，把类样式的效果分得很细能够增强类的适用范围。

说到类样式的小，是指在使用类样式时应该关注类样式对于网页细节的修饰，从小处入手。类样式不适合用来定义页面结构的布局。

类样式有很多使用技巧，实际上它也是CSS语言的一种抽象方法，这犹如其他低级语言中的类（如C++、Java等）。请记住，用好类样式能够增强页面样式的扩展性和可维护性。

（3）ID 选择器

ID选择器只针对页面中某个对象来定义样式，不适合把一个ID样式应用到页面中的多处。ID选择器的定义方法是在ID名称前面补加一个#号，应用时直接把ID名称放在元素的id属性中即可。

图6.4 类样式在网页中的应用

例如，在下面这个实例中构建了一个固定宽度的三行页面结构，然后使用ID选择器定义不同区块结构的布局，效果如图6.5所示。

```html
<!DOCTYPE html PUBLIC "-//W3C//DTD XHTML 1.0 Transitional//EN" "http://www.w3.org/TR/xhtml1/DTD/xhtml1-transitional.dtd">
<html xmlns="http://www.w3.org/1999/xhtml">
<head>
<meta http-equiv="Content-Type" content="text/html; charset=gb2312" />
<title> 使用选择器 </title>
<style type="text/css">
body { text-align:center;}                    /* 定义页面内容居中显示 */
#wrap {/* 包含框布局 */
    width:800px;                              /* 固定页面宽度 */
    margin:auto;                              /* 网页居中显示 */
}
#header {/* 头部区域布局 */
    height:80px;                              /* 高度 */
    background:#FF00FF;                       /* 背景色 */
}
#main {/* 主体区域布局 */
    height:160px;                             /* 高度 */
    background:#FFFFCC;                       /* 背景色 */
}
#footer {/* 页脚区域布局 */
    height:40px;                              /* 高度 */
    background:#666666;                       /* 背景色 */
}
</style>
</head><body>
```

```
<div id="wrap">
    <div id="header">头部区域</div>
    <div id="main">主体区域</div>
    <div id="footer">页脚区域</div>
</div>
</body></html>
```

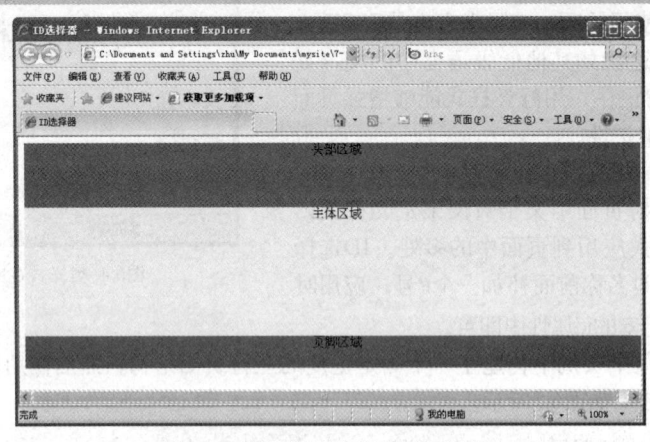

图6.5 ID选择器在网页中的应用效果

因此，ID选择器适合定义页面的结构布局，而不适合定义页面的细枝末节的效果。从这点来看，ID选择器与类选择器具有很大的互补性。灵活使用类样式和ID样式，可以充实网页表现层的设计。很多初学者在学习使用选择器时，不注意区分ID选择器和类选择器之间的语义差别，在页面中全部使用类样式，这种做法是错误的，希望读者在初期学习时就能注意这些细节问题。

2．选定范围选择器

除了基本选择器之外，CSS还提供了很多高级选择器，这些选择器适合在不同环境中精确选定特定对象或对象群。

只有精确选择对象或对象群，才能够为其实施不同的样式，实现多样化的设计效果。本节将详细讲解三个功能类似的选定范围选择器，如表6.3所示。

表6.3 选定范围选择器的类型

类型	用法	范围	适用	说明
包含选择器	s1 s2 {}	复数	s1范围下的所有s2	在指定范围中的特定基本选择器
子对象选择器	s1 > s2 {}	复数	s1包含子对象中的所有s2	在指定范围内子对象中的特定基本选择器
相邻选择器	s1 + s2 {}	复数	与s1向下相邻的s2	指定基本选择器后相邻的特定基本选择器

（1）包含选择器

包含选择器是使用率最高的一类选择器，它由两个基本选择器组合而成，并用空格进行分隔。其中第一个基本选择器用来指定适用范围，第二个基本选择器用来指定样式实施的对象。

例如，在下面这个实例中构建了两个盒子（box1和box2），分别为这两个盒子设计相同的结构和内容，然后利用包含选择器分别为不同范围内对象定义样式（实例代码中省略了页面基本结构框架）。

```
<style type="text/css">
#box1 h2 {/* 定义id为box1中的所有h2元素的样式 */
    text-decoration:underline;                    /* 定义下划线 */
```

```
}
#box2 p {/* 定义 id 为 box2 中的所有 p 元素的样式 */
    color:#666;                              /* 定义字体颜色为灰色显示 */
}
#box1 #sub_box1 {/* 定义 id 为 box1 中 id 为 sub_box 的元素样式 */
    font-size:12px;                          /* 定义字体大小为 12 像素显示 */
}
</style>
<div id="box1">
    <h2> 标题文本 </h2>
    <p> 段落文本 1</p>
    <div id="sub_box1">
        <p> 段落文本 2</p>
    </div>
</div>
<div id="box2">
    <h2> 标题文本 </h2>
    <p> 段落文本 1</p>
    <div id="sub_box2">
        <p> 段落文本 2</p>
    </div>
</div>
```

由于两个盒子中的h2元素没有设置class和id属性，因此要想单独控制第一个盒子内的二级标题样式，只需要使用包含选择器即可（#box1 h2{}），同理，如果要控制第二个盒子内段落文本样式，也可以使用包含选择器（#box2 p {}），当然，也可以利用包含选择器优化ID选择器，使其拥有更大的优先权。例如，虽然使用ID选择器（#sub_box1）能够控制第一个盒子中的子盒子（<div id="sub_box1">）的样式，但是使用包含选择器可以增加该选择器的样式设计优先权。

（2）子对象选择器

包含选择器中第二个基本选择器没有层次限制，只要基本选择器所指定的对象包含在第一个基本选择器所限制的范围内即可。例如，在下面这个结构中，"#box1 p{}"包含选择器既可以作用于"<p>段落文本1</p>"，也可以作用于"<p>段落文本2</p>"，虽然它们的结构层次不同，但是只要都包含在第一个选择器（<div id="box1">）限定的范围内即可。通俗地说，包含选择器的作用范围是不分结构层次的。

```
<div id="box1">
    <h2> 标题文本 </h2>
    <p> 段落文本 1</p>
    <div id="sub_box1">
        <p> 段落文本 2</p>
    </div>
</div>
```

而对于子对象选择器来说，情况就略有不同了，它仅作用于"<p>段落文本1</p>"，但是不会作用于"<p>段落文本2</p>"，因为第二段文本位于更低的结构层中。

例如，如果把上面实例中的包含选择器更改为子对象选择器（子对象选择器的中间符号为大于符号）：

```
<style type="text/css">
#box1 > h2 {/* 定义id为box1中所有子对象为h2元素的样式 */
    text-decoration:underline;                  /* 定义下划线 */
}
#box2 > p {/* 定义id为box2中所有子对象为p元素的样式 */
    color:#666;                                 /* 定义字体颜色为灰色显示 */
}
#box1 > #sub_box1 {/* 定义id为box1中子对象id名为sub_box1的元素样式 */
    font-size:12px;                             /* 定义字体大小为12像素显示 */
}
</style>
```

修改后进行比较，可以看到子对象选择器的选定范围比包含选择器的选定范围要小，这对于精确控制子对象内的指定对象是一个非常不错的选择。

(3) 相邻选择器

相邻选择器与包含选择器和子对象选择器略有不同，包含选择器和子对象选择器是在指定范围内选定对象，而相邻选择器是在指定范围外选定对象。

例如，在下面这个实例中，我们希望定义每个盒子中第一段文本的样式为下划线显示，此时使用包含选择器和子对象选择器都无法准确进行控制。

```
<div id="box1">
    <h2>标题文本</h2>
    <p>段落文本1</p>
    <p>段落文本2</p>
    <div id="sub_box1">
        <p>段落文本3</p>
    </div>
</div>
<div id="box2">
    <h2>标题文本</h2>
    <p>段落文本1</p>
    <p>段落文本2</p>
    <div id="sub_box2">
        <p>段落文本3</p>
    </div>
</div>
```

而如果使用相邻选择器可以精确地控制每个盒子中第一段文本的样式（相邻选择器以加号来分隔前后基本选择器）：

```
<style type="text/css">
h2 + p {/* 定义h2元素后面相邻的p元素样式 */
    text-decoration:underline;                  /* 定义下划线 */
}
</style>
```

如果进行简单地比较，即可发现相邻选择器所选取对象的范围与子对象选择器所选取的范围存在交叉现象。这样，借助这三个高级选择器的互补作用，可以更灵活、更有效地控制页面元素或对象的显示样式。

在此提示一下，IE 6浏览器及其以下版本浏览器还不支持子对象选择器和相邻选择器。如果选用这些选择器时，应该做好浏览器的兼容处理，因为可能还有一部分用户在继续使用IE 6版本的浏览器。

3．属性选择器

属性选择器是选择器的最高级形态，也是未来选择器发展的总趋势。只有使用属性选择器，设计师才能够真正实现自由控制页面中任意对象或对象范围。

由于IE 6及其以下版本浏览器不支持属性选择器，同时不同版本浏览器对于属性选择器的支持还存在部分分歧，这使本来前途美好的属性选择器面临很多磨难，也导致了很多用户很少了解属性选择器。

属性选择器的形式有很多种，不同形式的属性选择器能够实现特定的匹配模式，这种匹配模式与JavaScript等脚本语言的正则表达式的功能比较相似。实际上，CSS正希望借助属性选择器来逐步模拟正则表达式的匹配模式，从而实现用CSS智能控制页面的显示样式。目前能够被各家浏览器基本认可的属性匹配模式如表6.4所示。

那么什么是匹配模式呢？匹配模式是正则表达式中的一个基本概念，它实际上是一个数学公式，用来模拟一类信息，犹如工厂中的模具，设计好一个匹配模式，就等于制作好一个模具，然后就可以匹配出很多同类的产品。

表6.4 属性匹配模式

子类型	用 法	范 围	适 用	说 明
匹配属性	[a] { }	复数	包含属性a	选定标签中包含指定属性的所有对象
匹配属性值	[a=v] { }	复数	包含属性a的值为v	选定标签中包含指定属性为某个值的所有对象
匹配连字符	[a|=v] { }	复数	包含属性a的部分值为v	v作为属性值的组成部分，各部分使用连字符进行分隔
匹配空白	[a~=v] { }	复数	包含属性a的部分值为v	v作为属性值的组成部分，各部分使用空格进行分隔
匹配前缀	[a^=v] { }	复数	包含属性a的部分值为v	v必须位于属性值开头
匹配后缀	[a$=v] { }	复数	包含属性a的部分值为v	v必须位于属性值末尾
匹配子字符串	[a*=v] { }	复数	包含属性a的部分值为v	v可以显示在属性值的任何位置

为了帮助读者直观、快速地掌握这些匹配模式的使用，下面逐个介绍每一种匹配模式的实例用法，限于篇幅，更灵活的应用将不再展开介绍。

- *匹配属性。*

如果希望为所有包含了src属性的img元素定义一个粗边框，则可以使用如下方法：

```
<style type="text/css">
img[src] {/* 定义匹配 src 属性的样式 */
    border:solid 8px #ddd;                    /* 8 像素宽的浅灰色边框 */
    height:200px;                             /* 固定高度 */
}
</style>
<img alt=" 替换文本 " src="images/1.jpg" title=" 抽象画 " />
```

这里在属性选择器前面增加了img前缀，主要是用来限制所选定的范围，也就是说把选择的范围限制在图像对象之中，只要img元素定义了src属性就可以应用该样式。

- 匹配属性值。

如果希望为页面中提示信息为"抽象画"的所有img元素定义无边框的样式，则可以使用如下样式：

```
img[title="抽象画"] {/* 定义匹配 src 属性值为"抽象画"的样式 */
    border:0;
    height:200px;
}
```

- 匹配连字符。

对于下面这个结构：

```
<div id="header-logo-title">盒子1</div>
```

可以使用连字符来进行匹配。样式如下：

```
[id|="header"] {
    border:solid 1px red;
}
```

这时浏览器就会自动匹配页面中元素的 id 属性值包含 header，且包含值与其他部分值之间通过连字符进行分隔。

- 匹配空白。

对于下面这个结构：

```
<div class="bold blue center">盒子2</div>
```

则可以使用匹配空白来进行匹配：

```
[class~="blue"] {
    border:solid 1px blue;
}
```

- 匹配前缀。

如果希望定义所有地址为绝对路径的图像缩小显示，则可以使用如下样式：

```
img[src^="http://"] {
    height:50px;
}
```

这里通过匹配 src 属性的前缀是否为 http://，然后决定缩小图像显示。

- 匹配后缀。

同理，如果希望为插入的所有 JPG 格式图像定义一个边框，则可以使用如下样式：

```
img[src$="jpg"] {
    border:solid 2px red;
}
```

- 匹配子字符串。

当然，最灵活的应该是匹配子字符串属性选择器了，它是上面介绍的各种匹配模式的综合应用。只要属性值包含指定的字符串值，都可以定义样式，而不再受制于匹配的位置和属性值的格式。

4．选择器分组、嵌套和指定

选择器的灵活应用不仅仅体现在会使用基本选择器和各种高级选择器上，更重要的是能否对选择器进行分组、嵌套和指定标签范围等技巧的灵活操作上。

（1）选择器分组

如果多个样式的声明完全相同，这时就可以使用样式分组来合并多个样式，以提高代码书写速度，降低代码冗余。例如，在下面样式中定义所有标题对象都居中显示，就可以对它们进行分组。

```
<style type="text/css">
h1 { text-align:center;}                    /* 一级标题居中对齐 */
h2 { text-align:center;}                    /* 二级标题居中对齐 */
h3 { text-align:center;}                    /* 三级标题居中对齐 */
h4 { text-align:center;}                    /* 四级标题居中对齐 */
h5 { text-align:center;}                    /* 五级标题居中对齐 */
h6 { text-align:center;}                    /* 六级标题居中对齐 */
</style>
```

通过分组来合并样式：

```
h1, h2, h3, h4, h5, h6 { /* 选择器分组 */
    text-align:center;                      /* 居中对齐 */
}
```

当样式分组时，必须使用逗号来分隔多个选择器。被分组的选择器可以是任何类型的选择器，甚至是复合选择器。例如，在下面这个样式中，分别把包含选择器（#container h1）、子对象选择器（#container > p,）和相邻选择器（h3 + p）分为一组进行定义。

```
#container h1, #container > p, h3 + p { /* 不同类型选择器分组 */
    font-size:14px;                         /* 14 像素字体大小 */
}
```

(2) 选择器嵌套

选择器嵌套是包含选择器应用的进一步延伸。通过多层选择器嵌套可以增加样式的优先级，同时能够精确选定对象。在页面结构复杂且嵌套层级比较深时，选择器嵌套的应用效果会更明显。

例如，在下面这个结构中共包含了六层嵌套的 div 元素。

```
<div id="content"> 一级文本
    <div> 二级文本
        <div> 三级文本
            <div> 四级文本
                <div> 五级文本
                    <div> 六级文本 </div>
                </div>
            </div>
        </div>
    </div>
</div>
```

如果要设置"一级文本"显示为 60 像素，则可以定义如下样式：

```
<style type="text/css">
#content {/* 一级文本样式 */
    font-size:60px;                         /* 字体大小显示为 60 像素 */
}
</style>
```

考虑到 CSS 的继承性，还需要使用包含选择器定义包含对象内的文本为默认大小状态：

```
#content div {/* 恢复包含对象文本大小样式 */
    font-size:inherit;                      /* 继承默认显示字体大小 */
}
```

实际上可以使用选择器多层嵌套来为不同层次的段落文本定义样式。所定义的样式如下，演示效果如图 6.6 所示。另外，嵌套的选择器可以是任意类型的选择器，而不仅仅是标签选择器。

```css
<style type="text/css">
#content {font-size:60px;}                            /* 没有选择器嵌套 */
#content div {font-size:50px;}                        /* 包含选择器 */
#content div div {font-size:40px;}                    /* 两个包含选择器嵌套 */
#content div div div {font-size:30px;}                /* 三个包含选择器嵌套 */
#content div div div div {font-size:20px;}            /* 四个包含选择器嵌套 */
#content div div div div div { font-size:12px;}       /* 五个包含选择器嵌套 */
</style>
```

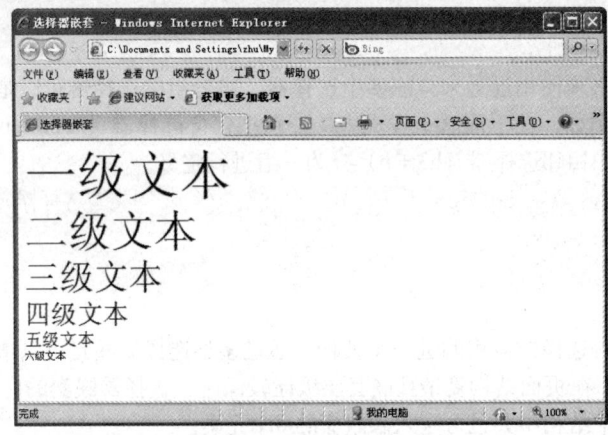

图6.6 选择器多层嵌套应用效果

（3）指定选择器

在属性选择器中已经看到如何为具体的标签指定匹配属性，当然也可以为类选择器、ID 选择器等不同类型的选择器指定范围。例如，在上面的样式中：

```css
#content {/* ID选择器 */
    font-size:60px;
}
```

可以指定选择器的使用范围：

```css
div#content {/* 指定ID选择器 */
    font-size:60px;
}
```

所指定的标签名称作为前缀补加在选择器名称的前面，这样能够缩小选择器的应用范围。例如，定义一个红色字体类red：

```css
.red {/* 类样式 */
    color:red;                                        /* 红色字体 */
}
```

然后在类选择器前面指定一个标签名（span），这样就把这个类样式限制在span元素内使用，而在其他元素中应用该样式是无效的。

```css
span.red {/* 类样式 */
    color:red;                                        /* 红色字体 */
}
```

(4) 通用选择器

通用选择器是一类特殊类型的选择器，它可以定义所有网页元素的显示样式。由于该类型选择器比较特殊，一般使用一个星号来表示选择器的名称。例如：

```
* {/* 通用选择器 */
    font-size:20px;                              /* 20 像素的字体大小 */
}
```

由于通用选择器将会影响到页面中所有元素和对象，所以它是一把双刃剑，使用不好会对页面产生消极影响，一般情况下不建议使用。当然，如果要统一页面内所有元素的样式，可以尝试使用，例如，清除页面中所有元素的边距。

```
* {/* 通用选择器 */
    margin:0;                                    /* 清除边距 */
    padding:0;                                   /* 清除补白 */
}
```

实训2　灵活使用CSS的层叠和继承

遗传和变异是生命体的两大基本特征，CSS似乎生来就拥有这样的细胞特质。实际上，当CSS产生之前，网页样式的继承和层叠问题就引起很多工程师的关注，他们认为继承是网页样式的基础，而层叠则是样式的特色。通过CSS名称（层叠样式表）也可以联想到当初哈坤利在研究CSS时就是把层叠应用作为CSS的基本特性来进行开发的。

1. CSS 的层叠性

什么是层叠性呢？在CSS还没有发明之前，网页样式可以包含作者（设计师）设计的样式和读者（浏览者）设置的样式，这时不可避免地会出现样式重复现象。例如，作者设计的网页字体大小为12像素，而读者可以在浏览器中设置页面字体显示大小为16像素，这时网页字体该如何显示呢？为此，浏览器厂家在浏览器中设计了一套样式发生重复时的执行规则：允许读者设置的样式覆盖作者设计的样式，从而实现样式的层叠。

在CSS开发之初就考虑到这个问题，并设计了一套规则来解决样式发生层叠时该如何解决。根据CSS的层叠规则：作者设计的样式能够覆盖浏览器默认设置的样式，而读者在浏览器中设置的样式可以覆盖作者设计的样式。同时，CSS还根据样式的远近关系来决定层叠样式的优先级：在同等条件下，距离应用对象的距离越近就拥有越大的优先权，因此行内样式总会大于内部样式和外部样式。

例如，在下面这个实例中，由于行内样式（style="color:red;"）距离段落文本最近，则该文本最终显示为红色。

```
<!DOCTYPE html PUBLIC "-//W3C//DTD XHTML 1.0 Transitional//EN" "http://www.w3.org/TR/xhtml1/DTD/xhtml1-transitional.dtd">
<html xmlns="http://www.w3.org/1999/xhtml">
<head>
<meta http-equiv="Content-Type" content="text/html; charset=gb2312" />
<title>CSS 样式的层叠性 </title>
<style type="text/css">
p {color:blue;}
</style>
<link href="images/6-19.css" rel="stylesheet" type="text/css"
```

```
media="all" />
    </head><body>
    <p style="color:red;"> 段落文本 </p>
    </body></html>
```

如果清除行内样式,则在上面实例中,由于 <link> 标签在 <style> 标签的前面,距离段落文本相对近些,因此文本最后显示为外部样式表(6-19.css)中定义的绿色。相反,如果把 <link> 标签和 <style> 标签调换一下位置:

```
<link href="images/6-19.css" rel="stylesheet" type="text/css" media="all" />
<style type="text/css">
p {color:blue;}
</style>
```

此时 <style> 标签要比 <link> 标签靠近文本,因此文本最终显示为蓝色。

另外,读者可能还会遇到这种情况,就是多个不同类型选择器同时为一个对象定义样式,那么该如何决定显示哪个样式中的效果呢?

例如,在下面这个实例中,所有样式都同时作用于标题文本,那么最终要显示哪个样式的效果呢?

```
<style type="text/css">
h1 {font-size:12px;}
.font14px {font-size:16px;}
#header {font-size:20px;}
.font24px h1 {font-size:24px;}
#box h1 {font-size:28px;}
div h1 {font-size:32px;}
div #header {font-size:36px;}
</style>
<div id="box" class="font24px">
    <h1 id="header" class="font14px">标题</h1>
</div>
```

如果仅凭直觉来决定,是无法判断标题文本最终显示的效果的,为此CSS提供了一种简易的计算方法。首先,CSS规定不同类型选择器(简单型)的基本分值。

- 标签选择器 = 1分。
- 伪元素或伪对象选择器 = 1分。
- 类选择器 = 10分。
- 属性选择器 = 10分。
- ID选择器 = 100分。
- 通用选择器 = 0分。

而对于复合型选择器(即由多个选择器组合而成),则分别计算每个组成选择器的分值,最后相加得到当前选择器的总分值,由此判断选择器的分值大小,分值越大优先级就越大。如果分值相同,则根据位置关系来进行判断,靠近对象的样式就拥有较大的优先级。

根据上面的计算规则,我们来计算上面实例中各个样式的积分:

```
h1 {font-size:12px;}                    /* 积分 = 1 */
.font14px {font-size:16px;}             /* 积分 = 10 */
```

```
#header {font-size:20px;}              /* 积分 = 100 */
.font24px h1 {font-size:24px;}         /* 积分 = 10 + 1 = 11 */
#box h1 {font-size:28px;}              /* 积分 = 100 + 1 = 101 */
div h1 {font-size:32px;}               /* 积分 = 1 + 1 = 2 */
div #header {font-size:36px;}          /* 积分 = 1 + 100 = 101 */
```

那么通过这种方式，可以一目了然地知道每个样式的优先级别，最后再根据就近原则，则标题文本显示大小为36像素。

请注意，在积分相同的情况下，由于浏览器的解析差异，IE浏览器显示标题字体大小为28像素，这是IE浏览器存在的一个缺陷。如果要解决此问题，只需要增加某个样式的积分，防止选择器积分出现相同的情况。

当然，如果读者需要调整样式的优先级，还可以使用"!important"命令，它表示最大优先级，凡是标注了"!important"命令的声明都拥有最大级别。例如，在下面实例中演示了如何使用"!important"命令。注意，必须把"!important"命令设置在声明语句与分号之间，否则无效。

```
<style type="text/css">
h1 {
    font-size:12px!important ;
}
#header {
    font-size:40px;
}
</style>
<h1 id="header" class="font14px">标题</h1>
```

但是如果把这两个声明放置在一个样式中时，IE 6 及其以下版本浏览器无法正确解析"!important"命令，从而忽略了"!important"命令。例如：

```
<style type="text/css">
h1 {
    font-size:12px!important ;
    font-size:40px;
}
</style>
<h1 id="header" class="font14px">标题</h1>
```

在上面这个实例中，我们可以看到 IE 6 及其以下版本浏览器解析的标题文本大小为 40 像素，而在 IE 7 或者其他浏览器中显示为 12 像素。正因为如此，很多初学者很喜欢使用该方法来定义 Hack（浏览器的缺陷补丁代码），以此解决 IE 6 及其以下版本浏览器存在的缺陷问题。

2. CSS 的继承性

所谓继承性，就是指被包含的元素将拥有外层元素的样式效果。从本质上分析，继承是一种机制，它允许样式不仅可以应用于某个特定的元素，还可以应用于它所包含的后代。继承性最典型的应用是在网页默认样式的预设上。CSS 的继承性给设计师提供了更理想的发挥空间，但样式继承性也有很多规则，应用的时候容易让人迷惑。

例如，在 body 元素中定义字体大小为 12 像素，则不管网页结构如何复杂，所有元素的字体在默认状态下都将显示为 12 像素。以下就是根据 CSS 的继承机制来实现的。

```
body {
    font-size:12px;
```

}

在CSS中,继承是一种自然行为,有时候甚至不需要考虑是否能这样去做,但是继承也有其局限性,为此读者应该注意以下两个问题。

第一,并不是所有的属性都可以继承。一般来说,字体属性和段落属性大部分可以继承,但是对于元素的布局属性、盒模型属性等都不能够继承。原因也很简单,假设为body元素定义了一个边距,如果其他元素都能够继承该属性,那么整个页面布局就会变得混乱不堪。

第二,在部分浏览器中,部分元素的继承性不是很好(如IE 6及其以下版本浏览器)。例如,如果在body元素中定义字体大小为12像素,但是table元素未必能够正确继承该属性值。为此,更安全的设置方法就是同时为body、table和td元素设置基本字体属性。

```
body, table, td {
    font-size:12px;
}
```

最后提示读者:任何继承的样式其积分值都为0。通俗地说,如果一个元素定义了样式,则它将自动忽略继承来的值。CSS不管继承元素和被继承元素的优先级有多大,此时都会自动忽略。也就是说,继承样式仅是一个参考样式,在元素没有被定义新的样式的基础上有效。

例如,在下面这个实例中,不管第二个样式的优先级有多高,对于p元素来说,由于它仅是继承来的样式,所以段落文本最终显示为24像素大小。

```
<style type="text/css">
p {                          /* 积分 = 1 */
    font-size:24px;}
#box {                       /* 积分 = 100 + 无穷大 */
    font-size:12px!important;}
</style>
<div id="box">
    <p> 段落文本 </p>
</div>
```

第7章

设计网页文本和段落样式

文本是信息传递的主要载体，网页也不例外。很多设计师曾试图使用纯图像、动画或视频等多媒体信息来表情达意，这种尝试本无可厚非，而且这种设计风格的多媒体页面依然存在一定的市场，但是大部分网站仍然坚守文本信息的传播途径。仔细想想，这大概是因为文本所传递的信息是最准确的，也是最丰富的。不少以娱乐为目的的网站，把页面设计得花花绿绿，除了给人视觉上的刺激以外，好像信息的容量也就所剩无几，难怪一些真正传播信息、追求技术交互的网站，更多的是关注信息本身。

在传统桌面排版中，对于字体设计的要求是极高的，这不仅仅体现在字体的艺术设计方面，更多的是重视字体的技术处理。网页排版源于桌面印刷，但是技术要求就没有那么严格了。本章将从字体的技术处理以及文本的格式化排版两个方面来讲解网页字体的设计问题。

由于字体设计的难度不大，且知识点相互关联性不是很强，很多初学者正是在用CSS设计字体的过程中逐步喜欢上了CSS，并最终精通CSS。当然，要使用CSS来设计一个精美的页面，还需要读者不断地去实践并积累经验。

7.1　字体样式

提及字体，相信你不会陌生，从学习汉字开始就一直与其打交道。汉字讲究字体的造型，因而有各种字体，普通网页设计中如何设置字体类型、大小、颜色和样式等，都是网页设计师必做的功课，因此本节的内容也将围绕这些展开讲解。

实训1　设计字体类型

如果没有CSS，相信HTML中的font是最热门的元素。只要使用网页编辑器设置或修改字体属性，系统都会自动增加一个<font>标签。在网页源代码中放眼望去，到处都是<font>标签，密密麻麻、蔚为壮观，如同进入蚂蚁王国。如今这种景观一去不复返了，CSS终结了<font>标签的命运。

CSS提供了两个属性来设置字体类型：font-family和font。其中font是一个复合属性，所谓复合属性，就是该属性能够设置多个属性值，相当于合并了多个属性设置，属性值之间以空格分隔。font属性至少应设置字体大小和字体类型，且必须放在后面，否则无效。前面可以自由定义字体样式、字体粗细、大小写和行高。

例如，下面是一个简单的字体类型的设置实例。

```
body {/* 页面基本属性 */
    font-family:Arial, Helvetica, sans-serif;/* 字体类型 */
}
p {/* 段落样式 */
    font:24px "隶书";                     /* 24像素大小的隶书字体 */
}
```

对于中文网站来说，字体设置不太引人注目，也不用太费脑子。习惯上，中文网页字体都以宋体来显示，对于标题或提示语句，如果需要特殊字体，则直接借助图像来间接实现。

分析其中原因：中文字体类型比较少，通用字体类型就更少了，字体的表现力比较弱，即使存在各种艺术字体，但是苦于艺术字体的应用范围窄，因而很少被设计师用作网页字体使用。

对于英文（或其他拉丁文字符）网站来说，由于其字体类型丰富，通用字体的选择余地大、艺术表现力强，所以如果浏览外文网站，就会发现页面选用的字体类型都非常多。设计师对于页面用字都很讲究，一般标题都使用无衬线字体、艺术字体或手写体等，而对于网页正文则多使用衬线字体等。

设置字体类型时，还需要注意两个问题。

第一，在font-family和font属性中，可以以列表的形式设置字体类型。例如，在上面代码中就为font-family属性设置了三种字体类型，字体列表以逗号进行分隔，浏览器会根据这个字体列表来检索用户系统中的字库，按从左到右的顺序进行选用。如果系统中没有找到列表中对应的字体，则选用浏览器默认字体进行显示。

如果字体名称中间有空格符，为了避免浏览器在解析时发生歧义，建议读者用引号括起字体名称。例如：

```
p {
    font-family:"Times New Roman", Times, serif
}
```

第二，对于英文字体（或其他西文字体）来说，CSS提供了五类通用字体。所谓通用字体就是一个备用机制，用在最坏的情况下，即指定的所有字体都不可用时，能够在用户系统中找到一个类似字体进行替代显示。这五类通用字体说明如下。

- serif：衬线字体，衬线字体通常是变宽的，字体较明显地显示出粗与细的笔划，在字体头部和尾部会显示附带一些装饰细线。
- sans-serif：无衬线字体，没有突变、交叉笔划或其他修饰线，无衬线字体通常是变宽的，字体粗细笔划的变化不明显。
- cursive：草体，表现为斜字型、或其他草体的特征。看起来像是用手写笔或刷子书写的，而不是印刷出来的。
- fantasy：奇异字体，主要是装饰性的，但保持了字符的呈现效果，换句话说就是艺术字，用画写字，或者说字体像画。
- monospace：等宽字体，唯一标准就是所有的字型宽度都是一样的。

不需要记住这五类通用字体，更不需要记住每类通用字体都包含有哪些实际字体，只要明白：常用网页字体分为衬线字体、无衬线字体和等宽字体三种。在Dreamweaver中设置字体时，系统会自动进行提示，只需要进行简单选择即可，如图7.1所示。通用字体对于中文字体无效。三种通用字体类型的比较效果如图7.2所示。

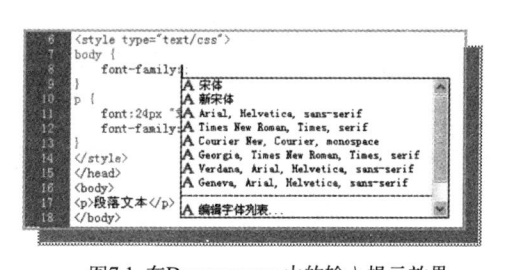

图7.1 在Dreamweaver中的输入提示效果　　　　图7.2 三种通用字体比较效果

网页必须依赖浏览者的本地系统字库才能够正确显示指定类型的字体，这对于灵活设计网页字体类型带来了很大的限制性。由于这个限制，设计师选用字体类型的积极性一般都比较低落，习惯使用那些在各种环境都普遍存在的字体，当然对于中文字体来说就更少了（仅有宋体等几种）。所以就会在互联网上看到很多网站基本上不定义网页字体，似乎忽略了网页字体的存在，因为很多浏览器默认字体就是宋体。但是这种有意忽略也带来很大的风险，例如，如果一个没有定义字体的页面在FF（Firefox）中显示时，浏览器会选用英文字体来解析，所以页面文字看起来很怪异，也很不舒服。不过CSS提供了@font-face命令，该命令能够帮助你在互联网上指定字体类型的源文件地址，这样，即使用户的本地系统中没有某种字体，也不会影响页面显示，因为@font-face命令能够根据指定的URL下载对应的TrueType或OpenType字体。例如：

```
@font-face{font-family:dreamy;font-weight:bold;src:url(http://www.w3c.com/font.eot); }
```

目前能够支持该命令的浏览器包括Safari和Firefox 3.1。IE浏览器不支持，Opera浏览器计划在未来的版本中支持该定义，所以这在一定程度上限制了@font-face命令的使用。

另外，由于版权和带宽问题，估计这个美好的愿望在短期内还无法普及使用。因为有的字体占用几兆的空间，如果在一个几十兆的页面中为了几个特殊字体而下载几兆的字体，既浪费带宽，也会考验用户的耐心。

实训2 设计字体大小

设计网页肯定会反复设置字体大小，例如，设置标题大小、正文字体大小、提示信息大小、列表信息大小、表格数据大小和版权信息大小等，基本上很难看到所有字体都是相同的页面。设置字体大小可以使用font-size和font属性来实现。例如：

```
body {font-size:12px;}                          /* 以像素为单位设置字体大小 */
p {font-size:0.75em;}                           /* 以父辈字体大小为参考设置字体大小 */
div {font:9pt Arial, Helvetica, sans-serif;}    /* 以点为单位设置字体大小 */
```

设置字体大小比较容易，但是选择字体大小的单位一直是个颇具争议的话题。可能你认为一般不都使用像素吗？但是，以像素为单位的字体越来越受到圈内高手的责备，个中原由会在下面的段落中进行分析。不过网页设计中常用字体单位主要是像素（px）和百分比（%或em）。

CSS为设置字体大小提供了很多单位，简单说就是两大类：绝对单位和相对单位。

绝对单位所定义的字体大小一般都比较固定，大小显示效果不会受外界因素影响。因此，绝对单位在传统桌面印刷中使用比较广泛，但是在网页中很少使用，例如，cm（centimeter，厘米）、mm（millimeter，毫米）、pt（point，印刷的点数）、pc（pica，1pc=12pt）等。此外，CSS还提供了七个绝对单位的关键字：xx-small、x-small、small、medium、large、x-large、xx-large，这些关键字将根据一定的缩放系数来决定字体的显示大小。例如，CSS 2版本规定缩放系数为1.2，如果medium字体为12pt，则large字体为14.4pt。不同的媒介可能有不同的缩放系数。另外，不同的字体对于缩放效果也会有一定的影响。

相对单位所定义的字体大小一般是不固定的，会根据一定的外界因素而不断发生变化。

- px（pixel，像素），根据屏幕像素点的尺寸变化而变化。因此，不同分辨率的屏幕所显示的像素字体大小也是不同的，屏幕分辨率越大，相同像素字体就显得越小。
- em，相对于父辈字体的大小来定义字体大小。例如，如果父元素字体大小为12像素，而子元素的字体大小为2em，则实际大小应该为24像素。
- ex，相对于父辈字体的x高度来定义字体大小，因此，ex单位大小既取决于字体的大小，也取决于字体类型。在固定大小的情况下，实际的x高度将随字体类型的不同而不同。
- %，以百分比的形式定义字体大小，它与em效果相同，相对于父辈字体的大小来定义字体大小。

对于em、ex和%单位来说，如果父辈字体大小不固定，则将按顺序向上寻找参考字体大小，如果所有上级元素都没有定义字体大小，则以浏览器的默认字体大小（16像素）为参考进行换算。

另外，CSS为相对单位也提供了两个关键字：larger和smaller。这两个关键字将以父元素的字体大小为参考进行换算。如果父元素的字体大小为medium，则larger值将等于当前元素的字体大小large。

最后讨论一下网页中该选用哪种单位来设置字体大小比较合适。网页中常用字体大小单位包括了像素和百分比。使用像素字体，对于相同分辨率的屏幕来说，实际上它的大小永远都是固定的，所以很多人错误地认为像素是绝对单位。

- 对于网页宽度固定或者栏目宽度固定的页面，使用像素是正确的。
- 对于页面宽度不固定或者栏目宽度也不固定的页面，此时使用百分比或em是一个正确选择。

从用户易用性角度考虑，不少有识之士呼吁字体大小应该以em（或%）为单位进行设置，这个呼吁是比较有远见的。一方面有利于客户端浏览器调整字体大小，当然也是为了适应IE 6及其以下版本浏览器，因为这些浏览器不能够放大或缩小网页，要放大字体显示，则必须保证页面字体以em为单位，否则IE 6是无法调整字体大小的。另一方面，通过设置字体大小的单位为em或%，这样使字体能够适应版面宽度的变化。例如，假设页面正文字体大小为12像素，使用em来设置，则代码如下：

```
body {/* 网页字体大小 */
    font-size:0.75em;                    /* 约等于12像素 */
}
```

计算的方法是：浏览器默认字体大小为 16 像素，用 16 像素乘以 0.75 即可得到 12 像素。同样的道理，预设 14 像素，则应该是 0.875em，预设 10 像素，则应该是 0.625em。

当然，em 或 % 也是一把双刃剑，在简单的结构中使用它们没有什么不良后果，但是如果在一个复杂的结构中反复定义 em 或 % 字体大小，可能就会出现字体大小显示混乱的状况。例如，在下面这个实例中，分别定义 body、div 和 p 元素的字体大小为 0.75em，但是由于 em 单位是以上级字体大小为参考进行显示的，所以如果在浏览器中预览（如图 7.3 所示），就会很惊奇地发现整个文本犹如蚊蚁，根本看不清楚。原因就是 body 字体大小为 12 像素，而 <div id="content"> 内字体大小只为 9 像素，<div id="sub"> 内字体只为 7 像素，而段落文本的字体大小只为 5 像素了。所以，在使用 em 为单位设置字体大小时，一般不要嵌套两层（不是说结构不能够嵌套两层，而是字体设置不要超过两层）。

```
<style type="text/css">
body, div, p {
    font-size:0.75em;
}
</style>
<div id="content">框架
    <div id="sub">子框架
        <p>段落文本</p>
    </div>
</div>
```

图7.3 以em为单位所带来的隐患

实训3　设计字体颜色

字体颜色由 color 属性负责。设置 color 属性的难点是如何灵活使用颜色值，设计师习惯上都很喜欢使用十六进制颜色表示法来定义颜色值。颜色值的各种常用方法如下：

```
body { color:gray;}                      /* 使用颜色名 */
p { color:#666666;}                      /* 使用十六进制 */
div { color:rgb(120,120,120);}           /* 使用RGB */
span { color:rgb(50%,50%,50%);}          /* 使用RGB */
```

CSS定义了很多颜色名，实际上系统自身也保留了很多颜色名，例如，black（黑色）、white

（白色）、gray（灰色）、red（红色）、blue（蓝色）、green（绿色）和yellow（黄色）等。如果感兴趣，建议读者记住几个常用的颜色名，使用时能很方便地输入，同时也能快速读懂他人设置的颜色名。

以十六进制表示的RGB颜色值的格式为：#＋3个/6个十六进制字符。

三位RGB表示通过重复数字（而不是加零）转化到六位的RGB表示，例如，#fb0扩展为#ffbb00，这样保证了白色（#ffffff）可以简化为#fff。

以函数表示的RGB颜色值的格式为rgb()，其中包含三个数值（可以是三个整数或三个百分比值），值之间使用逗号进行分隔。整数值255代表100%，相当于十六进制表示的F或FF。例如：

rgb(255,255,255) = rgb(100%,100%,100%) =#FFF

颜色值中的数值周围可以保留空白字符，不会影响颜色值的有效性。

实训4　设计字体粗细

常说的字体加粗显示，实际上就是设置字体粗细，在CSS中称其为定义字体的重量，对于普通人来说这可能很费解：字体难道可以称重量？不过，传统设计中常使用<strong>或<b>标签来定义字体以粗体显示。在CSS中，这个任务由font-weight属性专门负责。例如：

```
.bold {/* 粗体样式类 */
    font-weight:bold;                          /* 加粗显示 */
}
```

使用font-weight属性有一个技术难点：那就是如何设置字体重量问题。对于中文用户来说，我们一般仅用到bold（加粗）、normal（普通）和inherit（继承）三个属性值即可。但是对于西文字体来说，还可以设置更详细的粗细程度（专业称之为字体重量）。CSS把字体重量分为九个等级：100、200、300、400、500、600、700、800、900，这些值构成了一个有序系列，每一个值表示一个重量，数值越大，字体的重量就越重，字体就显得越粗。一般来说，普通字体的重量是400（normal），而普通加粗字体的重量为700（bold）。

另外，CSS还提供了两个字体重量的关键字：bolder和lighter。

其中，bolder关键字指定比继承的重量较重的字体的下一个重量并分配给字体，而lighter指定比继承的重量较轻的字体的下一个重量并分配给字体。这话比较费解，下面举一个例子来解释：如果继承的字体重量为400，则bolder等于500，而lighter等于300，例如，

```
p { font-weight: normal }                      /* 等于400 */
h1 { font-weight: 700 }                        /* 等于bold */
div{ font-weight: bolder }                     /* 可能为500 */
```

对于中文字体来说，如果字体重量为700~900，则显示为粗体（bold），否则设置其他值则字体显示为正常，这主要是因为中文字体很少被细分到如此程度。

实训5　设计斜体

斜体在西文网站中使用比较多，如果要强调或表达引用语义的信息，或者是代码、地址等特殊信息都会以斜体来显示，难怪HTML在最初开发的i、cite、em、var和address元素都是以斜体作为默认样式，但是在中文网站中很少使用斜体。

CSS把斜体样式的重任赋予了font-style属性。例如，下面样式定义了一个斜体样式类。

```
.italic {/* 斜体样式类 */
    font-style:italic;                         /* 斜体 */
}
```

把斜体样式类应用到段落文本中：

```
<p><span class="italic">dfn</span> 元素表示术语的定义。</p>
```

提及 font-style 属性总会让人想到斜体效果，实际上 font-style 属性并非仅有一个斜体效果（italic），它还有一个侧体效果（oblique），不过一般人很少使用它。那么什么是侧体呢？在 W3C 的官方说明中是这样说的：如果字体名中带有 Oblique、Slanted 或 Incline 的字体在字体数据库中通常标记为 oblique（直译为倾斜的）。在用户端数据库中标记为 oblique 的字体实际上是将正常显示的字体向左右侧偏而得到。通俗地说，就是把正常字体侧偏一下，相当于在图像编辑器中把字体轻轻旋转一点，所以说它与斜体在效果上略有一点区别，不过很少有人去注意这些细微差别。

实训6 设计下划线

在最早接触的网页中，所有超链接在默认状态下都显示为蓝色下划线。现在很多设计师以审美需求的多样化抛弃了超链接中的下划线样式，一旦要定义超链接样式，首先会清除默认的下划线。其实这种做法有几分不妥，作为超链接的默认样式，蓝色下划线可以算作经典，甚至可以说是超链接的一个"商标"，全球设计师都如此推崇，因此，在科学上和艺术上都有其存在的合理性和实用价值。如果随意翻阅大站页面设计，很多网站还是部分保留了超链接的下划线样式。

下划线的存在是因为它醒目，网页设计的最终目的不是易用吗，所以方便读者阅读是设计的终极目标，而不是把超链接隐藏在"繁花嫩叶"之间，让人去找链接，笔者个人认为这些唯美方法都是一种很失败的设计。

当然，下划线不是超链接样式的专利，CSS 定义了 text-decoration 属性，该属性不仅能够定义下划线，还可以定义删除线、上划线等多种文本修饰性样式。例如：

```
<style type="text/css">
.underline {text-decoration:underline;}        /* 下划线样式类 */
.overline {text-decoration:overline;}          /* 上划线样式类 */
.line-through {text-decoration:line-through;}  /* 删除线样式类 */
</style>
<p class="underline"> 设置下划线 </p>
<p class="overline"> 设置上划线 </p>
<p class="line-through"> 设置删除线 </p>
```

这里还有一个有趣的现象：如果把上面定义的几个修饰线取值都定义到一个声明中时，则文本会同时显示多个修饰线效果。例如，下面这个样式中，把上划线、下划线和删除线都定义到声明中（多值之间要用空格分隔），应用样式则显示为如图7.4所示的效果，而在其他属性中是绝对不允许的，因为它违反了CSS的基本特性——层叠性。

图7.4 多种下划线的应用效果

```
<style type="text/css">
.line {
    text-decoration:line-through overline  underline;
}
</style>
```

```html
<p class="line">设置多重修饰线</p>
```

当然，text-decoration属性还包括闪烁效果（取值为blink），但是IE浏览器不支持它，加上该效果没有很大的实用价值，所以也就虚设一场了。

W3C把text-decoration属性归为文本类，我们从其名字也略知一二，按道理，文本修饰线应该作用于文本，而不是字体的特性，但是根据中国人的使用习惯，仍然认为它该属于字体的一个基本特性，所以把它放在这儿讲解。

实训7　设计大小写

在学习JavaScript语言时，你会发现大小写不同，所代表的含义也是不同的，实际上CSS对于大小写也是很在意的，不过没有JavaScript那么敏感。例如，如果在HTML文档结构中命名id属性值为小写，在CSS样式表中定义ID选择器时使用了大写，则这种设计样式是无效的。

关于英文字母大小的问题，CSS提供了两个属性：font-variant和text-transform。

font-variant属性能够定义小型的大写字母，通俗地说就是大写形式，不过在字型上与大写体略有区别。正如它的解释所言，比大写字母要稍微小点，即尺寸较小且比例略有不同。例如：

```html
<style type="text/css">
.small-caps {/* 小型大写字母样式类 */
    font-variant:small-caps;
}
</style>
<p class="small-caps">font-variant</p>
```

有一点还需要提示读者：如果设置了小型大写字体，但是该字体没有找到原始的小型大写字体，则浏览器会模拟一个。例如，可以通过使用一个常规字体，并将其小写字母替换为缩小过的大写字母。作为最后的措施，常规字体中未缩小的大写字母替换小型大写字体中的字型，因此文本全部以大写字母出现。

text-transform被W3C归为文本类属性，实际上它主要定义单词的大小写样式，取值包括：none（无）、capitalize（首字母大写）、uppercase（大写）、lowercase（小写），这是一个比较常用的属性。下面看一个实例：

```html
<style type="text/css">
.capitalize {/* 首字母大小写样式类 */
    text-transform:capitalize;
}
.uppercase {/* 大写样式类 */
    text-transform:uppercase;
}
.lowercase {/* 小写样式类 */
    text-transform:lowercase;
}
</style>
<p class="capitalize">text-transform:capitalize;</p>
<p class="uppercase">text-transform:uppercase;</p>
<p class="lowercase">text-transform:lowercase;</p>
```

请注意，IE与FF（Firefox）对于首字母大写的解析效果是不同的。IE认为只要是单词就把首字母转换为大写，如图7.5所示。而FF认为只有单词通过空格间隔之后，才能够成为独立意义上的单词，所以几个单词连在一起时就算作一个词，如图7.6所示。

图7.5 IE中解析的大小写效果　　　　　　图7.6 FF中解析的大小写效果

7.2 段落格式

CSS坚持认为字体和文本是两个不同的概念，字体关注文字本身的型体，而文本关注的是多个文字的（或称为文字集合）表现。所以CSS在命名属性时，特意使用了font前缀和text前缀来区分两类不同性质的属性。不过笔者个人认为文本样式实际上应该等同于段落格式，当然辨析这些纯理论方面的知识也没有实际意义，下面就来探析段落格式的一般设置方法。

实训1　设计水平对齐

在传统布局中，设计师喜欢使用align属性来定义对象水平对齐。在标准设计中，过渡型文档类型还继续支持该属性，不过已不建议使用，当然在严格型文档中已经被禁止了（除了个别元素外，如table等）。如今CSS提供了text-align属性代替了HTML标签中的align属性的角色。

text-align属性仅负责行内元素的对齐处理，而行内信息又以文本为核心，也就不难理解W3C使用text前缀命名该属性了。

下面来看一个简单的实例，在这个实例中，分别使用传统方式和标准方式设计文本居中的效果。如果简单地比较，就会觉得传统方式会更简单点，不过在网站中规模使用时，使用CSS定义会更经济。

```
<style type="text/css">
.center {/* 居中对齐样式类 */
    text-align:center;
}
</style>
<p align="center">段落文本</p>           <!-- 传统居中对齐方式 -->
<p class="center">段落文本</p>           <!-- 标准居中对齐方式 -->
```

当然，text-align属性只负责行内元素和文本的水平对齐问题，而对于块状元素的水平对齐还需要使用margin属性。W3C规定：当块状元素左右边界都设置为自动时，块状元素将居中显示。例如：

```
<style type="text/css">
#box {/* 块状元素居中对齐 */
    margin-left:auto;                    /* 左侧边界为自动 */
```

```
        margin-right:auto;                    /* 右侧边界为自动 */
        width:300px;                          /* 定义盒子的宽度 */
        height:50px;                          /* 定义盒子的高度 */
        background:red;                       /* 红色背景色 */
    }
</style>
<div id="box"></div>
```

在这个实例中，为了能够让读者观察到块状元素居中显示的效果，我们定义盒子固定宽度和高度，并以红色背景显示，如图7.7所示。因为在默认状态下块状元素的宽度为100%，高度为0（不过IE浏览器认为块状元素的默认高度应该等于行高，即使所包含的内容是空的）。

请注意，使用这种方法会存在兼容性问题，因为IE 6以下版本浏览器不支持这种块状元素居中对齐的方式，如图7.8所示。不过IE浏览器认为不管是什么对象（行内对象，还是块状元素），使用text-align属性都可以使其水平对齐。

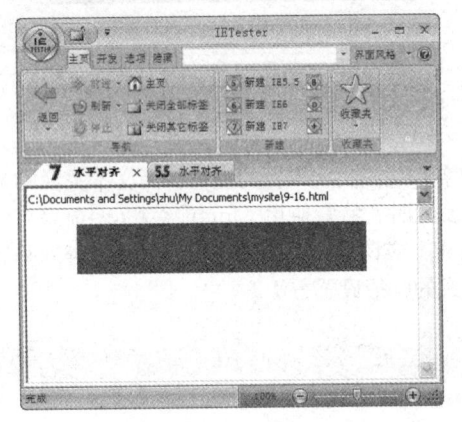

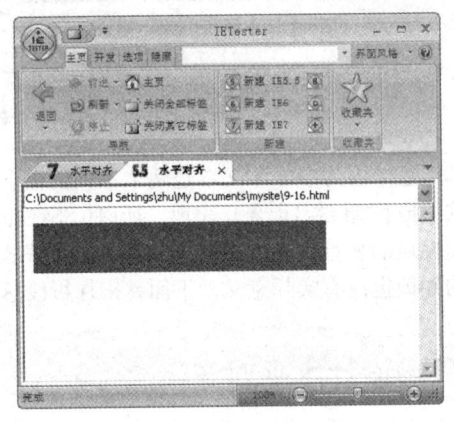

图7.7 IE 7中的解析效果　　　　　　　　图7.8 IE 5.5中的解析效果

因此，为了兼容IE浏览器，设计师习惯用法就是双管齐下，同时采用text-align对齐法和margin对齐法。例如，针对上面实例，使用如下的兼容样式表。

```
<style type="text/css">
body {/* 页面居中显示 */
        text-align:center;                    /* 居中显示 */
}
#box {/* 块状元素居中对齐 */
        margin-left:auto;                     /* 左侧边界为自动 */
        margin-right:auto;                    /* 右侧边界为自动 */
        text-align:left;                      /* 恢复文本左对齐默认样式 */
        width:300px;                          /* 定义盒子的宽度 */
        height:50px;                          /* 定义盒子的高度 */
        background:red;                       /* 红色背景色 */
}
</style>
```

使用这个兼容不同浏览器的水平对齐技巧时，请读者注意两个问题。

第一，必须定义布局包含框为居中对齐，其目的就是为了兼容IE早期版本浏览器。在上面实例中，body元素就是div元素的布局包含框。所谓布局包含框就是包含子元素的块状元素，通俗地说

就是父级块状元素。对于下面这样的包含结构就不能够算是布局包含框了:

```
<span>
    <div></div>
</span>
```

因为span元素默认为行内元素,它不具有布局特性,不过它也算作包含框,只不过是行内包含容器。

第二,在对齐块状元素中使用text-align属性把居中对齐的文本再恢复到默认的左对齐状态。因为在父级元素中定义了居中对齐方式,根据CSS继承性,其包含的文本也会自动居中,为了避免此举破坏文本显示效果,需要再打一个补丁。

实训2　设计垂直对齐

垂直对齐要比水平对齐麻烦得多,相信很多初学者会有同感。即使是一些高手,面对垂直对齐的问题时,也会心烦。因为目前浏览器对于这个问题的支持不是很完善,特别是IE浏览器更是让人大跌眼镜。

在传统布局中,一般元素都没有垂直对齐的属性,只有表格拥有该专利。现在回忆一下,使用表格居中对齐是多么简单的事情。如下所示,使用td元素的valign属性定义垂直居中显示。

```
<table border="1">
    <tr>
        <td valign="middle">垂直对齐</td>
    </tr>
</table>
```

CSS定义了vertical-align属性来解决垂直对齐问题。例如,下面这个实例就定义了一个上标样式类,然后把该样式类应用到文本行中,来设置个别文本以上标样式显示,如图7.9所示。

图7.9　文本上标样式效果

```
<style type="text/css">
.super {
    vertical-align:super;
}
</style>
<p>vertical-align 表示垂直<span class=" super">对齐</span>属性</p>
```

不过vertical-align属性对于块状元素不起作用，只有当包含框显示为单元格时才有效。例如，在下面这个实例中定义了两个盒子，外面盒子被定义为单元格显示，且定义为垂直居中，显示效果如图7.10所示。但是IE 7及其以下版本浏览器不支持这种方法，如图7.11所示，所以使用这种方法还存在很大的局限性。

```css
<style type="text/css">
#box {/* 布局包含框 */
    display:table-cell;                         /* 单元格显示 */
    vertical-align:middle;                      /* 垂直居中 */
    width:300px;                                /* 固定宽度 */
    height:200px;                               /* 固定高度 */
    border:solid 1px red;                       /* 红色边框线 */
}
#sub_box {/* 子包含框 */
    width:100px;                                /* 固定宽度 */
    height:50px;                                /* 固定高度 */
    background:blue;                            /* 蓝色背景 */
}
</style>
<div id="box">
    <div id="sub_box"></div>
</div>
```

图7.10 IE 8中的解析效果　　　　　　　图7.11 IE 7中的解析效果

IE支持在表格中定义垂直居中，例如，针对上面实例的结构，把它修改为下面形式即可：

```html
<table>
    <tr>
        <td id="box"><div id="sub_box"></div></td>
    </tr>
</table>
```

尽管如此，你仍然会感到这种方法的不便性，为此，许多设计师想出了很多间接的方法，这些方法都能够很好地解决IE与非IE浏览器对于垂直居中的分歧，在后面章节中会陆续介绍这些CSS应用技巧。

最后，还需要提示读者：vertical-align属性提供的值很多，但是IE浏览器与其他浏览器对于解析它们的效果却存在很大的分歧。一般情况下，不建议广泛使用这些属性值，实践中主要用到vertical-align属性的垂直居中样式，偶尔也会用到上标和下标效果。

如果感兴趣，读者可以琢磨一下vertical-align属性的取值特性，特别是可以深入理解英文字母的结构线，如基线、中线、上基准线、下基准线、顶线、底线和数字基准线等。

例如，下面实例演示了如何比较vertical-align属性不同取值的效果，这里就涉及到字体基线问题，五条基准线犹如五线谱的五条音乐线，如图7.12所示，这对于初学者而言比较难以理解。

```html
<style type="text/css">
body {font-size:48px;}
.baseline {vertical-align:baseline;}
.sub {vertical-align:sub;}
.super {vertical-align:super;}
.top {vertical-align:top;}
.text-top {vertical-align:text-top;}
.middle {vertical-align:middle;}
.bottom {vertical-align:bottom;}
</style>
<p>valign:
<span class="baseline"><img src="images/box.gif" title="baseline" /></span>
<span class="sub"><img src="images/box.gif" title="sub" /></span>
<span class="super"><img src="images/box.gif" title="super" /></span>
<span class="top"><img src="images/box.gif" title="top" /></span>
<span class="text-top"><img src="images/box.gif" title="text-top" /></span>
<span class="middle"><img src="images/box.gif" title="middle" /></span>
<span class="bottom"><img src="images/box.gif" title="bottom" /></span>
<span class="text-bottom"><img src="images/box.gif" title="text-bottom" /></span>
</p>
```

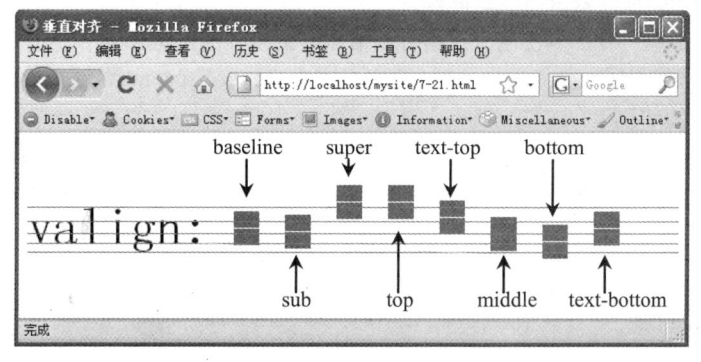

图7.12 垂直对齐取值效果比较

什么是字体的基准线？所谓基准线就是对齐线。不同类型的字体以及不同字母，它们在行内排列时是遵循一定的对齐方式的，避免字母排列在一行时没有规律性。由于在传统桌面排版中要求精度比较高，所以排版师傅们必须掌握这一技术点，但是对于Web设计来说，读者可以根据兴趣酌情检索相关资料进行学习，本节就不再深入拓展。

不过也可以为vertical-align属性指定一个上下偏移的值，值为正则向上偏移，值为负则向下偏移。值的单位也没有限制，读者不妨试一试。

实训3　设计字距和词距

CSS提供了两个独特的属性：letter-spacing和word-spacing，分别用来调整文本的字距和词距。什么是字距和词距呢？我们不妨先看一个实例。

```
<style type="text/css">
.lspacing {/* 字距样式类 */
    letter-spacing:1em;
}
.wspacing {/* 词距样式类 */
    word-spacing:1em;
}
</style>
<p class="lspacing">letter spacing word spacing（字间距）</p>
<p class="wspacing">letter spacing word spacing（词间距）</p>
```

在上面这个实例中，定义了字距样式类和词距样式类，然后应用到不同文本行中，所得效果如图7.13所示。从图中可以直观地看到，所谓字距就是定义字母之间的间距，而词距就是定义西文单词间的距离。

图7.13　字距和词距演示效果比较

使用字距和词距时请注意以下三个问题。

第一，字距和词距一般很少使用，使用时请慎重考虑用户的阅读体验和感受。

第二，对于中文汉字来说，letter-spacing属性有效，而word-spacing属性无效，换句话说，就是汉字此时被当作独立的字符了。

第三，定义词距时，以空格为基准进行调节，如果多个单词被连在一起，则被word-spacing视为一个单词；如果汉字被空格分隔，则分隔的多个汉字就被视为不同的单词，word-spacing属性此时有效。

实训4　设计行高

行高也就是行距，就是文本行与文本行之间的距离。如果说字距和词距是从水平方向上调节文本之间的距离，那么行高则是在垂直方向上调节文本之间的距离，不过行高比字距和词距的实用价值要大得多，基本上每个页面，甚至每个栏目都需要定义不同的行高。

CSS定义了line-height属性专门用来设置行高。行高取值单位一般使用em或%，很少使用像素，也不建议使用其他单位。例如，在下面这个实例中有两段文本，分别为第一段文本定义行高为一个字大小，为第二段文本定义行高为两个字大小，演示效果如图7.14所示。

```
<style type="text/css">
.p1 {/* 行高样式类 1 */
    line-height:1em;                              /* 行高为一个字大小 */
}
.p2 {/* 行高样式类 2 */
    line-height:2em;                              /* 行高为两个字大小 */
}
</style>
<h1>《天才梦》节选 </h1>
<h2>张爱玲 </h2>
<p class="p1"> 我是一个古怪的女孩，从小被目为天才，除了发展我的天才外别无生存的目标。然而，当童年的狂想逐渐褪色的时候，我发现我除了天才的梦之外一无所有——所有的只是天才的乖僻缺点。世人原谅瓦格涅①的疏狂，可是他们不会原谅我。 </p>
<p class="p2"> 加上一点美国式的宣传，也许我会被誉为神童。我三岁时能背诵唐诗。我还记得摇摇摆摆地立在一个满清遗老的藤椅前朗吟"商女不知亡国恨，隔江犹唱后庭花"，眼看着他的泪珠滚下来。七岁时我写了第一部小说，一个家庭悲剧。遇到笔画复杂的字，我常常跑去问厨子怎样写。第二部小说是关于一个失恋自杀的女郎。我母亲批评说：如果她要自杀，她决不会从上海乘火车到西湖去自溺，可是我因为西湖诗意的背景，终于固执地保存了这一点。 </p>
```

使用行高请注意下面几个关键问题。

第一，当line-height属性取值小于一个字大小时，就会发生上下行文本重叠现象。定义如下样式，则显示效果如图7.15所示。

```
<style type="text/css">
.p1 {
    line-height:0.5em;
}
.p2 {
    line-height:0em;
}
</style>
```

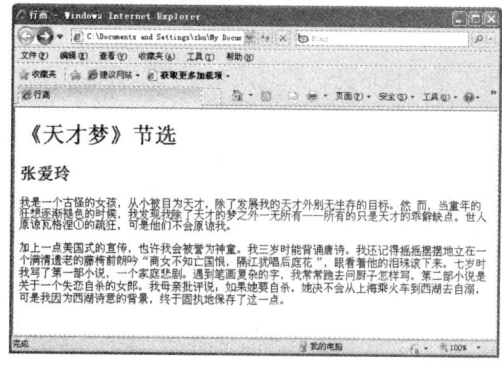

图7.14 段落文本的行高演示效果　　　　　图7.15 段落文本重叠演示效果

第二，行高不能够取负值。如果取负值，CSS将恢复默认行高来显示段落文本。

第三，根据长期实践的设计体验，行高的最佳设置范围为1.2em~1.8em，当然对于特别大的字体或者特别小的字体，可以再单独考虑。

不过读者可以遵循字体越大，行高越小的原则来定义段落的具体行高。例如，如果段落字体大小为12px，则行高设置为1.8em比较合适；如果段落字体大小为14px，则行高设置为1.5em~1.6em比较合适；如果段落字体大小为16px~18px，则行高设置为1.2em比较合适。

一般浏览器默认行高为1.2em左右。例如，IE默认为19px，如果除以默认字体大小（16px），则约为1.18em；而FF默认为1.12em。

第四，关于行高的上下边界问题，不同的资料所给出的答案也略有不同。有人认为行高是本行基线到上一行基线的距离，还有人认为是字体最底端与字体内部顶端之间的距离等。笔者个人认为行高应该是以中线为准，减去字体大小值之后，平分为上下空隙，如果值为奇数，则把多出的一个像素分给上边空隙或下边空隙。例如，如果字体大小为12px，行高为1.6em，则行高实际为19px，行高减去字体大小后等于7px，则上下空隙分别分得3px，然后把多出的一个像素分给上边空隙。使用等式表示如下：

行高（19px）=下边空隙（3px）+字体大小（12px）+上边空隙（4px）

如果我们在浏览器中预览，则英文字体显示如图7.16所示，其中多余的一个像素分给了上边空隙。而对于中文字体来说，则多余的一个像素分给了下边空隙，如图7.17所示。

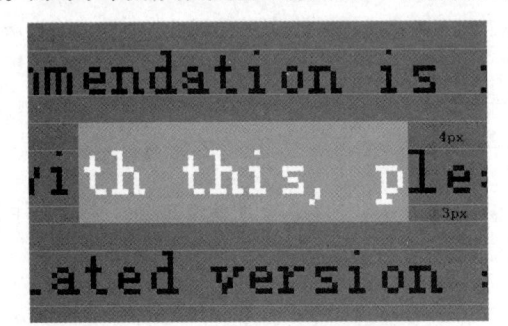

图7.16 英文字体的行高值分配示意图　　　　图7.17 中文字体的行高值分配示意图

第五，CSS还提供了一种特殊的行高设置值，如下所示：

```
body {
    font-size:12px;
    line-height:1.6;
}
```

所谓的特殊值就是没有给行高属性值设置单位，不过浏览器明白它的意思，都会把它作为1.6em或者160%，也就是说页面行高实际为19px。

可能你疑惑了，这是不是有点投机取巧呢？如果不是投机取巧，那它还有什么作用呢？

为了帮你解惑，请看一个实例：

```
<style type="text/css">
body {
    font-size:12px;
    line-height:1.6em;
}
p {
    font-size:30px;
}
```

```
        </style>
        <h1>《天才梦》节选 </h1>
        <h2>张爱玲 </h2>
        <p> 我是一个古怪的女孩,从小被目为天才,除了发展我的天才外别无生存的目标。然而,当童年的狂想逐渐褪色的时候,我发现我除了天才的梦之外一无所有——所有的只是天才的乖僻缺点。世人原谅瓦格涅①的疏狂,可是他们不会原谅我。</p>
    </body>
```

在这个实例中可以看到,定义body元素的行高为1.6em,根据CSS规则,line-height属性具有继承性,因此网页中的段落文本的行高也继承body元素的行高。浏览器在继承该值时,并不是继承1.6em这个值,而是把它转换为精确值之后(即19px)再继承,换句话说p元素的行高为19px,但是p元素的字体大小为30px,继承的行高小于字体大小,就会发生文本行重叠现象,如图7.18所示。

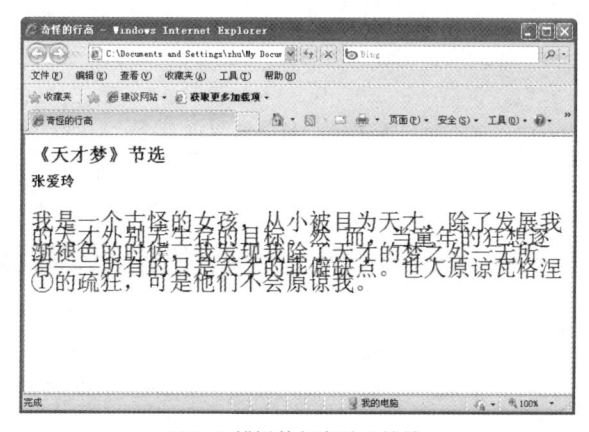

图7.18 错误的行高继承效果

解决这个错误的方法有两种。

方法一,重新为页面中所有元素定义行高,不过这种方法太烦琐,不值得推荐。

方法二,在定义body元素的行高时,不要为其设置单位,即直接定义为line-height:1.6,这样页面中其他元素所继承的值为1.6,而不是19px。对于1.6来说,浏览器很默契地知道它的含义,所以最后页面中所有元素的行高都为1.6em。

实训5　设计首行缩进

在中文文本信息中会经常看到首行缩进效果,特别是传统桌面中的各种期刊、报纸、图书,凡是段落文本,基本都会采用首行缩进两个字距。英文好像不在意首行缩进的样式,外文网站中很难看到有段落缩进的版式效果。庆幸的是,CSS还是提供了这样一个首行缩进的属性：text-indent。

text-indent属性的值可以设置任何长度单位,但是建议读者以em为设置单位,它表示一个字距。我们看一个实例,在这个实例中定义了段落文本首行缩进两个字距。

```
<style type="text/css">
p {/* 首行缩进两个字距 */
        text-indent:2em;
}
</style>
<h1>《天才梦》节选 </h1>
```

```
    <h2> 张爱玲 </h2>
    <p> 我是一个古怪的女孩，从小被目为天才，除了发展我的天才外别无生存的目标。然而，当童年
的狂想逐渐褪色的时候，我发现我除了天才的梦之外一无所有——所有的只是天才的乖僻缺点。世人原
谅瓦格涅①的疏狂，可是他们不会原谅我。</p>
```

当然使用该属性也可以有很多设计技巧。例如，利用如下方法可以设计悬垂缩进效果，如图7.19所示。text-indent属性可以取负值，定义左侧补白，防止取负值缩进导致首行文本伸到段落的边界外边。

```
    <style type="text/css">
    p {/* 悬垂缩进两个字距 */
        text-indent:-2em;                          /* 首行缩进 */
        padding-left:2em;                          /* 左侧补白 */
    }
    </style>
    <h1>《天才梦》节选 </h1>
    <h2> 张爱玲 </h2>
    <p> 我是一个古怪的女孩，从小被目为天才，除了发展我的天才外别无生存的目标。然而，当童年
的狂想逐渐褪色的时候，我发现我除了天才的梦之外一无所有——所有的只是天才的乖僻缺点。世人原
谅瓦格涅①的疏狂，可是他们不会原谅我。</p>
```

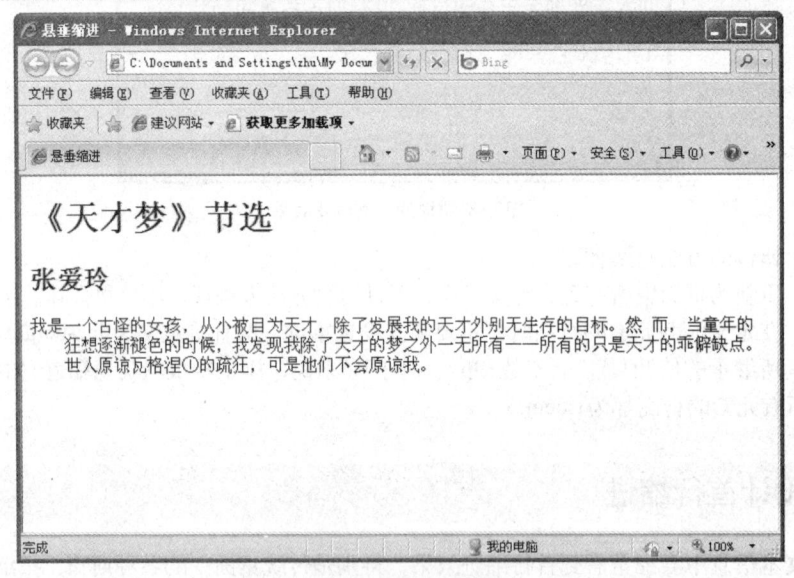

图7.19 悬垂缩进效果

7.3 网页文本格式实战

上面两节对常用字体和文本属性进行了介绍，不过CSS定义的字体和文本属性远不止这些。由于不同类型的浏览器对于它们的支持程度存在很大的差异，以及这些属性相对比较专业和生僻，所以不再展开讲解。

另外，IE浏览器还定义了不少专有属性，很多初学者很喜欢使用它们，因为利用这些属性可以设计出更具个性的版式。例如，layout-flow可以定义竖行文本，这非常符合中国人的传统习惯，但是由于不标准，没有得到广泛的支持。下面结合四个实例讲解网页文本格式的一般设计方法。

实训1 设计宁静、含蓄的英文格式

这是一个简单的段落文本实例。为了方便读者学习，截取了"禅意花园"HTML 文档结构的一部分进行演示。

本节所用文件的位置如下：	
视频路径	视频文件\files\7.3.1.swf
效果路径	实例文件\7\

实例效果如图 7.20 所示。其 HTML 结构如下：

```
<div id="intro">
    <div id="pageHeader">
        <h1><span>css Zen Garden</span></h1>
            <h2><span>The Beauty of <acronym title="Cascading Style Sheets">CSS</acronym> Design</span></h2>
    </div>
    <div id="quickSummary">
        <p class="p1"><span>A demonstration of what can be accomplished visually through <acronym title="Cascading Style Sheets">CSS</acronym>-based design. Select any style sheet from the list to load it into this page.</span></p>
        <p class="p2"><span>Download the sample <a href="zengarden-sample.html" title="This page's source HTML code, not to be modified.">html file</a> and <a href="zengarden-sample.css" title="This page's sample CSS, the file you may modify.">css file</a></span></p>
    </div>
    <div id="preamble">
        <h3><span>The Road to Enlightenment</span></h3>
            <p class="p1"><span>Littering a dark and dreary road lay the past relics of browser-specific tags, incompatible <acronym title="Document Object Model">DOM</acronym>s, and broken <acronym title="Cascading Style Sheets">CSS</acronym> support.</span></p>
                <p class="p2"><span>Today, we must clear the mind of past practices. Web enlightenment has been achieved thanks to the tireless efforts of folk like the <acronym title="World Wide Web Consortium">W3C</acronym>, <acronym title="Web Standards Project">WaSP</acronym> and the major browser creators.</span></p>
                    <p class="p3"><span>The css Zen Garden invites you to relax and meditate on the important lessons of the masters. Begin to see with clarity. Learn to use the (yet to be) time-honored techniques in new and invigorating fashion. Become one with the web.</span></p>
        </div>
</div>
```

"禅意花园"的文档结构是笔者目前遇到的最为经典的HTML结构，语义明确，信息传达精确，文档的结构层次清晰、明了，主次、轻重有序呈现，给人一种节奏的乐感。阅读这样的结构是

一种享受，当然也是一种智慧的启迪。

整个文档中除去了div布局骨架外，很科学地使用了h1、h2、h3、p语义结构元素。下面就围绕这些元素，希望借助CSS的文本格式化属性来改变默认的平淡文本呈现效果。

整体设计思路：以深黑色为底色，浅灰色为前景色，营造一种宁静、含蓄的页面风格。字体以无衬线字体为主，这样给人感觉页面比较干净，避免字体的衬线使页面看起来拖泥带水。文本行以疏朗的风格进行设计。整个设计效果如图7.21所示。

图7.20 禅意花园的HTML文档节选　　　　图7.21 宁静、含蓄的英文格式效果

第一步，规划整个页面的基本显示属性：背景色、前景色（字体颜色）、字体基本类型、网页字体大小。由于本页面仅是一个段落文本，所以为了避免段落文本与窗口边框太近，容易产生一种压抑感，故使用margin属性定义较大的页边距。

```
body {/* 页面基本属性 */
    background: #35393D;                                    /* 定义网页背景色 */
    color: #787878;                                         /* 定义字体前景色 */
    font-family: "Trebuchet MS", Arial, Helvetica, sans-serif;
/* 定义无衬线字体类型列表 */
    font-size: 13px;                                        /* 统一网页字体大小 */
    margin:2em;                                             /* 增大页边距 */
}
```

第二步，统一标题文本的样式。虽然标题级别不同，但是在同一个页面中，它们可能会存在很多相似之处。例如，边界大小、大小写、字体类型和字体疏密等。当然，这个共性必须结合具体的页面来说。本实例中的共性样式如下：

```
h1, h2, h3 {/* 统一标题样式 */
    margin: 0;                                              /* 清除标题的边界 */
    text-transform: uppercase;                              /* 小型大写效果 */
    letter-spacing: .15em;                                  /* 轻微调整字距 */
    font-family: Arial, Helvetica, sans-serif;              /* 无衬线字体 */
}
```

第三步，为了区分不同级别标题的大小，这里以页面字体大小（13px）为参考进行统一规划。定义一级标题大小为1.8倍，二级标题大小为1.4倍，三级标题大小为1.2倍。

```
h1 {font-size: 1.8em;}
h2 {font-size: 1.4em;}
h3 {font-size: 1.2em;}
```

第四步，定义段落文本的行高为180%，这种疏朗的行距更有利于用户在深色背景下阅读体验。

```
p {/* 段落格式 */
    margin-top: 0;                                    /* 清除段落上边界 */
    line-height: 180%;                                /* 定义行高 */
}
```

实训2 设计干练、洒脱的英文格式

本实例将在实训1的基础上调整页面风格，修改页面背景和字体颜色，使页面更具洒脱、干练的特点。

本节所用文件的位置如下：	
视频路径	视频文件\files\7.3.2.swf
效果路径	实例文件\7\

干练、洒脱的效果如图 7.22 所示。

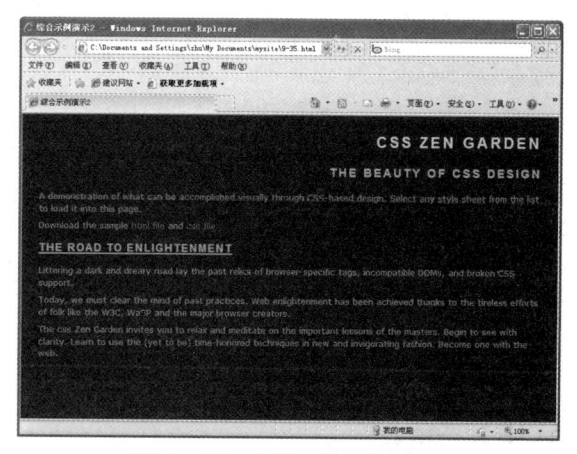

图7.22 干练、洒脱的英文格式效果

第一步，调整页面基本属性，加深背景色，增强前景色，其他基本属性可以保持一致。

```
body {/* 页面基本属性 */
    background: #191919;                              /* 深背景色 */
    color: #bbb;                                      /* 浅灰前景色 */
    font-family: Verdana, Arial, Helvetica, sans-serif;  /* 无衬线字体类型 */
    font-size: 13px;                                  /* 网页字体大小 */
    margin: 2em;                                      /* 增大页边距 */
}
```

第二步，定义标题下边界为一个字符大小，以小型大写样式显示，适当增加字距，定义字体为无衬线类型。

```
h1, h2, h3 {/* 统一标题样式 */
    margin-bottom: 1em;                               /* 定义底边界 */
    text-transform: uppercase;                        /* 小型大写字体 */
    letter-spacing: .15em;                            /* 增大字距 */
    font-family: Arial, Helvetica, sans-serif;        /* 定义字体类型 */
}
```

第三步，分别定义一级、二级和三级标题的样式，实现在统一标题样式基础上的差异化显示。在设计标题时，使一级、二级标题右对齐，三级标题左对齐，形成标题错落排列的版式效果。同时为了避免左右标题轻重不一（右侧标题偏重），为此定义左侧的三级标题以下划线显示，以增加左右平衡。

```css
h1 {/* 一级标题样式 */
    font-size: 1.8em;              /* 字体大小为1.8倍默认大小 */
    color:#ddd;                    /* 加亮字体色 */
    text-align:right;              /* 右对齐 */
}
h2 {/* 二级标题样式 */
    font-size: 1.4em;              /* 字体大小为1.4倍默认大小 */
    text-align:right;              /* 右对齐 */
}
h3 {/* 三级标题样式 */
    font-size: 1.2em;              /* 字体大小为1.2倍默认大小 */
    text-decoration:underline;     /* 定义下划线 */
}
```

第四步，收缩段落文本行的间距，压缩段落之间的间距，适当减弱段落文本的颜色。

```css
p {/* 段落文本样式 */
    margin: 0.6em;                 /* 压缩段距 */
    line-height: 140%;             /* 减少行距 */
    color:#999;                    /* 调弱字体颜色 */
}
```

实训3　设计层级式中文格式

中文阅读习惯与西文存在很多不同，例如，中文段落一般没有段距，而西文习惯设置一行的段距等。

本节所用文件的位置如下：
视频路径	视频文件\files\7.3.3.swf
效果路径	实例文件\7\

下面这个实例将展示一个简单的层级式中文版式，把一级标题、二级标题、三级标题和段落文本以阶梯状缩进，从而使信息的轻重分明，更有利于读者阅读，演示效果如图7.23所示。

本实例的HTML文档结构依然采用"禅意花园"的结构，截取第一部分的结构和内容，并把英文全部意译为中文。结构如下：

```html
<div id="intro">
    <div id="pageHeader">
        <h1><span>CSS Zen Garden</span></h1>
        <h2><span><acronym title="cascading style sheets">CSS</acronym>设计之美</span></h2>
    </div>
    <div id="quickSummary">
        <p class="p1"><span>展示以<acronym
```

```
            title="cascading style sheets">CSS</acronym>技术为基础,并提供超强的视觉冲击力。
只要选择列表中任意一个样式表,就可以将它加载到本页面中,并呈现不同的设计效果。</span></p>
            <p class="p2"><span>下载<a title="这个页面的HTML源代码不能够被改动。"
href="http://www.csszengarden.com/zengarden-sample.html">HTML文档</a> 和 <a
title="这个页面的CSS样式表文件,你可以更改它。"
            href="http://www.csszengarden.com/zengarden-sample.css">CSS文件</a>。
</span></p>
        </div>
        <div id="preamble">
            <h3><span>启蒙之路</span></h3>
            <p class="p1"><span>不同浏览器随意定义标签,导致无法相互兼容的<acronym
    title="document object model">DOM</acronym>结构,或者提供缺乏标准支持的
<acronym title="cascading style sheets">CSS</acronym>等陋习随处可见,如今当使用
这些不兼容的标签和样式时,设计之路会更坎坷。</span></p>
            <p class="p2"><span>现在,我们必须清除以前为了兼容不同浏览器而使用的一些
过时的小技巧。感谢<acronym
    title="world wide web consortium">W3C</acronym>、<acronym
    title="web standards project">WASP</acronym>等标准组织以及浏览器厂家和开发师
们的不懈努力,我们终于能够进入Web设计的标准时代。</span></p>
            <p class="p3"><span>CSS Zen Garden(样式表禅意花园)邀请您发挥自己的想
象力,构思一个专业级的网页。让我们用慧眼来审视,充满理想和激情去学习CSS这个不朽的技术,最
终使自己能够达到技术和艺术合二为一的最高境界。</span></p>
        </div>
    </div>
```

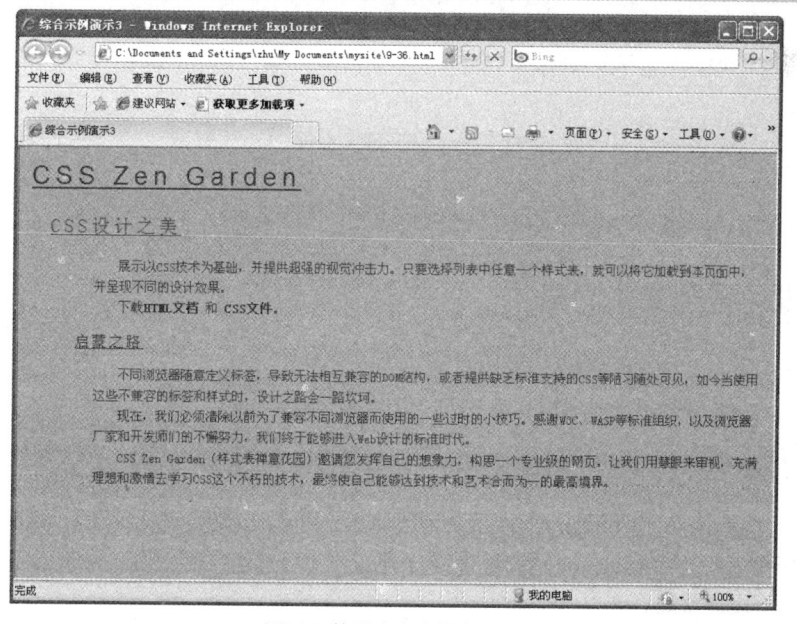

图7.23 缩进式中文格式效果

第一步,先定义页面的基本属性。这里定义页面背景色为浅灰绿色,前景色为深黑色,字体大小为0.875em(约为14px)。

```css
body {/* 页面基本属性 */
    background:#99CC99;              /* 背景色 */
    color:#333333;                    /* 前景色（字体颜色）*/
    margin:1em;                       /* 页边距 */
    font-size:0.875em;                /* 页面字体大小 */
}
```

第二步，统一标题为下划线样式，且不再加粗显示，限定上下边距为一个字距。在默认情况下，不同级别的标题上下边界是不同的，同时适当调整字距。

```css
h1, h2, h3 {/* 统一标题样式 */
    font-weight:normal;               /* 正常字体粗细 */
    text-decoration:underline;        /* 下划线 */
    letter-spacing:0.2em;             /* 增加字距 */
    margin-top:1em;                   /* 固定上边界 */
    margin-bottom:1em;                /* 固定下边界 */
}
```

第三步，分别定义不同标题级别的缩进大小，设计阶梯状缩进效果。

```css
h1 {/* 一级标题样式 */
    font-family:Arial, Helvetica, sans-serif;   /* 标题无衬线字体 */
    margin-top:0.5em;                 /* 缩小上边界 */
}
h2 {padding-left:1em;}                /* 左侧缩进一个字距 */
h3 {padding-left:3em;}                /* 左侧缩进三个字距 */
```

第四步，定义段落文本左缩进，同时定义首行缩进效果。另外，清除段落默认的上下边界距离。

```css
p {/* 段落文本样式 */
    line-height:1.6em;                /* 行高 */
    text-indent:2em;                  /* 首行缩进 */
    margin:0;                         /* 清除边界 */
    padding:0;                        /* 清除补白 */
    padding-left:5em;                 /* 左缩进 */
}
```

实训4 设计报刊式中文格式

当阅读信息时，段落文本的呈现效果多以块状存在。如果说单个字是点，一行文本为线，那么段落文本就成面了。

本节所用文件的位置如下：	
视频路径	视频文件\files\7.3.4.swf
效果路径	实例文件\7\

面以方形呈现的效率最高，网站的视觉设计大部分其实都是在拼方块。在页面版式设计中，读者不妨坚持如下设计原则。

● 方块感越强，越能给读者方向感。
● 方块越少，越容易阅读。
● 方块之间以空白的形式进行分隔，从而组合为一个更大的方块。

下面再以7.3.3节实例中的HTML结构为基础讲解普通报刊文章的设计风格。中文报刊文章习惯以块的适度变化来营造灵活的设计版式，当然这要以不影响读者的阅读习惯为前提。另外，在中文版式中，标题习惯居中显示，正文之前喜欢设计一个题引，题引为左右缩进的段落文本显示效果，正文以首字下沉效果显示，如图7.24所示。

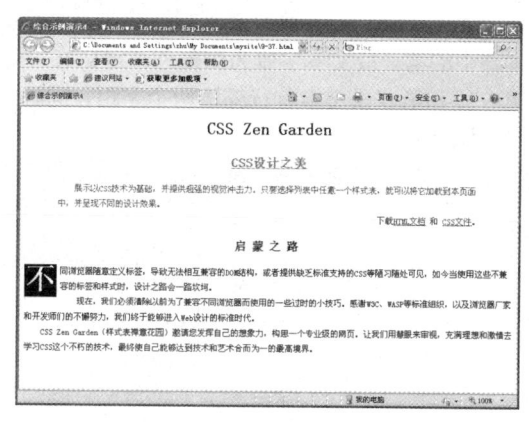

图7.24 报刊式中文格式效果

第一步，定义网页基本属性。定义背景色为白色，字体为黑色（也许你认为浏览器默认网页就是这个样式，但是考虑到部分浏览器会以灰色背景显示，显式声明这些基本属性会更加安全），字体大小为14px，字体为宋体。

```
body {/* 页面基本属性 */
    background:#fff;                                        /* 背景色 */
    color:#000;                                             /* 前景色 */
    font-size:0.875em;                                      /* 网页字体大小 */
    font-family:" 宋体 ", Arial, Helvetica, sans-serif;     /* 网页字体默认类型 */
}
```

第二步，定义标题居中显示，适当调整标题底边距，统一为一个字距。间距设置的一般规律：字距小于行距，行距小于段距，段距小于块距。检查的方法可以尝试将网站的背景图案和线条全部去掉，看是否还能保持想要的区块感。

```
h1, h2, h3 {/* 标题样式 */
    text-align:center;                  /* 居中对齐 */
    margin-bottom:1em;                  /* 定义底边界 */
}
```

第三步，为二级标题定义一个下划线，并调暗字体颜色，目的是使一级标题、二级标题和三级标题在同一个中轴线显示时产生一点变化，避免单调。由于三级标题字数少（四个汉字），可以通过适当调节字距来设计一种平衡感，避免因为字数太少而使标题看起来单薄。

```
h2 {/* 个性化二级标题样式 */
    color:#999;                         /* 字体颜色 */
    text-decoration:underline;          /* 下划线 */
}
h3 {/* 个性化三级标题样式 */
    letter-spacing:0.4em;               /* 字距 */
    font-size:1.4em;                    /* 字体大小 */
}
```

第四步，定义段落文本的样式。统一清除段落间距为 0，定义行高为 1.8 倍字体大小。

```
p {/* 统一段落文本样式 */
    margin:0;                                    /* 清除段距 */
    line-height:1.8em;                           /* 定义行高 */
}
```

第五步，定义第一文本块中的第一段文本字体为深灰色，定义第一文本块中的第二段文本右对齐，定义第一文本块中的第一段和第二段文本首行缩进两个字距，同时定义第二文本块的第一段、第二段和第三段文本首行缩进两个字距。

```
#quickSummary .p1 {/* 第一文本块的第一段样式 */
    color:#444;                                  /* 字体颜色 */
}
#quickSummary .p2 {/* 第一文本块的第二段样式 */
    text-align:right;                            /* 右对齐 */
}
#quickSummary .p1, .p2, .p3 {/* 除了首字下沉段以外的段样式 */
    text-indent:2em;                             /* 首行缩进 */
}
```

第六步，为第一个文本块定义左右缩进样式，设计引题的效果。

```
#quickSummary {/* 第一文本块样式 */
    margin-left:4em;                             /* 左缩进 */
    margin-right:4em;                            /* 右缩进 */
}
```

第七步，定义首字下沉效果。CSS 提供了一个首字下沉的属性：first-letter，这是一个伪对象。什么是伪、伪类和伪对象，这些将在超链接设计章节中进行详细讲解。因为 first-letter 属性所设计的首字下沉效果存在很多问题，所以还需要进一步设计。例如，设置段落首字浮动显示，同时定义字体很大，以实现下沉效果。为了使首字下沉效果更明显，这里设计首字加粗、反白显示。

```
.first:first-letter {/* 首字下沉样式类 */
    font-size:50px;                              /* 字体大小 */
    float:left;                                  /* 向左浮动显示 */
    margin-right:6px;                            /* 增加右侧边距 */
    padding:2px;                                 /* 增加首字四周的补白 */
    font-weight:bold;                            /* 加粗字体 */
    line-height:1em;  /* 定义行距为一个字体大小，避免行高影响段落版式 */
    background:#000;                             /* 背景色 */
    color:#fff;                                  /* 前景色 */
}
```

请注意，由于 IE 浏览器存在缺陷，无法通过包含选择器来定义首字下沉效果，故这里重新定义了一个首字下沉的样式类（first），然后手动把这个样式类加入到 HTML 文档结构对应的段落中。

```
<p class="p1 first"><span>不同浏览器随意定义标签，导致无法相互兼容的 <acronym title="document object model">DOM</acronym> 结构，或者提供缺乏标准支持的 <acronym title="cascading style sheets">CSS</acronym> 等陋习随处可见，如今当使用这些不兼容的标签和样式时，设计之路会更坎坷。</span></p>
```

第 8 章

设计网页图像样式

　　图像是以二进制数据流的形式存储在计算机内存中的，借助 img 元素，浏览器可以把这些数据流解析并描绘到网页中。因此从本质上来分析，img 元素实际是一个被封装的复杂对象，它与 p、h1~h6、div、span 等标识元素存在本质的不同，难怪 W3C 曾经倡议以 object 元素为标准来插入图像，因为它更符合 HTML 语义特征。其实如果尝试使用 object 元素来插入图像，在 FF 等非 IE 浏览器中都会正确解析和显示，例如：<object data="images/004.jpg" ></object>。

　　但是由于 img 元素已深入人心，W3C 最终也就默认了 img 元素为事实的标准。如果你接触过后台技术，应该知道表单验证码就是由后台脚本随机生成的数字图像，然后以二进制数据流的形式直接赋予给 img 元素的 src 属性。src 是 source 的缩写，它表示源的意思，即二进制数据源。此时，也就明白了为什么 img 元素不使用 url 属性来设置图像的源路径了。

　　本章将围绕图像在网页中的表现展开讲解，全面帮助你掌握和驾驭使用 CSS 控制图像的本领，为网页设计服务。

8.1　图像样式

为了增加读者对图像数据流的感性认识，这里举一个实例，请输入下面字符串，在FF浏览器中预览，看看有什么效果。实际上，下面数据流（十六进制表示）将绘制一个红色正方形图形，如图8.1所示，不过IE 7及其以下版本浏览器不支持这种方法。

```
<img src="data:image/png;base64,iVBORw0KGgoAA
AANSUhEUgAAAEAAAABACAIAAAFSDNYfAAAAaklEQVR42u3XQQ
rAIAwAQeP%2F%2F6wf8CJBJTK9lnQ7FpHGaOurt1I34nfH9pM
MZAZ8BwMGEvvh%2BBsJCAgICLwIOA8EBAQEBAQEBAQEBK79H5
RfIQAAAAAAAAAAAAAAAAAAAAAAID%2FABMSqAfj%2FsL
mvAAAAABJRU5ErkJggg%3D%3D" alt="">
```

图8.1　IE 8中直接解析数据流为图像

实训1　设计图像大小

img元素包含width（宽）和height（高）属性，使用它们可以控制图像的大小。在标准网页设计中，这两个属性依然被严格型XHTML文档认可。不过CSS提供了更符合标准设计的width和height属性，使用这两个属性可以构建更符合结构和表现相分离的应用。

下面是一个简单的CSS控制图像大小显示的实例，效果如图8.2所示。

```
<style type="text/css">
.w400px { /* 定义图像宽度 */
    width:400px;
}
</style>
<img class="w400px" src="images/004.jpg" alt="图像大小" />
```

在控制网页图像的显示大小时，有几个问题需要读者注意。

第一，使用img元素的宽、高属性来定义图像大小存在很多局限性。一方面是因为它不符合结构和表现相分离原则；另一方面使用标签属性定义图像大小只能够使用像素单位（可以省略），而使用CSS属性可以自由选择任何相对和绝对单位。在设计图像大小随包含框宽度而变化时，使用百分比非常有用。

第二，当图像大小取值为百分比时，浏览器将根据图像包含框的宽和高进行计算。例如，下面这个实例中，统一定义图像缩小50%大小，然后分别放在网页中和一个固定大小的盒子中，则显示效果截然不同，如图8.3所示。

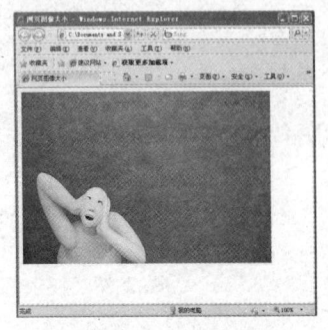

图8.2　固定缩放图像　　　　　　　图8.3　百分比缩放图像

```
<style type="text/css">
div {  /* 定义固定大小的包含框 */
    height:200px;                                  /* 固定高度 */
    width:500px;                                   /* 固定宽度 */
    border:solid 1px red;                          /* 定义一个边框 */
}
img {  /* 定义图像大小 */
    width:50%;                                     /* 百分比宽度 */
    height:50%;                                    /* 百分比高度 */
}
</style>
<div> <img src="images/004.jpg" alt="图像大小" /> </div>
<img src="images/004.jpg" alt="图像大小" />
```

第三，当为图像仅定义宽或高时，则浏览器能够自动调整纵横比，使宽和高能够协调缩放，避免图像变形。如果同时为图像定义宽和高，则浏览器能够根据显式定义的宽和高来解析图像。

实训2　设计图像边框

图像在默认状态下是不显示边框的，但是在为图像定义超链接时会自动显示 2~3 像素宽的蓝色粗边框，不过使用 border 属性能够清除这个边框。

```
<a href="#"><img src="images/login.gif" alt="登录" border="0" /></a>
```

图像标签的 border 属性不是 XHTML 推荐属性，而使用 CSS 的 border 属性会更恰当。border 属性不仅为图像定义边框，也可以为任意 HTML 元素定义边框，且提供丰富的边框样式，同时能够定义边框的粗细、颜色和样式，所以读者应该养成使用 CSS 的 border 属性定义元素边框的习惯。

例如，针对上面的清除图像边框效果，如果使用 CSS 定义，则代码如下：

```
<style type="text/css">
img {  /* 清除图像边框 */
    border:none;
}
</style>
```

使用CSS为img元素定义无边框显示，这样就不再需要为每个图像定义0边框的属性。下面分别讲解边框的样式、颜色和粗细的设置方法。

1. 边框样式

所谓边框样式就是边框的显示效果，CSS为元素边框定义了众多样式，边框样式可以使用border-style属性来定义。概括起来边框样式包括两种：虚线框和实线框。

- 虚线框包括dotted（点）和dashed（虚线）。这两种样式效果略有不同，同时在不同浏览器中的解析效果也略有差异。例如，在下面这个实例中，分别定义了两个不同的点线和虚线样式类，效果如图8.4所示。

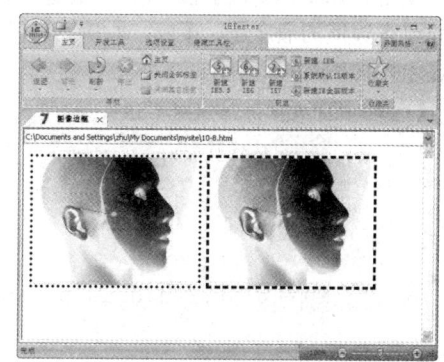

图8.4　IE 7浏览器中的点线和虚线比较效果

```
<style type="text/css">
```

```
img {width:250px;}            /* 固定图像显示大小 */
.dotted { /* 点线框样式类 */
    border-style:dotted;
}
.dashed { /* 虚线框样式类 */
    border-style:dashed;
}
</style>
<img class="dotted" src="images/0110.jpg" alt="点线边框" />
<img class="dashed" src="images/0110.jpg" alt="虚线边框" />
```

- 实线框包括实线框（solid）、双线框（double）、立体凹槽（groove）、立体凸槽（ridge）、立体凹边（inset）和立体凸边（outset）。其中实线框 solid 是应用最广的一种边框样式。双线框由两条单线与其间隔空隙的和等于边框的宽度，即 border-width 属性值。但是双线框的值分配也会存在一些矛盾，无法做到平均分配。例如，如果边框宽度为 3px，则两条单线与其间空隙分别为 1px；如果边框宽度为 4px，则外侧单线为 2px，内侧和中间空隙分别为 1px，如果边框宽度为 5px，则两条单线宽度为 2px，中间空隙为 1px，其他取值依此类推。

如果单独定义某边边框样式，可以使用如下属性：border-top-style（顶部边框样式）、border-right-style（右侧边框样式）、border-bottom-style（底部边框样式）和 border-left-style（左侧边框样式）。

2. 边框颜色和宽度

CSS 提供了 border-color 属性定义边框的颜色，颜色取值可以是任何有效的颜色表示法。同时，CSS 使用 border-width 属性定义边框的粗细，取值可以是任何长度单位，但是不能使用百分比单位。

要定义单边边框的颜色，可以使用这些属性：border-top-color（顶部边框颜色）、border-right-color（右侧边框颜色）、border-bottom-color（底部边框颜色）和 border-left-color（左侧边框颜色）。

要定义单边边框的宽度，可以使用这些属性：border-top-width（顶部边框宽度）、border-right-width（右侧边框宽度）、border-bottom-width（底部边框宽度）和 border-left-width（左侧边框宽度）。

当元素的边框样式为 none 时，所定义的边框颜色和边框宽度都会同时无效。在默认状态下，元素的边框样式为 none，而元素的边框宽度默认为 2~3 像素。

3. 灵活定义边框

CSS 为方便用户控制元素的边框样式，提供了众多属性。这些属性从不同方位和不同类型定义元素的边框，例如，使用 border-style 属性快速定义各边样式，使用 border-color 属性快速定义各边颜色，使用 border-width 属性快速定义各边宽度。

定义各边值的顺序是：顶部、右侧、底部和左侧，例如，在下面这个实例中快速定义各边的边框，显示效果如图 8.5 所示。

```
<style type="text/css">
div {/* 盒子的边框样式 */
    width:260px;                 /* 宽度 */
    height:40px;                 /* 高度 */
    border:solid red 120px;      /* 统一定义各边样式：实线框、红色、120 像素宽度 */
    border-color:red blue green yellow; /* 顶边红色、右边蓝色、底边绿色、左边黄色 */
}
</style>
<div></div>
```

当然也可以配合使用不同复合属性自由定义各边样式，例如，在下面这个实例中，分别利用 border-style、border-color 和 border-width 复合属性自由定义盒子各边边框样式，演示效果如图 8.6 所示。

```
<style type="text/css">
div {
    width:400px;                                    /* 宽度 */
    height:200px;                                   /* 高度 */
    border-style:solid dashed dotted double;        /* 顶边实线、右边虚线、底边点线、左边双线 */
    border-width:10px 20px 30px 40px;               /* 顶边10px、右边20px、底边 30px、左边 40px */
    border-color:red blue green yellow;             /* 顶边红色、右边蓝色、底边绿色、左边黄色 */
}
</style>
<div></div>
```

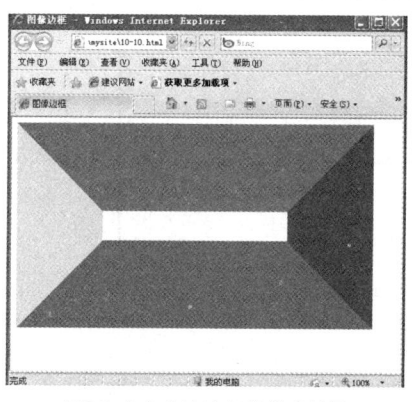

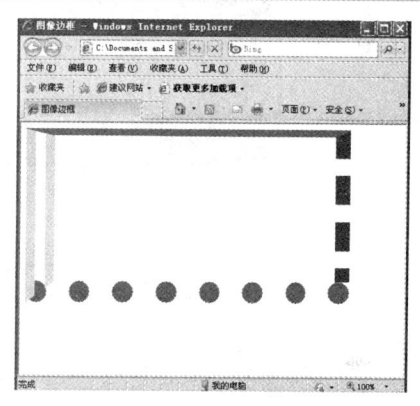

图8.5 定义各边边框的样式效果　　　图8.6 自由定义各边边框的样式效果

如果各边边框相同，使用 border 属性会更加快速。例如，在下面这个实例中就定义了各边边框为红色实线框，宽度为 20 像素。border 属性中的三个值分别表示边框样式、边框颜色和边框宽度，它们没有先后顺序，可以自由选择设置。

```
<style type="text/css">
div {
    width:400px;                /* 宽度 */
    height:200px;               /* 高度 */
    border:solid 20px red;      /* 边框样式 */
}
</style>
```

实训3　设计图像透明度

CSS 2 版本没有定义图像透明度的标准属性，不过各个主要浏览器都自定义了专有透明属性。例如，IE 浏览器利用自己的 CSS 滤镜来定义透明度，格式如下，取值范围在 0~100 之间，数值越低，透明度也就越高，0 为完全透明，而 100 表示完全不透明。

```
filter:alpha(opacity=0~100);
```
FF 浏览器利用自己的私有属性定义了透明属性，格式如下，取值范围在 0~1 之间，数值越低，透明度也就越高，0 为完全透明，而 1 表示完全不透明。

```
-moz-opacity:0~1;
```
W3C 在 CSS 3 版本中增加了透明度的专有属性 opacity，其用法如下，取值范围在 0~1 之间，数值越低，透明度也就越高，0 为完全透明，而 1 表示完全不透明。IE 不支持该属性，但是 Opera 等比较标准的浏览器支持该属性。

```
opacity: 0~1;
```
当需要定义图像透明度时，需要利用浏览器兼容性技术把这几个属性同时放在一个声明中，这样就可以实现在不同浏览器中都能够正确显示效果了。

例如，在下面这个实例中，先定义一个透明样式类，然后把它应用到一个图像中，并与原图进行比较，则效果如图 8.7 所示。

图8.7 图像透明度演示效果

```
<style type="text/css">
img { width:300px;}
.opacity {/* 透明度样式类 */
    opacity: 0.3;                        /* 兼容标准浏览器 */
    filter:alpha(opacity=30);            /* 兼容 IE 浏览器 */
    -moz-opacity:0.3;                    /* 兼容 FF 浏览器 */
}
</style>
<img src="images/015.jpg" alt="图像透明度" />
<img class="opacity" src="images/015.jpg" alt="图像透明度" />
```

利用这一效果，不仅可以为图像定义透明度，还可以为对象定义透明度，读者可以尝试一下。

另外，不同浏览器大都支持背景透明的图像，如 8 位的 GIF 或 PNG 格式的透明图像。但是 IE 6 及其以下版本浏览器不支持 16 位或 32 位的 PNG 格式透明图像，不过利用 IE 浏览器的专用滤镜 AlphaImageLoader 可以解决这个问题，用法如下：

```
filter:progid:DXImageTransform.Microsoft.AlphaImageLoader (
enabled=bEnabled , sizingMethod=sSize , src=sURL)
```

该滤镜包含三个参数，第一个参数 enabled 是一个可选项，用来设置滤镜是否被激活；第二个参数 sizingMethod 也是一个可选项，用来设置图像的显示方式，取值包括：crop（剪切图片以适应对象大小)、image（增大或减小对象大小以适应图片大小）和 scale（缩放图片以适应对象的大小）；第三个参数 src 是一个必选项，设置图像的路径，例如：

```
<style type="text/css">
#box{/* 盒子的样式 */
    position:absolute;                                          /* 绝对定位 */
    height:400px;                                               /* 固定宽度 */
    width:400px;                                                /* 固定高度 */
    filter:progid:DXImageTransform.Microsoft.AlphaImageLoader(enabled='true', sizingMethod='scale',src='images/bg_png.png'); /* 透明 PNG 图像 */
}
</style>
<div id="box"></div>
```

请注意，该滤镜仅对拥有布局特性的元素有效，如浮动元素，定义了宽、高或者已经定位的元素也可以使用 zoom 属性激活元素的布局特性。

实训4 设计图像位置

图像是行内元素，它和文本一样都属于同性显示，与左右字符一起上下、左右的随波逐流。不过有一点很特殊：图像一般个头都很大，排在字符中间，犹如鹤立鸡群，如图 8.8 所示。这样就容易给人一种错觉：图像是不是能够改变行高？实际上图像只是临时撑起了单行文本高度，并没有改变行高。如果仔细观察本段文本的第二行就明白了。

图像能够水平、垂直对齐。但是要实现水平对齐，需要增加一个包含框，由包含框来定义它的对齐方式，当然，这种方式会同时改变本行或本段内其他文本的对齐方式。图像本身是不能够脱离文本行而独自向左对齐、居中或向右对齐的。

图8.8 文本行中的图像

图像还提供了一个很特殊的属性——align，利用这个属性，能够使图像真正脱离文本行，实现左右、上下方向的对齐显示。

例如，在下面这个实例中定义 align="left"，则在浏览器中预览如图 8.9 所示。align 属性包含众多属性值：baseline（基线）、top（顶端）、middle（居中）、bottom（底部）、texttop（文本上方）、absmiddle（绝对居中）、absbottom（绝对底部）、left（左对齐）和 right（右对齐）。

```
<h1>《雨天的书》节选 </h1>
<h2>张晓风 </h2>
<p> 我不知道，天为什么无端落起雨来了。薄薄的水雾把山和树隔到更远的地方去，我的窗外遂只剩下一片辽阔的空茫了。</p>
<p> 想你那里必是很冷了吧？<img src="images/png-1.png" align="left" />另芳。青色的屋顶上滚动着水珠子，滴沥的声音单调而沉闷，你会不会觉得很寂谬呢？  </p>
<p> 你的信仍放在我的梳妆台上，折得方方正正的，依然是当日的手痕。我以前没见你；以后也找不着你，我所能有的，也不过就是这一片模模糊糊的痕迹罢了。另芳，而你呢？你没有我的只字片语，等到我提起笔，却又没有人能为我传递了。</p>
<p> 冬天里，南馨拿着你的信来。细细斜斜的笔迹，优雅温婉的话语。我很高兴看你的信，我把它
```

和另外一些信件并放着。它们总是给我鼓励和自信,让我知道,当我在灯下执笔的时候,实际上并不孤独。
    </p>

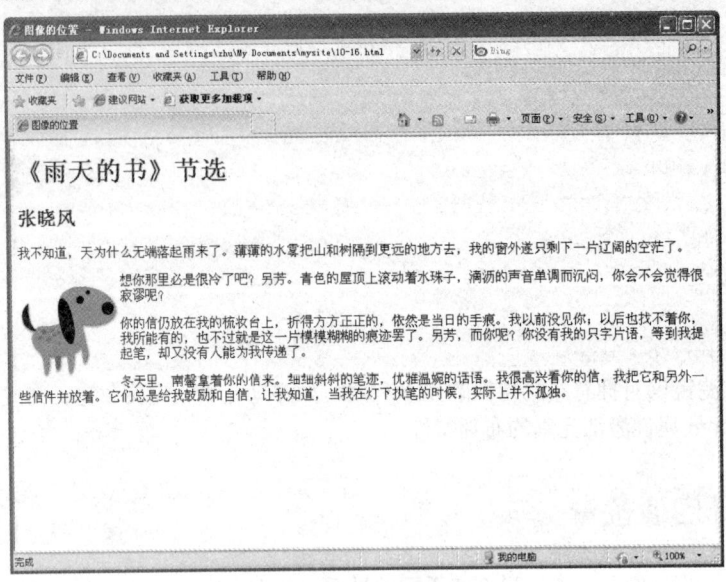

图8.9 脱离文本行的图像

  尽管看起来很完美,但是 W3C 放弃了图像的 align 属性,把显示样式分别拆分给了 CSS 中的 vertical-align 和 float 属性。float 属性是标准网页布局中最核心的属性,它能够设置元素左右浮动。例如,如果使用 float 属性设置图像左右对齐,则定义 CSS 样式如下:

```
<style type="text/css">
img {/* 定义图像向左浮动 */
    float:left;
}
</style>
```

  float 属性还包括向右浮动(float:right),在后面网页布局中将详细讲解该属性。实际上,有关图像位置的控制方法还有很多种,可以使用浮动、绝对定位和相对定位等,由于这些内容都是 CSS 布局的核心,所以将在后面章节中展开详细讲解。

8.2 控制背景图像

  在标准设计中,背景图像是最核心的修饰工具。传统布局中,用户习惯使用 background 属性为 body、table 和 td 等元素定义背景图像,这种做法现在已不合潮流,并逐步被淘汰了。一方面它不符合标准设计中的分离原则;另一方面由于这些属性的功能异常简陋,极大地限制了设计师的创意火花。

```
<body background="images/bg1.jpg">
<table background="images/bg2.jpg">
    <tr>
        <td background="images/bg3.jpg"></td>
    </tr>
</table>
```

  下面就来探索 CSS 是如何定义背景图像的,它又是如何控制背景图像的显示效果的。

实训1 定义背景图像

在 CSS 中可以使用 background-image 属性来定义背景图像。例如，为 body 元素定义该属性时可以设置网页背景图像。

本节所用文件的位置如下：	
视频路径	视频文件\files\8.2.1.swf
效果路径	实例文件\8\

具体用法如下：

```
<style type="text/css">
body {/* 为网页定义背景图像 */
    background-image:url(images/bg1.jpg);
}
</style>
```

background-image 属性取值是一个 url 函数包含的 URL 字符串。URL 可以是相对或绝对路径，所导入的图像可以是任意类型，但是符合网页显示格式的一般为 GIF、JPG 和 PNG，这些类型的图像各有自己的优点和缺陷，可以酌情选用。例如，GIF 格式图像具有设计动画、透明背景和图像小巧等优点；JPG 格式图像具有更丰富的颜色数，图像品质相对要好；PNG 类型综合了 GIF 和 JPG 两种图像的优点，缺点就是占用空间相对要大。

有一点需要读者注意，如果背景图像为透明的 GIF 格式图像，则被设置为元素的背景图像时，这些透明区域依然被保留。例如，在下面这个实例中，先为网页定义背景图像，然后再为段落文本定义透明的 GIF 背景图像，则显示效果如图 8.10 所示。

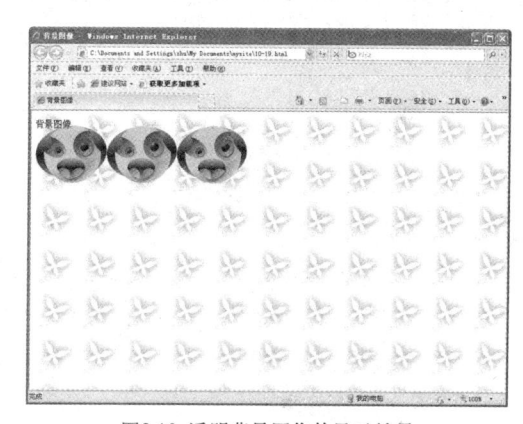

图8.10 透明背景图像的显示效果

```
style type="text/css">
body {background-image:url(images/bg8.jpg);}      /* 网页背景图像 */
p {/* 段落样式 */
    background-image:url(images/bg10.gif);        /* 透明的 GIF 背景图像 */
    height:120px;                                 /* 高度 */
    width:384px;                                  /* 宽度 */
}
</style>
<body>
<p>背景图像</p>
</body>
```

除了 GIF 透明背景图像外，对于透明的 PNG 图像一样能够很好地实现透明显示。但是对于 IE 6 及其以下版本浏览器来说，由于不支持 PNG 格式的透明效果，所以一般很少使用。

实训2　设计背景图像显示方式

CSS 定义了 background-repeat 属性专门用来控制背景图像的显示方式，例如，横向平铺、纵向平铺、完全平铺或不平铺等。

本节所用文件的位置如下：	
视频路径	视频文件\files\8.2.2.swf
效果路径	实例文件\8\

background-repeat 属性可以提供四个值：repeat（完全平铺）、no-repeat（不平铺）、repeat-x（x 轴方向上平铺）和 repeat-y（y 轴方向上平铺）。利用这些值可以灵活控制背景图像的显示方式。例如，在下面这个实例中，分别比较了 background-repeat 属性所定义的四种背景图像的显示效果，如图 8.11 所示。

```
<style type="text/css">
div {/* 定义盒子的公共样式 */
    background-image:url(images/bg9.jpg);    /* 背景图像 */
    width:380px;                              /* 宽度 */
    height:160px;                             /* 高度 */
    border:solid 1px red;                     /* 定义边框 */
    margin:2px;                               /* 定义边界 */
    float:left;                               /* 向左浮动显示 */
}
#box1 {background-repeat:repeat;}             /* 完全平铺 */
#box2 {background-repeat:repeat-x;}           /* x 轴平铺 */
#box3 {background-repeat:repeat-y;}           /* y 轴平铺 */
#box4 {background-repeat:no-repeat;}          /* 不平铺 */
</style>
<div id="box1">完全平铺</div>
<div id="box2">x 轴平铺</div>
<div id="box3">y 轴平铺</div>
<div id="box4">不平铺</div>
```

图8.11 控制背景图像显示方式的效果比较

这些背景图像显示方式对于设计网页栏目的装饰性效果具有非常重要的价值。很多栏目就是借助背景图像的单向平铺来设计栏目的艺术边框效果的。

实训3　设计背景图像位置

为了更好地控制元素背景图像的显示位置，CSS 定义了 background-position 属性来精确定位其背景图像。

本节所用文件的位置如下：	
视频路径	视频文件\files\8.2.3.swf
效果路径	实例文件\8\

background-position 属性取值包括两个，它们分别用来定位背景图像的 x 轴和 y 轴坐标，取值单位没有限制。例如，在下面这个实例中，把背景图像定位到盒子的中央，如图 8.12 所示，其中第一个值为 x 轴坐标，第二个值为 y 轴坐标，两个值之间通过空格进行分隔。

```
<style type="text/css">
#box {/* 盒子的样式 */
    background-image:url(images/bg10.gif);           /* 定义背景图像 */
    background-repeat:no-repeat;                     /* 禁止平铺 */
    background-position:50% 50%;                     /* 定位背景图像 */
    width:510px;                                     /* 宽度 */
    height:260px;                                    /* 高度 */
    border:solid 1px red;                            /* 边框 */
}
</style>
<div id="box"></div>
```

在使用 background-position 属性之前，应该使用 background-image 属性定义背景图像，否则 background-position 的属性值是无效的。在默认状态下，背景图像的定位值为（0% 0%），所以总会看见背景图像位于定位元素的左上角。

background-position 属性的取值单位包含多种类型，不同类型值都有自己的定位特点，下面简单分析一下。

1. 百分比定位

百分比是最灵活的定位方式，同时也是最难把握的定位单位。说其难主要在于定位距离是变

图8.12　定位背景图像的位置

化的，同时其定位点也是变化的。为了能更直观地说清楚这个问题，我们不妨结合实例进行讲解。

实例试验的环境是在一个 400×400px 的方形盒子中定位一个 100×100px 的背景图像，代码如下，初显效果如图 8.13 所示。在默认状态下，定位的位置为 (0% 0%)，通过实例效果图观察可以发现，定位点是背景图像的左上顶点，定位距离是该点到包含框左上角顶点的距离，即两点重合。

```
<style type="text/css">
body {/* 清除页边距 */
    margin:0;                                        /* 边界为 0 */
    padding:0;                                       /* 补白为 0 */
}
div {/* 盒子的样式 */
```

```
    background-image:url(images/grid.gif);        /* 背景图像 */
    background-repeat:no-repeat;                   /* 禁止背景图像平铺 */
    width:400px;                                   /* 盒子宽度 */
    height:400px;                                  /* 盒子高度 */
    border:solid 1px red;                          /* 盒子边框 */
}
</style>
<div id="box"></div>
```

如果定位背景图像为（100% 100%），则显示效果如图 8.14 所示。观察发现：定位点是背景图像的右下顶点，定位距离是该点到包含框左上角顶点的距离，这个距离等于包含框的宽度和高度。换句话说，当百分比值发生变化时，定位点也在以背景图像左上顶点为参考点不断变化，同时定位距离也根据百分比与包含框的宽和高进行计算得到一个动态值。

```
#box {/* 定位背景图像的位置 */
    background-position:100% 100%;
}
```

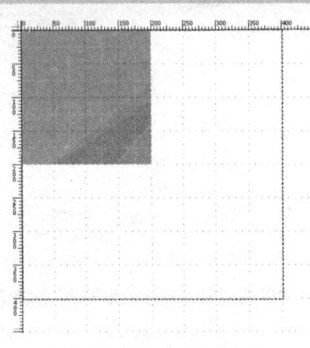

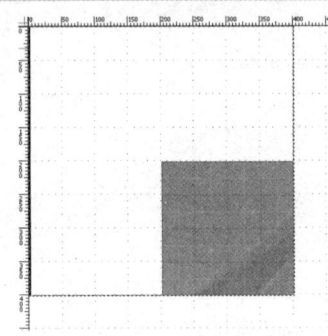

图8.13 (0% 0%)定位效果　　　　图8.14 (100% 100%)定位效果

为了支持这个观点，我们再定位背景图像为（50% 50%），显示效果如图 8.15 所示。观察发现：定位点是背景图像的中点，定位距离是该点到包含框左上角顶点的距离，这个距离等于包含框的宽度和高度的一半。

```
#box {/* 定位背景图像的位置 */
    background-position:50% 50%;
}
```

如果定位背景图像为（75% 25%），则显示效果如图 8.16 所示。观察发现：定位点是以背景图像的左上顶点为参考点（75% 25%）的位置，即图中所示的圆圈处。定位距离是该点到包含框左上角顶点的距离，这个距离等于包含框宽度的 75% 和高度的 25%。

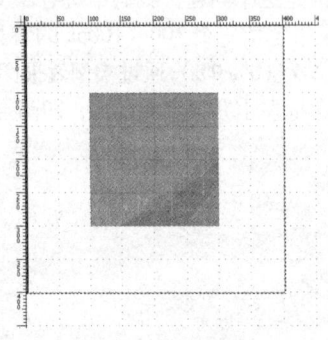

图8.15 (50% 50%)定位效果　　　　图8.16 (75% 25%)定位效果

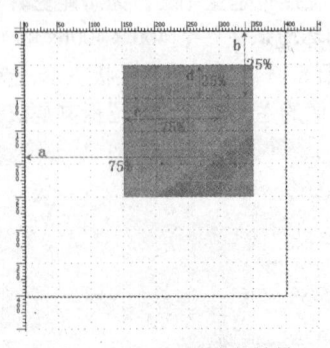

```
#box {/* 定位背景图像的位置 */
    background-position:75% 25%;
}
```

百分比也可以取负值，负值的定位点是包含框的左上顶点，而定位距离则以图像自身的宽和高来决定。例如，如果定位背景图像为（-75% -25%），则显示效果如图 8.17 所示。其中背景图像在宽度上向左边框隐藏了自身宽度的 75%，在高度上向顶边框隐藏了自身高度的 25%。

```
#box {/* 定位背景图像的位置 */
    background-position:-75% -25%;
}
```

同样的道理，如果定位背景图像为（-25% -25%），则显示效果如图 8.18 所示。其中背景图像在宽度上向左边框隐藏了自身宽度的 25%，在高度上向顶边框隐藏了自身高度的 25%。

```
#box {/* 定位背景图像的位置 */
    background-position:-25% -25%;
}
```

图8.17 (-75% -25%)定位效果　　　　图8.18 (-25% -25%)定位效果

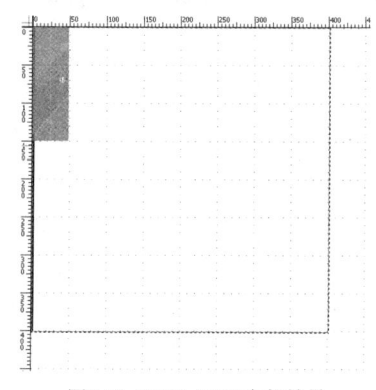

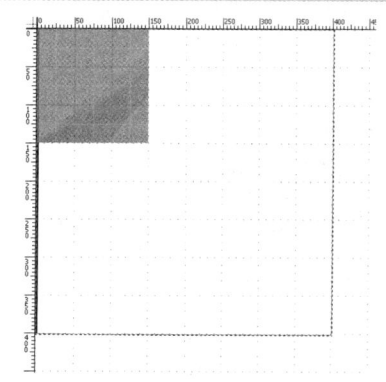

2. 精确定位

还可以使用 em 或 px 来精确定位背景图像的位置。注意，精确定位与百分比定位的定位点是不同的。对于精确定位来说，它的定位点始终是背景图像的左上顶点。其中 em 取值是根据包含框的字体大小来计算的，如果没有定义字体，则将根据继承来的字体大小进行计算。例如，以上面实例为基础，定义包含框的字体大小为 50px，则定位图像为（1em 2em），代码如下，显示效果如图 8.19 所示。当然，也可以取负值，负值的定位方式与百分比相同。

```
#box {
    font-size:50px;
    background-position:1em 2em;
}
```

3. 关键字定位

CSS 为了方便用户更灵活地控制背景图像的位置，还提供了五个关键字：left、right、center、top 和 bottom。这些关键字实际上就是百分比特殊值的一种固定用法。详细列表说明如下：

```
/* 普通用法 */
top left、left top                           = 0% 0%
right top、top right                         = 100% 0%
bottom left、left bottom                     = 0% 100%
```

```
bottom right、right bottom                              = 100% 100%
/* 居中用法 */
center、center center                                   = 50% 50%
/* 特殊用法 */
top、top center、center top                             = 50% 0%
left、left center、center left                          = 0% 50%
right、right center、center right                       = 100% 50%
bottom、bottom center、center bottom                    = 50% 100%
```

通过上面的取值列表及其对应的百分比值可以看到，对于关键字来说是不分先后顺序的，浏览器能够根据关键字的语义判断出它将作用的方向。例如，在上面实例的基础上，我们定义背景图像定位为（center left），则显示效果如图 8.20 所示。即使调整关键字的顺序，显示效果依然是相同的。

```
#box {
    background-position:center left;
}
```

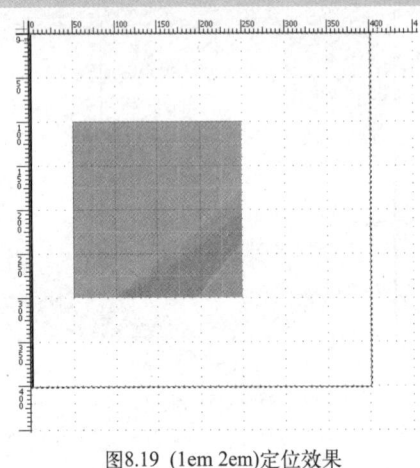

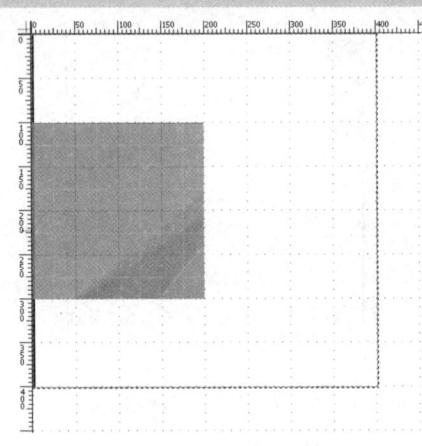

图8.19 (1em 2em)定位效果　　　　图8.20 (center left)定位效果

实训4　固定背景图像

一般情况下，背景图像能够随网页内容整体上下滚动，而使用 background-attachment 属性则可以固定网页背景图像。

本节所用文件的位置如下：	
视频路径	视频文件\files\8.2.4.swf
效果路径	实例文件\8\

网页背景图像上下滚动是一般常态，但如果定义的背景图像比较特殊，如水印或者窗口背景，则你可能不希望这些背景图像在滚动网页时轻易消失。CSS 为了解决这个问题提供了一个独特的属性：background-attachment，它能够固定背景图像，使它始终显示在浏览器窗口中的某个位置。

例如，在 8.2.3 节实例的基础上定义网页背景，并把它固定在浏览器的中央，然后把 body 元素的高度定义为大于屏幕的高度，强迫显示滚动条，代码如下。这时如果拖动滚动条，则可以看到网页背景图像始终显示在窗口的中央位置，如图 8.21 所示。

```
body {/* 固定网页背景 */
    background-image:url(images/bg3.jpg);              /* 定义背景图像 */
```

```
    background-repeat:no-repeat;              /* 禁止平铺显示 */
    background-attachment:fixed;              /* 固定显示 */
    background-position:left center;          /* 定位背景图像的位置 */
    height:1000px;                            /* 定义网页内容高度 */
}
```

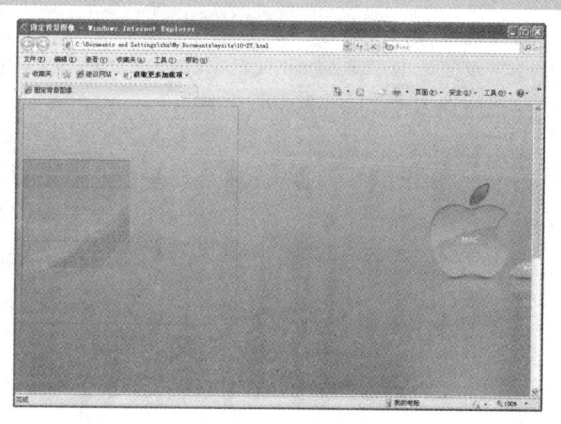

图8.21 固定背景图像显示

background-attachment 属性取值包括 scroll、fixed 和 inherit，默认为 scroll，即表示背景图像随着网页内容滚动显示。

实训5 灵活使用背景图像

CSS 提供了一个 background 属性，使用这个复合属性可以在一个属性中定义所有相关的值，而不必定义多个属性。

本节所用文件的位置如下：

视频路径	视频文件\files\8.2.5.swf
效果路径	实例文件\8\

例如，如果把 8.2.4 节实例中的四个与背景图像相关的声明合并为一个声明，则代码如下：

```
body {/* 固定网页背景 */
    background:url(images/bg2.jpg) no-repeat fixed left center;
    height:1000px;
}
```

上面各个属性值不分先后顺序，且可以自由定义，不需要指定每一个属性值。另外，该复合属性还可以同时指定颜色值，这样，当背景图像没有完全覆盖所有区域，或者背景图像失效时（找不到路径），则会自动显示指定颜色。例如，定义如下背景图像和背景颜色，则显示效果如图8.22 所示。

```
<style type="text/css">
body {/* 同时定义背景图像和背景颜色 */
    background: #CCCC99 url(images/png-1.png);
}
</style>
```

如果把背景图像和背景颜色分开声明，则无法同时在网页中显示。例如，在下面实例中，后面的声明值将覆盖前面的声明值，所以就无法同时显示背景图像和背景颜色了。

```
<style type="text/css">
body {/* 定义网页背景色和背景图像 */
    background:#CCCC99;
    background:url(images/png-1.png) no-repeat;
}
</style>
```

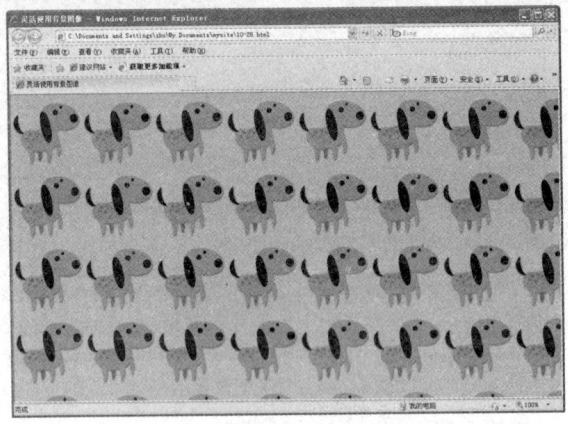

图8.22 同时定义背景图像和背景颜色

8.3 网页图像设计实战

在前面几节中讲解了如何使用 CSS 来控制图像（包括前景图像和背景图像）。应该说，图像在网页设计中的作用越来越重要了，下面将结合两个综合实例向读者展示图像在网页设计中的魅力和魔力。

实训1 博客主页中的图像应用

在这个综合实训中，读者将学习到如何铺设网页背景，如何设计栏目背景，如何实现背景图像的重叠显示等。

本节所用文件的位置如下：	
视频路径	视频文件\files\8.3.1.swf
效果路径	实例文件\8\

通过本实训的学习，可以真正体会到背景图像的实用价值，以及背景图像的各种显示方式的应用技巧。由于现在还没有学到 CSS 结构布局，所以对于页面的整体显示效果不作介绍。

本实训是一个博客主页的模板框架，整体布局是一个三行两列式，效果如图 8.23 所示。三行区域包括：头部标题和导航区域、主体区域和页脚版权信息区域。两列区域包括文章内容列和侧栏功能列。

在这个页面中，主要用到五幅背景图像，这五幅背景图像分别用来设计网页背景、网页标题背景、导航栏背景、主体区域背景和版权信息栏背景，因此，下文的讲解也将以这五幅图像的使用为线索展开讲解。

图8.23 博客主页的设计效果（模板效果）

页面的 HTML 文档结构如下，它主要是由两个并列的结构组成（<div class="top">和 <div class="container">），其中 <div class="top"> 块定义网页标题，而 <div class="container"> 块是主体内容区域。同时在 <div class="container"> 块中又由三行并列的结构组成（<div class="navigation">、<div class="main"> 和 <div id="footer">），其中 <div class="navigation"> 子模块定义导航栏，<div class="main"> 子模块定义主体区域栏目，而 <div id="footer"> 定义版权信息栏。如果继续分析，则 <div class="main"> 子模块中包含内容子栏目（<div class="content">）和侧栏导航（<div class="sidenav">）。

```html
<div class="top">
    <div class="header">
        <div id="logo">
            <h1><a href="#">博客标题</a></h1>
            <h2><a href="#" id="metamorph">副标题</a></h2>
        </div>
    </div>
</div>
<div class="container">
    <div class="navigation"> <a href="#">菜单1</a> <a href="#">菜单2</a> <a href="#">菜单3</a>
        <div class="clear"></div>
    </div>
    <div class="main">
        <div class="content">
            <h1 class="title">文章标题</h1>
            <p class="descr"><small>发布时间</small></p>
            <p>文章内容</p>
            <h2>索引标题</h2>
            <p>索引说明</p>
            <ul>
                <li><a href="#">列表1</a></li>
                <li><a href="#">列表2</a></li>
                <li><a href="#">列表3</a></li>
            </ul>
        </div>
        <div class="sidenav">
            <h2>侧栏标题</h2>
            <ul>
                <li><a href="#">列表1</a></li>
                <li><a href="#">列表2</a></li>
                <li><a href="#">列表3</a></li>
            </ul>
        </div>
        <div class="clear"></div>
    </div>
    <div id="footer">
```

```
        <p> 版权信息 </p>
    </div>
</div>
```

　　网页结构布局的问题就不再详细说明，下面重点讲解本页面的背景图像是如何设计的，具体操作步骤如下。

　　第一步，定义网页背景图像。在这个页面中，直接使用了一个大图来定义网页背景。设置背景图像沿x轴方向平铺，同时使用关键字定位图像从浏览器窗口的左下角开始平铺。为了避免因为背景图像的丢失而影响页面显示效果，同时在background属性中定义一个接近蓝色的颜色（#069FFF），所得效果如图8.24所示。这是一个大图，正好能够覆盖一个屏幕大小，所以不会出现多处平铺现象。

图8.24　铺设网页背景图像效果

```
body {/* 定义网页背景图像 */
    background: #069FFF url(images/1/bg.jpg) repeat-x left bottom;
}
```

　　第二步，定义标题行的背景图像。一个元素只能够定义一个背景图像，如果要在一个区域内显示多重背景图像效果，可以借助元素的结构嵌套，然后分别为不同元素定义背景图像，最后实现背景图像的重叠显示效果。很多设计师正是利用这个技巧设计了很多构思精巧的页面效果，例如，栏目圆角显示正是借助四个嵌套的元素分别定义同一个区域的四个顶角的圆角背景图像来实现的。滑动门菜单正是利用两个嵌套元素分别定义菜单的左右两侧背景图像，从而实现了犹如两扇推拉门的菜单效果。

　　在网页标题栏目中，为了避免网页背景与头部栏目背景重合，故利用一个嵌套的元素为它们定义一个分隔区域，如图8.25所示。头部区域的背景图像是一个完整的背景图像，所以不要定义平铺显示，同时设置 <div id="logo"> 标签大小与背景图像大小一致，这样能够恰当显示标题背景图像。代码如下：

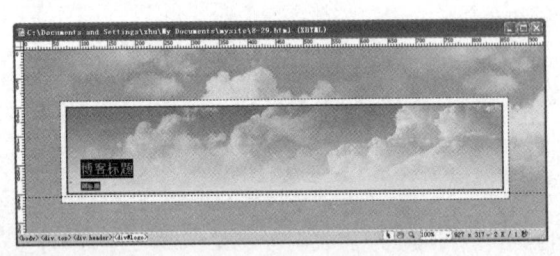

图8.25　定义网页标题栏目的背景图像效果

```
#logo {/* 标题栏目的背景图像 */
    width: 780px;                                            /* 固定宽度 */
    height: 150px;                                           /* 固定高度 */
    margin: 0 auto;                                          /* 居中显示 */
    background: url(images/1/header.jpg) no-repeat left top; /* 背景图像,
禁止平铺 */
}
```

　　第三步，定义导航菜单的背景图像。由于导航栏目由多个菜单组成，故把背景图像定义到a元素上，并利用背景图像的水平平铺来设计整个栏目的效果，如图8.26所示。

```
.navigation {/* 定义导航栏目的背景图像 */
    background: #D9E1E5 url(images/1/menu.gif);/* 背景图像,默认自动平铺 */
```

```
    border: 1px solid #DFEEF7;          /* 定义边框线，为背景图像镶个框 */
    height: 41px;                        /* 固定高度，该高度等于背景图像的高度 */
}
.navigation a {/* 定义菜单的背景图像 */
    background: #D9E1E5 url(images/1/menu.gif);/* 背景图像，默认自动平铺 */
    border-right: 1px solid #ffffff;     /* 定义右边框线，为菜单之间定义分隔线 */
    display: block;                      /* 定义超链接块状显示 */
    float: left;                         /* 浮动块，以实现并列显示 */
    line-height: 41px;                   /* 定义行高，间接实现垂直居中 */
    padding: 0 20px;
}
```

图8.26 定义导航栏栏目的背景图像效果

第四步，主要内容区域由两列组成，而这里正是利用背景图像来实现分栏效果，有人称之为伪列布局，意思就是两列之间实际上就是一列，通过背景图像的显示效果来区分不同的列，如图 8.27 所示。

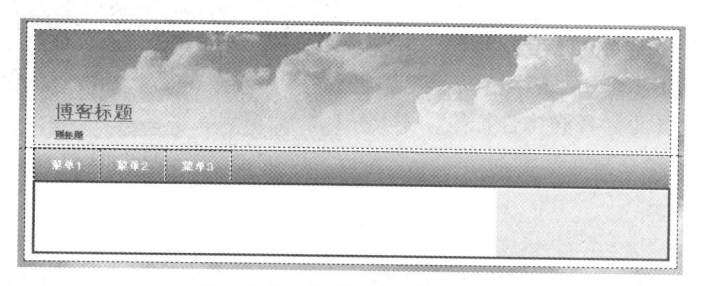

图8.27 定义主体区域的背景图像效果

```
.main {/* 主体区域的伪列布局 */
    border-top: 4px solid #FFF;                                /* 定义一个顶部边框 */
    background: url(images/1/bgmain.gif) repeat-y;             /* 定义背景图像垂
直平铺 */
}
```

定义伪列布局时应该注意以下三个问题。

第一，伪列布局适合用在宽度固定的页面中，因为伪列布局的背景图像宽度是固定的。

第二，伪列布局的背景图像应该拥有明显的栏目分隔标记，这样当背景图像垂直平铺时，才可以模拟出多个栏目的效果。

第三，伪列布局的背景图像只能够定义在栏目的外包含框中，包含框内部可以包含多个子栏目，每个子栏目的宽度应该与对应的背景分列宽度相一致。

第五步，定义页脚区域的版权信息栏目的背景图像。该栏目的背景图像以水平平铺显示，因此栏目的高度必须是固定的。

```css
#footer {{/* 页脚区域的背景图像 */
    background: url(images/1/bgfooter.gif) repeat-x;         /* 定义背景图像水平平铺 */
    height: 60px;                                            /* 固定高度 */
    padding-top: 30px;                                       /* 顶部补白 */
}
```

实训2　网络相册中的图像应用

在这个综合实训中，读者将要学习如何修饰前景图像，如何设计圆角区域，如何点缀装饰页面背景等。

本节所用文件的位置如下：	
视频路径	视频文件\files\8.3.2.swf
效果路径	实例文件\8\

通过本实训的学习，能够认识到图像作为信息时该如何显示，以及背景图像的更多设计技巧。本实训也不会对页面整体布局技巧展开讲解，感兴趣的读者可以阅读本实例的布局技巧，但不强求掌握。

本实训是一个网络相册的模板结构，页面依然继承了实训1的三行两列式布局，但是本节实例将重心放在前景图像的修饰上，其他方面的技术和技巧暂时省略，页面效果如图8.28所示。本实训的HTML结构如下所示，其中加粗显示的标签为网页主结构框架，框线显示的标签是页面栏目修饰性标签，不包含任何语义性。

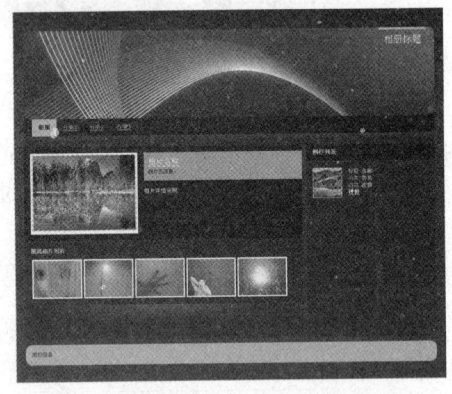

图8.28 网络相册的设计效果（模板效果）

```html
<div id="main">
    <div id="header">
        <h1 id="logo"><a href="#" title="[Go to homepage]">相册名称</a></h1>
    </div>
    <div id="nav" class="box">
        <h3 class="noscreen">Navigation</h3>
        <ul>
            <li id="nav-active"><a href="#">相册</a></li>
            <li><a href="#">分类1</a></li>
            <li><a href="#">分类2</a></li>
            <li><a href="#">分类3</a></li>
        </ul>
    </div>
    <div id="cols-top"></div>                <!-- 主体区域的顶部装饰标签 -->
    <div id="cols" class="box">
        <div id="content">
```

```html
<div id="topstory" class="box">
    <div id="topstory-img"><img src="images/9.jpg" alt="" /></div>
    <div id="topstory-desc">
        <div id="topstory-title">
            <h2><a href="#">相片名称</a></h2>
            <p class="info">元信息</p>
        </div>
        <div id="topstory-desc-in">
            <p>相片详细说明</p>
        </div>
    </div>
</div>
<div class="content-padding">
    <h3 class="hx-style01 nomt">随机相片</h3>
    <ul id="photos" class="box">
        <li><a href="#"><img src="images
                    /006.jpg" alt="相册" /></a></li>
        <li><a href="#"><img src="images
                    /002.jpg" alt="相册" /></a></li>
        <li><a href="#"><img src="images
                    /003.jpg" alt="相册" /></a></li>
        <li><a href="#"><img src="images
                    /004.jpg" alt="相册" /></a></li>
        <li><a href="#"><img src="images
                    /005.jpg" alt="相册" /></a></li>
    </ul>
    <div class="separator"></div>      <!-- 相册列表装饰标签 -->
</div>
<div id="aside">
    <h3 class="title">侧栏列表</h3>
    <div class="aside-padding smaller low box">
      <p> <img src="images/014.jpg" alt="" width="66"
            height="66" class="f-left" />
        标题：<strong>名称</strong><br />
        分类：<strong>类名</strong><br />
        浏览：<strong>次数</strong><br />
        <strong><a href="#" class="high">评价</a></strong></p>
    </div>
</div>
<div id="cols-bottom"></div>      <!-- 主体区域的底部装饰标签 -->
<div id="footer-top"></div>       <!-- 页脚圆角区域的顶部装饰标签 -->
```

顶部预览相片框架

随机相片列比框架

侧栏分类相片列比框架

```
<div id="footer">
    <p> 版权信息 </p>
</div>
<div id="footer-bottom"></div>      <!-- 页脚圆角区域的底部装饰标签 -->
</div>
```

下面重点讲解插入到网页中作为信息进行传递的前景图像。

网页图像从本质上可以划分为两类：一类是以传递信息为目的的图像，即图像本身包含语义性；另一类是以网页修饰为目的的图像，即图像本身不包含任何语义性。对于一般网页来说，为了设计而使用的图像一般多为修饰性的图像，对于修饰性的图像建议以背景图像的方式进行显示。在以新闻图片、网络相册、贴图等类型的网站或网页中，很多图像本身就是信息源，用来传递平面视觉信息，因此对于这些信息应该以插入图像的方式直接插入到网页中，不应该以背景图像的方式插入。下面将重点介绍本页面中三处前景图像的设计方法和圆角区域的设计技巧。

第一步，设计顶部预览图像的装饰效果。在这个图像设计中，在 <div id="topstory-img"> 图片包含框中定义了一个背景图像，如图 8.29 所示。通过这种方式定义背景图像和前景图像，则可以以背景图像来装饰前景图像，同时还可以替换当加载图像失败时显示。详细的样式设计如下所示。

图8.29 顶部预览图像效果

```
<div id="topstory-img"><img src="images/9.jpg" alt="" /></div>
#topstory #topstory-img {/* 图像包含框样式 */
    float:left;                                      /* 浮动显示，方便布局和控制 */
    width:250px;                                     /* 固定宽度，以便定义背景图像 */
    height:180px;                                    /* 固定高度，以便定义背景图像 */
    background:url(image-02.gif);                    /* 定义背景图像 */
    text-align:center;                               /* 定义前景图像水平居中显示 */
    vertical-align:middle;                           /* 定义前景图像垂直居中显示 */
    line-height:180px;                               /* 定义满行高，实现垂直居中显示 */
    padding-top:4px;                                 /* 增加顶部空白区域 */
}
#topstory #topstory-img img {/* 前景图像样式 */
    width:238px;                                     /* 固定图像的宽度 */
    height:170px;                                    /* 固定图像的高度 */
    border:solid 1px #fff;                           /* 定义一个白色边框 */
}
```

第二步，设计随机相片列表。构建一个信息列表结构，如下所示：
```html
<ul id="photos" class="box">
    <li><a href="#"><img src="images/006.jpg" alt="相册" /></a></li>
    <li><a href="#"><img src="images/002.jpg" alt="相册" /></a></li>
    <li><a href="#"><img src="images/003.jpg" alt="相册" /></a></li>
    <li><a href="#"><img src="images/004.jpg" alt="相册" /></a></li>
    <li><a href="#"><img src="images/005.jpg" alt="相册" /></a></li>
</ul>
```

然后为这个信息列表框定义一个基本样式：清除列表的默认样式，清除其他相邻栏目相互覆盖，适当调节边界和补白空隙。代码如下：

```css
#photos {/* 相片列表包含框 */
    margin:0;                           /* 清除边界 */
    padding:0;                          /* 清除补白 */
    list-style:none;                    /* 清除项目列表符号 */
    margin-bottom:15px;                 /* 增加底部边界 */
    clear:both;                         /* 清除相邻模块相互覆盖 */
    padding-left:2px;                   /* 定义左侧补白 */
}
```

最后定义列表项目以行内元素显示，这样所有项目都能够在同一行内显示。定义补白的目的是露出背景图像中的边框，以设计镶边的效果。为了能够兼容 IE 浏览器，这里使用了 IE 专有属性 zoom，该属性能够触发当列表项目显示为行内元素时以布局方式显示，避免它收缩为文本行效果。

```css
#photos li {/* 单张相片包含框 */
    display:inline;                     /* 行内显示 */
    padding:3px;                        /* 为相片留白（定义补白）*/
    background:url(image-03.gif) no-repeat center; /* 定义背景图像 */
    zoom:1;                             /* 布局触发器（原意为元素缩放比例为1）*/
    margin-right:4px;                   /* 为相片之间增加空隙 */
}
/* 兼容非 IE 浏览器，即下面样式只在非 IE 浏览器中执行。由于非 IE 浏览器不支持 zoom 属性，
因此定义为行内块状显示 */
html>/**/body #photos li {
    display:inline-block;               /* 行内块状显示 */
}
#photos li img {/* 相片样式 */
    width:82px;                         /* 固定宽度 */
    height:25px;                        /* 固定高度 */
    border:none;                        /* 清除边框 */
}
```

第三步，在侧栏中插入图像，然后为图像定义一个白色的修饰性边框，代码如下：

```css
img.f-left {/* 相片样式 */
    float:left;                         /* 向左浮动 */
    margin-right:15px;                  /* 增加右侧边界 */
    border:solid 1px #fff;              /* 镶嵌一个白色的边框 */
}
```

第四步，重点来研究圆角区域的设计方法。所谓圆角区域就是利用某种方法设计某个栏目的四个边角显示为圆形。设计圆角的方法一般有三种。

方法一，利用 XHTML+CSS 来设计。借助某个指定元素（如 span、cite 等），把它看作一个、几个或一行像素点，然后使用多个同样的标签，模拟圆角像素的堆叠结构来模仿一个圆角效果，其中 CSS 负责控制标签的显示大小和堆叠顺序。

例如，在下面这个结构中，利用八个元素，分别堆砌了四个圆角区域，如图 8.30 所示。

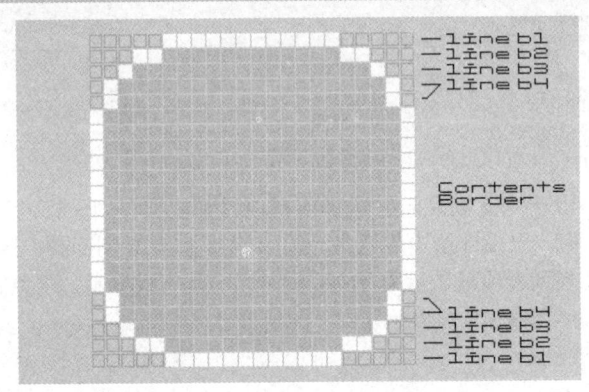

```
<div class="curved">
<b class="b1"></b><b class="b2"></b><b class="b3"></b><b class="b4"></b>
<div class="boxcontent">
<!-- 圆角内容区域 -->
</div>
<b class="b4"></b><b class="b3"></b><b class="b2"></b><b class="b1"></b>
</div>
```

图8.30 堆砌圆角区域的示意图

方法二，利用 JavaScript 脚本来描绘圆角区域，关于这个话题将在后面章节中讲解。

方法三，利用 XHTML+CSS+ 背景图像的方式来设计圆角区域。这里又有三种不同的形式：如果圆角区域固定，则可以利用一张设计好的圆角背景图像来设计；如果圆角区域的高度或宽度固定，则可以使用两张半圆角的背景图像来设计，中间的区域以同色进行填充，如图 8.31 所示。如果圆角区域的宽和高都不固定，则需要四张圆角图像，然后通过结构嵌套，并利用 CSS 把这四个圆角图像分别固定在对应的顶角上。

还有一个特殊的设计方法，就是仅使用一种背景图像。首先设计一个圆形图像的四瓣背向组合图，如图 8.32 所示，然后利用 CSS 进行背景图像定位，这样可以更灵巧地设计圆角区域。

图8.31 一边固定的圆角区域构成示意图　　　　图8.32 四瓣背向组合图

本实训中所需要设计的圆角区域是一个宽度固定的版权区域，如图 8.33 所示，因此可以利用两张固定宽度的半圆图像来设计。其中上半圆背景图像定义到 <div id="footer-top"> 标签中，而下半圆背景图像定义到 <div id="footer-bottom"> 标签中，再为 <div id="footer"> 定义同色背景图像即可。详细的 CSS 样式代码就不再列举了。

图8.33 圆角区域效果图

```
<div id="footer-top"></div>
<div id="footer">
    <p> 版权信息 </p>
</div>
<div id="footer-bottom"></div>
```

第 9 章

设计超链接样式

在 HTML 定义的众多元素中，img 和 a 都是比较特殊却又非常重要的元素。说其特殊是因为它们不仅仅是简单的标记，从本质上讲它们都是复杂对象的引用，正如编程中类实例化应用一样。

在 HTML 语言基础中曾经提到互联网的三大核心技术，其中第一个技术就是利用超文本技术（HTML）实现信息互联，从狭义上分析这里的超文本技术应该就是超链接技术，换句话说，就是 a 元素的应用价值。它犹如可以自由拉伸、变形和复制的桥梁，把互联网上无数个孤立的数据岛（网页或网站）串联在一起，编织成一个无形的蜘蛛网。当然，a 元素内部封装了实现这种桥梁功能的底层机制和逻辑代码，这些被封装的技术对于普通读者来说就像是一个谜，但它却给用户留了几个交互接口，如 href（用来指定 URL，即桥的另一端，它也是互联网的另一个核心技术）、target（定义行人过桥的方式，即如何打开另一个页面）等。

本章将重点研究超链接样式的基本规律和各种设计技巧，以及如何更精确、更人性化地控制超链接，以提高用户的操作体验。

9.1 超链接基本样式

超链接是互联网的核心技术，也是网站的灵魂，各个网页经过超链接链接在一起后，才能真正构成一个网站。所谓超链接就是指从一个网页指向一个目标的连接关系，这个目标可以是另一个网页，也可以是相同网页上的不同位置，还可以是一个图片、一个电子邮件地址、一个文件，甚至是一个应用程序。在一个网页中用来超链接的对象，可以是一段文本或者是一个图片。当浏览者单击已经链接的文字或图片后，被链接的目标将显示在浏览器上，并且根据目标的类型来打开或运行。

1．简单认识超链接

根据路径（URL）的不同，网页中的超链接一般可以分为三种类型。
- 内部链接。
- 锚点链接。
- 外部链接。

内部链接所链接的目标一般位于同一个网站中，对于内部链接来说，可以使用相对路径和绝对路径。所谓相对路径就是URL中没有指定超链接的协议和互联网位置，仅指定相对位置关系。例如，如果a.html和b.html位于同一目录下，则直接指定文件（b.html）即可，因为它们的相对位置关系是平等的。如果b.html位于本目录的下一级目录（sub）中，则可以使用"sub / b.html"相对路径即可。如果b.html位于上一级目录（father）中，则可以使用"../ b.html"相对路径即可，其中".."符号表示父级目录，还可以使用"/"来定义站点根目录，如"/ b.html"就表示链接到站点根目录下的b.html文件。

外部链接所链接的目标一般为外部网站目标，当然也可以是网站内部目标。外部链接一般要指定链接所使用的协议和网站地址，例如，http://www.css8.cn/web2_nav/index.html，其中http是传输协议，www.css8.cn表示网站地址，后面跟随的字符是站点的相对地址。

锚链接是一种特殊的链接方式，实际上它是在内部链接或外部链接的基础上增加锚标记后缀（#标记名），例如，http://www.css8.cn/web2_nav/index.html#anchor，就表示跳转到index.htm页面中标记为anchor的锚点位置。

另外，如果根据使用对象的不同，网页中的链接又可以分为：文本超链接、图像超链接、E-mail链接、锚点链接、多媒体文件链接和空链接等，具体的使用方法这里就不再展开介绍了。

2．伪类和伪对象

在深入学习超链接样式之前，先来认识一下伪类和伪对象。早期的工程师们在开发CSS语言时曾遇到这样的难题：如何控制那些看不见、摸不着的对象样式呢？例如，为段落文本的第一个字符定义样式，或者为段落的第一行文本定义样式，为鼠标指针经过文本时定义样式，或者当单击鼠标时显示样式等。这些状态或行为所针对的具体内容都是不确定的，也是无法借助某个标签或者标签的属性来定位的。

经过不断探索和实践，有人就联想到模拟技术，希望借助特定的逻辑来捕获用户需要定义的对象样式，于是就发展为后来CSS中伪类和伪对象技术的雏形。

所谓伪类就是根据一定的特征对元素进行分类，而不根据元素的名称、属性或内容。原则上特征是不能够根据HTML文档的结构（DOM）推断得到的。从直观上来分析，伪类可以是动态的，当用户与HTML文档进行交互时，一个元素可以获取或者失去某个伪类（特定的特征）。例如，鼠标指针经过就是一个动态特征，任意一个元素都可能被鼠标经过，当然鼠标指针也不可能永远停留在同一个元素上面，这种特征对于某个元素来说可能随时消失。

伪对象与伪类都是抽象的事务，但是伪对象是页面中的具体内容或区域，只不过这个具体内容或区域所限定的内容是不固定的。例如，段落文本的第一行，对于某个具体段落文本来说可能是确定的，但是在另一段落文本中可能所指的内容就不相同了。

在 CSS 中，伪类和伪对象是以冒号为前缀的特定名词，它们表示一类选择器，具体说明如表 9.1 和表 9.2 所示。

表9.1 伪类及其说明

伪 类	说 明
:link	超链接对象未被访问时的样式
:hover	鼠标移过对象时的样式
:active	在对象被鼠标单击后到被释放这段时间的样式
:visited	超链接对象被访问之后的样式
:focus	对象成为输入焦点时的样式
:first-child	对象的第一个子对象的样式
:first	对于页面的第一页使用的样式

表9.2 伪对象及其说明

伪 类	说 明
:after	设置某个对象之后的内容
:first-letter	设置对象内的第一个字符样式
:first-line	设置对象内第一行的样式
:before	设置某个对象之前的内容

伪类和伪对象在网页设计中比较实用，但是考虑到浏览器的支持问题，很多伪类和伪对象仅是一个摆设，其中比较实用的是伪类中的 :link、:hover、:active、:visited 和 :focus，以及伪对象中的 :first-letter 和 :first-line。IE 6 及其以下版本浏览器不支持 :hover 伪类在非 a 元素上的应用。

3．超链接的 4 种样式

在伪类和伪对象中，与超链接相关的四个伪类选择器应用比较广泛，而且不同的浏览器也都完全支持。这几个伪类定义了超链接的四种不同状态，简单说明如下。

- a:link：定义超链接的默认样式。
- a:visited：定义超链接被访问后的样式。
- a:hover：定义鼠标经过超链接时的样式。
- a:active：定义超链接被激活时的样式，如鼠标单击之后到鼠标被释放这段时间的样式。

例如，下面看一个简单的实例，在这个实例中定义页面所有超链接默认为红色下划线效果，当鼠标经过时显示为绿色下划线效果，而当单击超链接时则显示为黄色下划线效果，超链接被访问后则显示为蓝色下划线效果。

```
<style type="text/css">
a:link  { /* 超链接默认样式 */
    color: #FF0000;                          /* 红色 */
}
a:visited { /* 超链接被访问后的样式 */
    color: #0000FF;                          /* 蓝色 */
}
```

```
a:hover {  /* 鼠标经过超链接的样式 */
    color: #00FF00;                          /* 绿色 */
}
a:active {  /* 超链接被激活时的样式 */
    color: #FFFF00;                          /* 黄色 */
}
</style>
```

当然，不仅可以为页面设计统一的超链接样式，还可以为指定范围的超链接定义样式，甚至分别为不同超链接定义样式。例如，在下面这个简单的实例中，如果要定义第一段内超链接样式，则可以使用包含选择器来定义。

```
<p class="p1">
        <a href="#" class="a1">段落一超链接1</a>
        <a href="#" class="a2">段落一超链接2</a>
        <a href="#" class="a3">段落一超链接3</a>
</p>
<p class="p2">
        <a href="#" class="a1">段落二超链接1</a>
        <a href="#" class="a2">段落二超链接2</a>
        <a href="#" class="a3">段落二超链接3</a>
</p>
```

定义第一段中的超链接样式：

```
<style type="text/css">
.p1 a:link {color: #FF0000;}
.p1 a:visited {color: #0000FF;}
.p1 a:hover {color: #00FF00;}
.p1 a:active {color: #FFFF00;}
</style>
```

如果要定义类为a1的超链接样式，则可以使用如下方式来定义，其中前缀是一个类选择器：

```
<style type="text/css">
.a1:link {color: #FF0000;}
.a1:visited {color: #0000FF; }
.a1:hover {color: #00FF00;}
.a1:active {color: #FFFF00;}
</style>
```

当然也可以使用指定类型选择器来定义，具体样式代码如下：

```
<style type="text/css">
a.a1:link {color: #FF0000;}
a.a1:visited {color: #0000FF; }
a.a1:hover {color: #00FF00;}
a.a1:active {color: #FFFF00;}
</style>
```

在为超链接定义样式时，请注意如下几个问题。

第一，超链接的四种状态样式的排列顺序是有要求的，一般不能随意调换。先后顺序应该是：link、visited、hover 和 active，快速记忆就是：L-V-H-A，可意译为 LoVe & Hate（爱与恨）。

为什么说超链接样式的顺序很重要呢？因为浏览器在解析超链接样式时，是按着先后顺序来执行的，超链接的四种状态也是有时间先后顺序的。例如，在下面这个超链接样式中，当鼠标经过超链接时，执行第一行样式，但是紧接着第三行的超链接默认样式会覆盖掉第一行和第二行样式，所以无法看到鼠标经过和被激活时的样式效果。

```
<style type="text/css">
a.a1:hover {color: #00FF00;}
a.a1:active {color: #FFFF00;}
a.a1:link {color: #FF0000;}
a.a1:visited {color: #0000FF; }
</style>
```

第二，超链接的四种状态并非都必须要定义，可以只定义其中的两个或三个。当要把未访问的和已经访问的链接定义成相同的样式时，则可以定义 link、hover 和 active 三种状态。例如：

```
<style type="text/css">
a.a1:link {color: #FF0000;}
a.a1:hover {color: #00FF00;}
a.a1:active {color: #FFFF00;}
</style>
```

如果仅希望超链接显示两种状态样式，可以使用 a 和 hover 来定义。其中 a 标签选择器定义 a 元素的默认显示样式，然后定义鼠标经过时的样式。例如：

```
<style type="text/css">
a {color: #FF0000;}
a:hover {color: #00FF00;}
</style>
```

上面这种方法是定义超链接的最简单、最快捷的方式，但是如果页面中还包括锚记，将会影响锚记的样式。如果定义如下的样式，则仅影响超链接未访问时的样式和鼠标经过时的样式，一旦超链接被访问之后，则会恢复到默认的下划线紫色效果，所以一般不要这样定义超链接的样式。

```
<style type="text/css">
a:link {color: #FF0000;}
a:hover {color: #00FF00;}
</style>
```

对于 :hover 伪类来说，不仅可以定义超链接元素，而且还可以为其他元素定义鼠标经过样式，但是在 IE 6 及其以下版本浏览器中并不支持该样式。

9.2 设计超链接样式

在网页中，超链接字体默认显示为蓝色，文字下面有一条下划线，当鼠标指针移到超链接上时，鼠标指针就会变成手形。如果超链接已被访问，那么这个超链接的文本颜色就会发生改变，默认显示为紫色，这就是经典的超链接默认样式。当然，现在设计师很少再保留超链接的默认样式了，总会根据网站或网页的具体设计风格进行定义。

实训1　设计下划线样式

定义超链接的样式自然会首先想到颜色，但是不同的页面在选用颜色上是没有规律的，所以这里只介绍超链接的下划线样式。

本节所用文件的位置如下：	
视频路径	视频文件\files\9.2.1.swf
效果路径	实例文件\9\

下划线似乎是为了超链接而产生的，可以说在页面中看到下划线，很多人会下意识地移动鼠标去单击一下，因为这让人很自然想到它是一个超链接。

当然有的设计师不喜欢下划线，也可以完全清除超链接的下划线。

```
a {/* 完全清除超链接的下划线效果 */
    text-decoration:none;
}
```

这些被完全清除下划线的超链接，在没有显式声明的情况下，是不会显示下划线效果的。不过在没有好替代方案的前提下，最好不要取消所有下划线。从用户体验的角度分析，在取消下划线之后，无法保证读者能很轻松地找到这些超链接。

当完全清除所有超链接的下划线之后，有些设计师又对下划线很怀念，于是在鼠标经过的样式中增加了下划线，其实这也是一个明智的选择，因为下划线能很好地提示读者，当前鼠标经过的是一个超链接。

```
a:hover {/* 鼠标经过时显示下划线效果 */
    text-decoration:underline;
}
```

下划线的效果当然不仅仅是一条实线，也可以根据需要进行订制。订制的主要思路如下。

- 一方面可以借助超链接元素 a 的底部边框线来实现。
- 另一方面可以利用背景图像来实现，而背景图像可以设计出更多精巧的下划线样式。

例如，下面这个实例设计为当鼠标经过时显示虚下划线、加粗和加重色彩的效果，把这个样式表引入到页面中，则超链接的显示效果如图9.1所示。

图9.1 超链接下划线样式效果

```
<style type="text/css">
a {/* 超链接的默认样式 */
    text-decoration:none;                /* 清除超链接下划线 */
    color:#999;                          /* 浅灰色文字效果 */
}
a:hover {/* 鼠标经过时样式 */
    border-bottom:dashed 1px red;        /* 鼠标经过时显示虚下划线效果 */
    color:#000;                          /* 加重颜色显示 */
    font-weight:bold;                    /* 加粗字体显示 */
    zoom:1;                              /* 解决 IE 浏览器无法显示问题 */
}
</style>
```

在下面这个实例中，定义超链接始终显示为下划线效果，并通过调整颜色的变化来体现鼠标经过时的样式变化。

```css
<style type="text/css">
a {/* 超链接的默认样式 */
    text-decoration:none;              /* 清除超链接下划线 */
    border-bottom:dashed 1px red;      /* 红色虚下划线效果 */
    color:#666;                        /* 灰色字体效果 */
    zoom:1;                            /* 解决 IE 浏览器无法显示问题 */
}
a:hover {/* 鼠标经过时样式 */
    color:#000;                        /* 加重颜色显示 */
    border-bottom:dashed 1px #000;     /* 改变虚下划线的颜色 */
}
</style>
```

由于浏览器在解析虚线时的效果不一致，且显示效果不是很精致，为此使用背景图像来定义虚线，则效果会更好。例如，先使用图像编辑软件设计一个虚线段，如图 9.2 所示是一个放大了 32 倍的虚线段设计图效果，在设计时应该确保高度为 1 像素，宽度可以为 4 像素、6 像素或 8 像素，主要根据虚线的疏密进行设置。然后选择一种颜色以跳格方式进行填充，最后保存为 GIF 格式的图像即可，当然最佳视觉空隙是间隔两个像素空格。

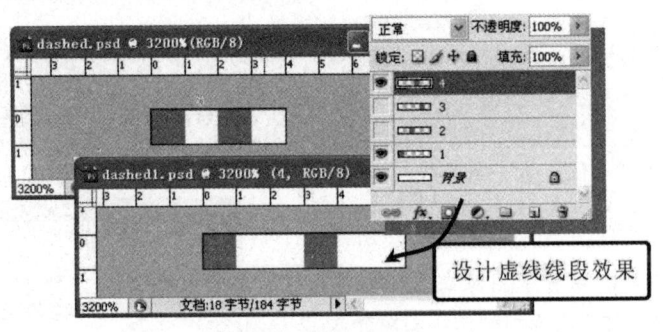

图9.2 设计虚线段

最后设计样式引用背景图像即可，效果如图 9.3 所示。

```css
<style type="text/css">
a {/* 超链接的默认样式 */
    text-decoration:none;                              /* 清除超链接下划线 */
    color:#666;                                        /* 灰色字体效果 */
}
a:hover {/* 鼠标经过时样式 */
    color:#000;                                        /* 加重颜色显示 */
    background:url(images/dashed1.gif) left bottom repeat-x;/* 定义背景图
像，定位到超链接元素的底部，并沿 x 轴水平平铺 */
}
</style>
```

有关下划线的效果还有很多，只要巧妙结合超链接的底部边框、下划线和背景图像，即可设计出很多有特色的样式。例如，可以定义下划线的色彩、下划线距离、下划线长度、对齐方式和定制双下划线等。

图9.3 背景图像设计的超链接下划线样式效果

实训2　设计立体样式

立体样式的设计核心是借助边框样式的变化来模拟一种凹凸变化的过程，即营造一种立体变化效果。

本节所用文件的位置如下：	
视频路径	视频文件\files\9.2.2.swf
效果路径	实例文件\9\

先看一个简单的实例。在这个实例中定义超链接在默认状态下显示灰色右边框线和灰色底边框线效果。当鼠标经过时，则清除右侧和底部边框线，并定义左侧和顶部边框效果，这样利用视觉错觉就设计出了一个简陋的凹凸立体效果，如图 9.4 所示。

```
<style type="text/css">
a {/* 超链接的默认样式 */
    text-decoration:none;                    /* 清除超链接下划线 */
    border-right:solid 1px #666;             /* 灰色右边框线 */
    border-bottom:solid 1px #666;            /* 灰色底边框线 */
    zoom:1;                                  /* 解决 IE 浏览器无法显示问题 */
}
a:hover {/* 鼠标经过时样式 */
    border-left:solid 1px #666;              /* 灰色左边框线 */
    border-top:solid 1px #666;               /* 灰色顶边框线 */
    border-right:none;                       /* 清除右边框线 */
    border-bottom:none;                      /* 清除底边框线 */
}
</style>
<p><a href="#"> 立体超链接样式 </a></p>
```

上面实例的立体效果还不是很明显，如果再结合前景色和背景色的变化以及环境色的衬托，则可设计出更具立体效果的超链接。例如，在下面这个实例中，结合网页背景色、超链接的背景色和前景色，设计了一个更富有立体效果的超链接样式，效果如图 9.5 所示。

```
<style type="text/css">
body {/* 网页背景颜色 */
    background:#fcc;                         /* 浅色背景 */
}
```

```css
a {/* 超链接的默认样式 */
    text-decoration:none;                              /* 清除超链接下划线 */
    border:solid 1px;                                  /* 定义1像素实线边框 */
    padding: 0.4em 0.8em;                              /* 增加超链接补白 */
    color: #444;                                       /* 定义灰色字体 */
    background: #f99;                                  /* 超链接背景色 */
    border-color: #fff #aaab9c #aaab9c #fff;   /* 分配边框颜色 */
    zoom:1;                                            /* 解决 IE 浏览器无法显示问题 */
}
a:hover {/* 鼠标经过时样式 */
    color: #800000;                                    /* 超链接字体颜色 */
    background: transparent;                           /* 清除超链接背景色 */
    border-color: #aaab9c #fff #fff #aaab9c;   /* 分配边框颜色 */
}
</style>
<p><a href="#">立体超链接样式</a></p>
```

图9.4 立体样式的雏形效果　　　　图9.5 富有立体样式的超链接效果

经过上面实例练习，可以总结一下设计立体效果的一般方法。

方法一，利用边框线的颜色变化来制造视觉错觉。可以把右边框和底部边框结合，把顶部边框和左边框结合，利用明暗色彩的搭配来设计立体变化效果。

方法二，利用超链接背景色的变化来营造凹凸变化的效果。超链接的背景色可以设置相对深色效果，以营造凸起效果，当鼠标经过时，再定义浅色背景来营造凹下效果。

方法三，利用环境色、字体颜色（前景色）来烘托这种立体变化过程。

实训3　设计动态样式

由于 a 元素是行内元素，无法定义超链接的宽和高，因此需要定义 a 元素浮动显示、块状显示或绝对定位显示。

本节所用文件的位置如下：	
视频路径	视频文件\files\9.2.3.swf
效果路径	实例文件\9\

如果希望多个超链接并列显示，则只能使用浮动显示或者绝对定位显示。当然，仅希望超链接字体大小发生变化，则保持默认的行内显示即可。

例如，下面这个简单的实例正是利用字体大小变化来设计动态效果的。

```html
<style type="text/css">
    a {/* 超链接的默认样式 */
```

```
        text-decoration:none;                      /* 清除下划线效果 */
}
a:hover {/* 鼠标经过时样式 */
        font-size:1.6em;                           /* 放大字体1.6倍显示 */
}
</style>
<p><a href="#">动态样式</a></p>
```

动态样式更多的是用在页面导航中，借助导航按钮的变化来设计动态效果。例如，在下面这个实例中，就是简单模拟一个动态导航效果，当鼠标经过下拉菜单时，则按钮自动向下伸展，并加粗、增亮字体效果，从而营造一种按钮下沉效果，如图 9.6 所示。

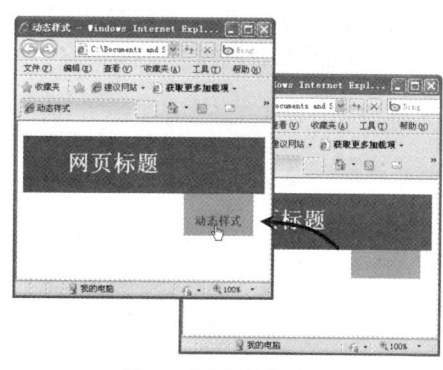

图9.6 动态超链接效果

```
<style type="text/css">
#header {/* 模拟标题行样式 */
        height:80px;                               /* 固定高度 */
        background:#0000FF;                        /* 背景色 */
        color:#fff;                                /* 字体颜色 */
        line-height:80px;                          /* 行高，定义垂直居中特效 */
        padding-left:4em;                          /* 左补白，避免标题贴边显示 */
}
a {/* 鼠标经过时样式 */
        text-decoration:none;                      /* 清除下划线效果 */
        float:right;                               /* 向右浮动 */
        margin-right:1em;                          /* 右边界，避免超链接贴边 */
        background:#00FF00;                        /* 定义背景色 */
        color:#00CC66;                             /* 定义前景色 */
        width:100px;                               /* 宽度 */
        height:40px;                               /* 高度 */
        line-height:40px;                          /* 行高，定义垂直居中特效 */
        text-align:center;                         /* 水平居中显示 */
}
a:hover {/* 超链接的默认样式 */
        height:60px;                               /* 增加高度 */
        line-height:80px;        /* 增加行高，大于高度，这样能够靠底显示 */
        color:#0000FF;                             /* 字体颜色 */
```

```
            font-weight:bold;                        /* 粗体显示 */
    }
    </style>
    <div id="container">
        <div id="header">
            <h1>网页标题</h1>
        </div>
        <div id="nav"> <a href="#">动态样式</a> </div>
    </div>
```

上面实例简单演示了超链接的动态效果。当然，也可以借助这种方法设计更多动态样式。更为重要的是动态样式应该结合具体的页面布局效果和风格来进行设计。由于这种样式更多的需要结合布局技巧，因此在后面的章节中还会详细讲解该问题。

实训4　设计图像样式

图像样式的设计核心是：利用相同大小但不同效果的背景图像进行轮换。因此，图像样式的关键是背景图像的设计和过渡。

本节所用文件的位置如下：	
视频路径	视频文件\files\9.2.4.swf
效果路径	实例文件\9\

例如，利用图像编辑器设计大小相同，但是效果略有不同的两幅图像，如图9.7所示。图像的大小为200×32px，第一幅图像设计风格为渐变灰色，并带有玻璃效果，第二幅图像设计风格为深黑色渐变。

图9.7　准备背景图像

下面就利用这两幅背景图像来设计超链接的样式。代码如下：

```
<style type="text/css">
a {/* 超链接的默认样式 */
    text-decoration:none;                           /* 清除默认的下划线 */
    display:inline-block;                           /* 行内块状显示 */
    width:150px;                                    /* 固定宽度 */
    height:32px;                                    /* 固定高度 */
    line-height:32px;                               /* 行高等于高度，设计垂直居中 */
    text-align:center;                              /* 文本水平居中 */
    background:url(images/bg1.gif) no-repeat center;/* 定义背景图像1，禁止平铺，居中 */
    color:#ccc;                                     /* 浅灰色字体 */
}
a:hover {/* 鼠标经过时样式 */
    background:url(images/bg2.gif) no-repeat center;   /* 定义背景图像2，禁止平铺，居中 */
    color:#fff;                                     /* 白色字体 */
```

```
    }
    </style>
    <p><a href="#"> 图像样式 </a></p>
```

在上面实例中，首先定义超链接块状显示，这样可以定义它的宽和高，然后根据背景图像大小定义a元素的大小，并分别在默认状态和鼠标经过状态下定义背景图像。对于背景图像来说，宽度可以与被背景图像宽度相同，也可以根据需要小于背景图像的宽度，但是高度必须保持与背景图像的高度一致。在设计中可以结合背景图像的效果定义字体颜色，最后所得的超链接效果如图9.8所示。

目前，这种把背景图像分开设计的方法逐渐被抛弃，原因是多一个图像就会多一个 HTTP 请求，也在无形中增加了带宽要求。现在习惯于把多个功能或样式类似的图像合并为一个图像，然后利用 CSS 定位技术来控制背景图像的显示。

例如，对于上面的背景图像，可以合并为一个图像，如图 9.9 所示。

图9.8 背景图像的超链接效果　　　　图9.9 合并背景图像

在超链接中直接引用该组合图像，然后分别在默认状态和鼠标经过状态下定义背景图像的显示位置。该拼合的背景图像高度为 64px，也就是说只要显示其中的一半即可，具体实现代码如下：

```
<style type="text/css">
a {/* 超链接的默认样式 */
    text-decoration:none;              /* 清除默认的下划线 */
    display:inline-block;              /* 行内块状显示 */
    width:150px;                       /* 固定宽度 */
    height:32px;                       /* 固定高度 */
    line-height:32px;                  /* 行高等于高度，设计垂直居中 */
    text-align:center;                 /* 文本水平居中 */
    background:url(images/bg3.gif) no-repeat center top;/* 定义背景图像1，禁止平铺，居中 */
    color:#ccc;                        /* 浅灰色字体 */
}
a:hover {/* 鼠标经过时样式 */
    background-position:center bottom; /* 定位背景图像，显示下半部分 */
    color:#fff;                        /* 白色字体 */
}
</style>
<p><a href="#"> 图像样式 </a></p>
```

从上面代码可以看到，本实例与上面的实例没有多大差别，主要是在引用外部图像时所有背景图像组合在一幅图中，然后利用CSS技术进行精确定位，以实现在不同状态下显示为不同的背景图像。

使用背景图像设计超链接样式比较实用，且所设计的效果可以真正实现个性化，这也是超链接样式发展最有前途的一种技巧，很多设计师正是利用背景图像设计出了众多精巧的超链接样式。

实训5　设计鼠标样式

研究超链接自然要涉及到鼠标样式。鼠标经过超链接时默认显示为手形，不过 CSS 也提供了 cursor 属性以定义新的鼠标样式。

本节所用文件的位置如下：

视频路径	视频文件\files\9.2.5.swf
效果路径	实例文件\9\

cursor 属性专门用于定义鼠标经过元素时的样式，这样就不再局限于超链接的手形光标效果。当然，也可以为任何元素定义鼠标经过时的光标显示样式。cursor 包含了众多光标样式，详细说明如表 9.3 所示。

表9.3　鼠标经过时的光标显示样式

伪对象	说　明
auto	基于上下文决定应该显示什么光标
crosshair	十字线光标（+）
default	基于平台的默认光标，通常渲染为一个箭头
pointer	指针光标，表示一个超链接
move	十字箭头光标，用于标示对象可被移动
e-resize、ne-resize、nw-resize、n-resize、se-resize、sw-resize、s-resize、w-resize	表示正在移动某个边，如se-resize光标用来表示框的移动开始于东南角
text	表示可以选择文本，通常渲染为I形光标
wait	表示程序正忙，需要用户等待，通常渲染为手表或沙漏
help	光标下的对象包含有帮助内容，通常渲染为一个问号或一个气球
<uri>URL	自定义光标类型的图标路径

使用 cursor 属性应该注意两个问题。

第一，表 9.3 所列都是 W3C 推荐的标准光标类型，但是 IE 也自定义了不少专有属性值。例如，对于手形光标类型，IE 提供了 hand 专有属性，而标准属性值为 pointer 可以定义如下样式：

```
<style type="text/css">
P {/* 段落样式 */
    cursor:pointer;                       /* 鼠标经过时手形样式 */
}
</style>
```

但是对于 IE 6 以下版本的浏览器来说，上述样式是无效的，如果要兼容早期 IE 浏览器版本，那么就应该如下定义样式，这样就能够保证在不同浏览器中都显示为手形光标。

```
<style type="text/css">
P {/* 段落样式 */
    cursor:pointer;                       /* 鼠标经过时手形样式 */
    cursor:hand;                          /* 兼容IE 6以下版本浏览器 */
}
</style>
```

第二，读者可以自定义光标样式。使用绝对或相对 URL 指定光标文件（后缀为 .cur 或者 .ani）。例如，下面样式定义一个动画光标（旋转的吉他），如图 9.10 所示。

```
<style type="text/css">
P {/* 段落样式 */
    cursor:url('images/7.ani');                    /* 自定义动画光标样式 */
}
</style>
<p>鼠标样式</p>
```

cursor 属性可以定义一个 URL 列表,这犹如定义字体类型一样,当用户端无法处理一系列光标中的第一个,那么它会尝试处理第二个、第三个等,如果用户端无法处理任何定义的光标,它必须使用列表最后的通用光标。例如,下面样式中就定义了三个自定义动画光标文件,最后定义了一个通用光标类型。

图9.10 自定义光标类型效果

```
<style type="text/css">
P {
    cursor:url('images/1.ani'), url('images/2.ani'), url('images/3.ani'), pointer;
}
</style>
```

第10章

设计列表和菜单样式

导航和菜单是两个功能相近但语义略有区别的概念，导航侧重于超链接的集合，而菜单则重视功能的类聚，如果把它们与列表结构相联系，也许会更容易理解彼此的不同：多个超链接被一个div元素包含在一起，于是就形成了一个导航框，但是如果多个超链接被列表结构统一在一起，就构建出语义相近的菜单。这样看来列表结构应该是构建菜单的HTML基础。

列表结构是标准结构中最核心的部分之一，设计师喜欢使用它来构建导航菜单，不管从语义性角度分析，还是从表现层控制角度分析，使用列表结构来实现导航设计都是最佳选择，而导航菜单的设计风格在很大程度上又会影响页面的设计风格。所以，在网页设计中把导航菜单设计成页面的亮点，这对彰显网页的设计风格是很重要的，可以说它是画龙点睛之笔，可多不可少。

本章将从列表结构的基本样式开始讲解，并逐层分解列表结构的样式设计。当然，列表结构的样式设计也是很多初学者感觉最头疼的问题，很多兼容问题都存在于列表布局中，这部分内容将会在后面章节中详细讲解。

10.1 列表基本特性

列表结构在默认状态下会显示一定的特性：有序或无序的项目符号以及缩进版式。这种效果正如超链接的默认效果一样都是经典设计，虽然这从审美角度上并不是那么显眼，但是这种设计符合人的浏览习惯，可以帮助读者在较短的时间内快速扫描和捕获信息。

实训1　定义列表的基本特性

为了能够精确控制列表的项目符号，CSS定义了list-style-type属性来控制项目符号的类型，其中取值说明如表10.1所示。

表10.1　list-style-type的取值说明

属性值	说　　明	属性值	说　　明
disc	实心圆，默认值	upper-roman	大写罗马数字
circle	空心圆	lower-alpha	小写英文字母
square	实心方块	upper-alpha	大写英文字母
decimal	阿拉伯数字	none	不使用项目符号
lower-roman	小写罗马数字		

CSS还定义了list-style-position属性来控制项目符号的显示位置。该属性取值包括outside和inside，其中outside表示把项目符号显示在列表项的文本行以外，列表符号默认显示为outside；inside表示把项目符号显示在列表项文本行以内。例如，下面这个简单的实例定义了项目符号显示为空心圆，并位于列表行内，如图10.1所示。

图10.1　列表项目符号

```
<style type="text/css">
body {/* 清除页边距 */
    margin:0;                              /* 清除边界 */
    padding:0;                             /* 清除补白 */
}
ul {/* 列表基本样式 */
    list-style-type:circle;                /* 空心圆符号 */
    list-style-position:inside;            /* 显示在里面 */
}
</style>
<ul>
    <li>列表项1</li>
    <li>列表项2</li>
    <li>列表项3</li>
</ul>
```

在定义列表项目符号样式时，读者应注意以下两点。

第一，不同浏览器对于项目符号的解析效果及其显示位置略有不同。如果要兼容不同浏览器的显示效果，读者应该关注这些差异。

第二，项目符号显示在里面和外面会影响项目符号与列表文本之间的距离，同时影响列表项的缩进效果。当然，不同浏览器在解析时会存在差异。

实训2　自定义项目符号

从设计的角度来看，列表结构所提供的这些默认符号是不能够满足需求的，为此 CSS 提供了 list-style-image 属性来自定义项目符号，在该属性中允许用户指定一个外部图标文件的地址，以此扩展项目符号的个性化设计需求。

例如，在上面实例的基础上为 ul 元素增加自定义项目符号，显示效果如图 10.2 所示。从效果图中可以很明显地看出自定义项目符号在里和在外的不同效果。

```
<style type="text/css">
body {/* 清除页边距 */
    margin:0;                                       /* 清除边界 */
    padding:0;                                      /* 清除补白 */
}
ul {/* 列表基本样式 */
    list-style-type:circle;                         /* 空心圆符号 */
    list-style-position:inside;                     /* 显示在里面 */
    list-style-image:url(images/bullet_disk.gif);   /* 自定义列表项目符号 */
}
</style>
<ul>
    <li>列表项 1</li>
    <li>列表项 2</li>
    <li>列表项 3</li>
</ul>
```

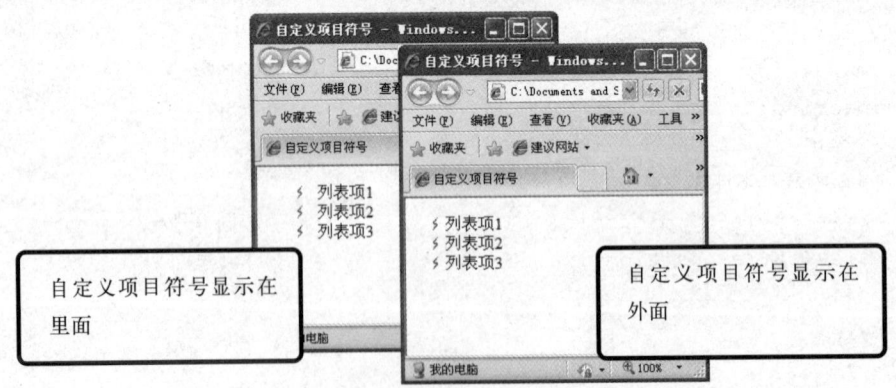

图10.2　列表项目符号

通过上面实例，你可能也注意到，当同时定义项目符号类型和自定义项目符号时，自定义项目符号将覆盖默认的符号类型。如果 list-style-type 属性值为 none 或指定外部的图标文件路径不能被显示时，则 list-style-type 属性将发挥作用。

实训3　使用背景图像定义项目符号

利用 CSS 提供的 list-style-type 和 list-style-image 属性来定义项目符号都不免显得僵硬，如果利用背景图像来模拟列表结构的项目符号，则会极大地改善项目符号的灵活性和艺术水准。

使用背景图像定义项目符号需要掌握两个设计技巧。

第一，首先隐藏列表结构的默认项目符号。方法是设置 list-style-type 的属性值为 none。

第二，为列表项（li 元素）定义背景图像，用来指定要显示的项目符号，并精确控制背景图像的位置，同时还应定义列表项（li 元素）左侧空白，否则背景图像会隐藏到列表文本下。

例如，在下面这个实例中，先清除列表的默认项目符号，然后为项目列表定义背景图像，并定位到左侧垂直居中的位置。为了避免列表文本覆盖背景图像，故定义左侧补白为一个字符宽度，这样就可以把列表信息向右侧方向缩进，显示效果如图 10.3 所示。

图10.3　使用背景图像定义项目符号

```
<style type="text/css">
ul {/* 清除列表结构的项目符号 */
    list-style-type:none;
}
li {/* 定义列表项目的样式 */
    background-image:url(images/bullet_disk.gif);/* 定义背景图像 */
    background-position:left center;        /* 精确定位背景图像的位置 */
    background-repeat:no-repeat;            /* 禁止背景图像平铺显示 */
    padding-left:1em;                       /* 为背景图像挤出空白区域 */
}
</style>
<ul>
    <li>列表项 1</li>
    <li>列表项 2</li>
    <li>列表项 3</li>
</ul>
```

通过这种方式可获得一些启发：使用背景图像能够设计出很多巧妙的效果，同时会使设计思路更为灵活，不再局限在既定的设计框中。

10.2　列表布局

每个网站都需要借助导航菜单来完成信息的浏览导航功能，可以说它就是一个网站地图，帮助读者找到正确的访问路径。为了使这个导航菜单发挥更大的引导作用，如何把它设计得更易用，更吸引人就显得很重要了。列表结构有其自身特有的表现样式，因此如何实现更好的布局就非常关键了。

一般在导航菜单设计中，总会隐藏列表结构的默认样式，如隐藏项目列表，取消列表项缩进等。下面就来讲解列表结构的各种布局形式。

实训1　设计垂直布局样式

列表在默认状态下会以垂直布局形式显示，当希望设计的导航菜单显示为垂直列表形式时，CSS 表现层的代码就会很少。

本节所用文件的位置如下：	
视频路径	视频文件\files\10.2.1.swf
效果路径	实例文件\10\

例如，下面这个实例演示了列表结构垂直布局的基本形式。首先清除列表结构的默认样式（列表符号、缩进显示），然后固定列表项目的宽度和高度，同时定义其包含的 a 元素以块状显示，并定义对应的宽度和高度，最后借助背景色、字体颜色和边框颜色的变化来营造鼠标经过时的动态效果，如图10.4 所示。

```
<style type="text/css">
#menu {/* 定义列表基本样式 */
    padding:0;                                      /* 清除列表的补白 */
    margin:0;                                       /* 清除列表的边界 */
}
#menu li {/* 定义项目列表样式 */
    list-style-type:none;                           /* 清除项目符号 */
    width:200px;                                    /* 定义列表项目的宽度 */
    height:20px;                                    /* 定义列表项目的高度 */
    margin:2px 0;                                   /* 增加列表项目的上下边界 */
}
#menu a, #menu a:visited {/* 定义超链接的默认样式 */
    display:block;                                  /* 块状显示 */
    width:120px;                                    /* 固定宽度 */
    height:18px;                                    /* 固定高度 */
    border:1px solid #888;                          /* 定义边框线 */
    background-color:#f8f8e8;                       /* 定义背景色 */
    color:#000;                                     /* 定义字体色（黑色）*/
    padding-left:3px;                               /* 增加左侧补白 */
    text-decoration:none;                           /* 清除超链接下划线 */
}
#menu a:hover {/* 鼠标经过时的样式 */
    color:#fff;                                     /* 字体颜色（白色）*/
    background-color:#65707b;                       /* 定义背景色 */
    border:1px solid #000;                          /* 定义边框线 */
}
</style>
<ul id="menu">
    <li><a href="#" title="">菜单 1</a></li>
    <li><a href="#" title="">菜单 2</a></li>
    <li><a href="#" title="">菜单 3</a></li>
    <li><a href="#" title="">菜单 4</a></li>
```

```
            <li><a href="#" title="">菜单5</a></li>
        </ul>
```

通过上面这个简单实例的演练，可以大致总结一下在设计垂直列表结构的导航栏时应该注意的问题。

第一，列表项目中的超链接（a元素）应定义为块状显示。a元素是一个行内元素，无法控制其宽度和高度。由于行内元素自身的显示特性，使外部列表项目的布局形同虚设，这不利于用户使用。所以不管导航栏样式如何设计，都应该把超链接定义为块状显示。

第二，由于块状元素默认显示为100%的宽度，但是一个导航栏的宽度不可能满行显示，所以一般都应该限制导航栏的宽度，这个宽度可以根据页面的具体布局来设置。

定义导航栏的宽度有多种方法。方法一是定义列表的宽度（ul或ol元素），这样其包含的列表项目和超链接都被限制在这个范围内；方法二是定义列表项目（li元素）的宽度，这样外包含框（ul或ol元素）就能够腾出精力设计其他效果；方法三是定义超链接（a元素）的宽度，因为在某些情况下为ul、ol或li定义宽度时会带来布局上的问题，有时也可能带来兼容性的问题。

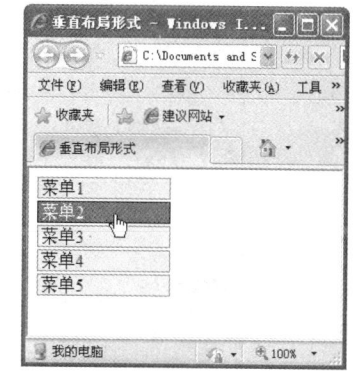

图10.4 垂直布局形式

第三，应该考虑浏览器的兼容性问题。不同浏览器对于列表样式在解析时存在一定的差异，特别是IE 6及其以下版本的浏览器很容易让初学者生畏。例如，以上面这个实例的HTML结构为基础设计一个立体效果的导航菜单，其中CSS代码如下：

```
<style type="text/css">
#menu {/* 定义列表样式 */
    list-style-type: none;              /* 清除项目符号 */
    margin: 0;                          /* 清除边界 */
    padding: 0;                         /* 清除补白 */
    width: 180px;                       /* 固定列表宽度 */
}
#menu li a {/* 定义超链接的默认样式 */
    display: block;                     /* 定义块状显示 */
    padding: 2px 4px;                   /* 增加补白 */
    text-decoration: none;              /* 清除下划线 */
    background-color: #FFF2BF;          /* 浅黄色背景 */
    border: 2px solid #FFF2BF;          /* 定义边框线 */
}
#menu li a:hover {/* 定义鼠标经过时的样式 */
    color: black;                       /* 黑色字体 */
    background-color: #FFE271;          /* 加重背景色 */
    border-style: outset;               /* 定义立体边框样式（立体凸边）*/
}
#menu li a:active {/* 定义超链接被激活时的样式 */
    border-style: inset;                /* 定义立体边框样式（立体凹边）*/
}
</style>
```

在这个实例中，通过外包含框定义导航菜单的宽度，然后定义超链接为块状显示，并结合背景色、字体颜色和边框线来设计立体效果，但是在 IE 7 浏览器中显示如图 10.5 所示，而在 IE 6 浏览器中却显示如图 10.6 所示。

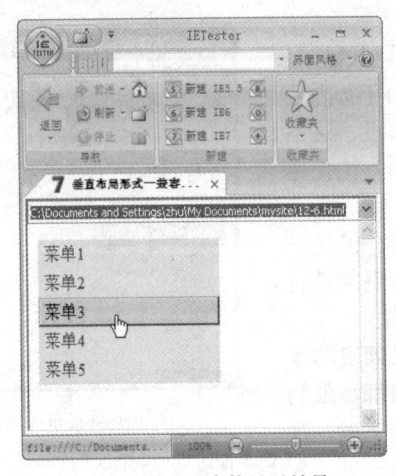

图10.5 在IE 7中的显示效果 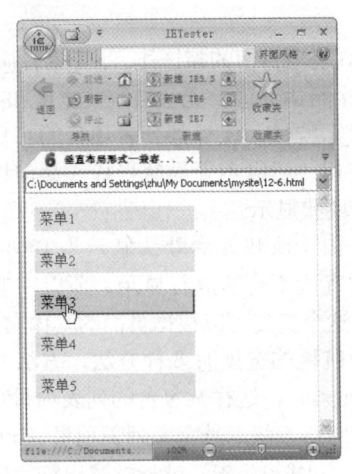　　　　　　图10.6 在IE 6中的显示效果

很明显，该实例中的导航菜单在IE 6中被双倍距离显示了，解决类似的问题可以有以下几种方法。

方法一，为超链接定义一个宽度，这样就可以避免此类问题发生。

```
#menu li a {/* 为超链接定义宽度 */
    width:100%;
}
```

方法二，如果觉得定义宽度存在一定的局限性，在特定布局中可能会破坏页面结构，也可以使用 IE 浏览器的专有属性来定义。zoom 属性是 IE 浏览器的专有属性，用来缩放元素大小。当然，该属性用在这里的目的不是缩放元素，而是激发 a 元素具有布局功能，从而强迫 IE 浏览器能够正确解析超链接的显示效果。

```
#menu li a {/* 兼容 IE 浏览器布局 */
    zoom:1;
}
```

方法三，定义列表项目为行内显示。这是一种很奇特的方法，具体原因目前还没有明晰的解释，但是这种方法不会破坏列表结构的整体布局，同时对于其他浏览器来说也没有害处，所以一般作为一个 Hack（补丁代码）技巧来使用。

```
#menu li {/* 定义列表项目行内显示 */
    display:inline;
}
```

第四，对于 IE 6 及其以下版本中还存在一个缺陷。当设置超链接为块状显示时，虽然在其他浏览器中能够使整个方块区域都可以处于单击状态，但是在 IE 6 及其以下版本中必须确保鼠标指针移动到链接的文本区域内才有效，因此必须为超链接定义一个高度。如果顾及高度值会对 IE 7 和非 IE 浏览器的影响，不妨使用如下 Hack 技巧，单独为 IE 6 及其以下版本浏览器定义高度。

```
* html #menu li a {/* 兼容 IE 浏览器布局，激活鼠标单击区域 */
    height:1px;
}
```

最后，当清除列表结构的默认样式时，可以定义在 ul 或 ol 元素身上，也可以直接定义在 li 元素身上，两者的效果是一致的。

实训2　设计水平布局形式

水平布局形式是通过 CSS 设计导航列表项在同一行内显示，实现方法包括浮动显示或者行内流动显示。

本节所用文件的位置如下：	
视频路径	视频文件\files\10.2.2.swf
效果路径	实例文件\10\

相对于垂直布局形式，设计师更喜欢选用水平布局形式。首先，水平布局能够控制列表结构在有限的行内显示，从而节省大量的页面空间。其次，把大量的列表项目收缩到一行或更少的行内显示，这样可以方便浏览者在不需要频繁移动视线的情况下了解整个导航信息。当然，水平布局的导航条也更容易设计出与页面相融合的版式。

水平布局的核心是：如何把多行显示的列表项目控制在单行内显示，当然，把多行列表项目控制在一行内显示可以有多种方法，详细说明如下。

方法一，利用行内显示来设计水平布局。

这种方法的设计核心是：定义列表项目显示为行内元素，这样就能够达到所有列表项目在同一行内显示；然后再根据需要借助边框、背景色和字体颜色来设计超链接的动态效果。

例如，下面这个实例是在 10.2.1 节实例的基础上研究如何把垂直布局形式转换为水平布局形式。首先把列表项目定义为行内显示（这一步是核心），然后利用补白来定义菜单的宽度和高度（因为行内元素是不能够直接定义大小的），最后再利用背景色、边框样式和字体颜色的变化来设计超链接的动态效果。演示效果如图 10.7 所示。

图10.7　水平布局形式

```
<style type="text/css">
#menu {/* 定义列表基本样式 */
    padding: 6px 0;                     /* 增加列表的上下补白，间接定义宽度 */
    margin: 0;                          /* 清除边界 */
    width: 400px;                       /* 固定导航菜单的宽度 */
    background-color: #FFF2BF;          /* 定义背景色 */
}
#menu li {/* 定义列表项目行内显示 */
    list-style: none;                   /* 清除项目列表符号 */
    display: inline;                    /* 行内显示 */
}
#menu li a {/* 定义超链接样式 */
    padding: 3px 0.5em;                 /* 顶部补白，间接定义文本垂直居中 */
    text-decoration: none;              /* 清除超链接下划线 */
    color: black;                       /* 黑色字体 */
    background-color: #FFF2BF;          /* 浅黄色背景 */
    border: 2px solid #FFF2BF;          /* 边框样式 */
}
```

```
#menu li a:hover {/* 定义鼠标经过时的样式 */
    color: black;                              /* 黑色字体 */
    background-color: #FFE271;                 /* 增加黄色背景效果 */
    border-style: outset;                      /* 定义立体边框样式（立体凸边）*/
}
#menu li a:active {/* 定义超链接被激活时的样式 */
    border-style: inset;                       /* 定义立体边框样式（立体凹边）*/
}
</style>
<ul id="menu">
    <li><a href="#" title="">菜单1</a></li>
    <li><a href="#" title="">菜单2</a></li>
    <li><a href="#" title="">菜单3</a></li>
    <li><a href="#" title="">菜单4</a></li>
    <li><a href="#" title="">菜单5</a></li>
</ul>
```

方法二，利用浮动显示来设计水平布局。

这种方法的设计核心是：定义列表项目浮动显示，通过浮动显示可以设计多个列表项显示在一行内。使用浮动布局列表结构可能会存在以下问题。

问题一，如果仅浮动显示列表项（即 li 元素），则列表结构的包含框（即 ul 或 ol 元素）会无法包含所有列表项，自动收缩为一条线，但是在 IE 6 及其以下版本浏览器中则会强迫包含框展开，以实现包含列表项。要解决这个问题，可以定义列表结构的包含框也浮动显示，或者通过其他方式强制包含框展开以包含列表项。例如，在列表项后面增加一个清除元素，如下面结构中的
 标签，这样就可以强制列表结构包含框（<ul id="menu">）展开显示。

```
<ul id="menu">
    <li><a href="#" title="">菜单1</a></li>
    <li><a href="#" title="">菜单2</a></li>
    <li><a href="#" title="">菜单3</a></li>
    <li><a href="#" title="">菜单4</a></li>
    <li><a href="#" title="">菜单5</a></li>
    <br style="clear:both;" />
</ul>
```

问题二，当列表项目浮动显示之后，将会出现很多布局问题，这些会影响到相邻模块的位置关系，以及内部包含的超链接显示关系。因此，需要解决好由于浮动布局而存在的各种布局兼容性问题，有关这个话题，将在后面章节中讲解。

下面来看一个简单的实例，这个实例以浮动显示方式设计了一个导航菜单，并利用背景图像轮换技巧来设计鼠标经过时的动态效果，如图 10.8 所示。

在这个实例中，为了解决因为浮动显示可能存在的兼容性问题，直接把列表（即ul元素）、列表项（即li元素）和超链接（即a元素）都定义为浮动显示，这样就可以把复杂问题简单化处理了，对于初学者来说是非常有利的。

```
<style type="text/css">
#menu {/* 定义列表结构的基本样式 */
    margin: 0;                                 /* 清除边界 */
```

```css
        padding: 0;                             /* 清除补白 */
        list-style-type:none;                   /* 清除项目符号 */
        float: left;                            /* 定义列表向左浮动 */
        font: bold 13px Arial;                  /* 字体加粗显示 */
        width: 100%;                            /* 定义宽度 */
        border: 1px solid #625e00;              /* 定义边框样式 */
        background: black url(images/menu1.gif) center center repeat-x; /* 定义列表背景图像 */
}
#menu li {/* 定义列表项目浮动显示 */
        float: left;                            /* 向左浮动 */
}
#menu li a {/* 定义超链接默认样式 */
        float: left;                            /* 向左浮动显示 */
        color: white;                           /* 白色字体 */
        padding: 9px 11px;                      /* 定义补白 */
        text-decoration: none;                  /* 清除下划线 */
        border-right: 1px solid white;          /* 定义菜单白色分隔线 */
}
#menu li a:visited {/* 定义超链接访问后的样式 */
        color: white;                           /* 白色字体 */
}
#menu li a:hover, #menu li .current {/* 定义鼠标经过超链接时的样式 */
        color: white;                                   /* 白色字体 */
        background: transparent url(images/menu2.gif) center center repeat-x;   /* 替换背景图像 */
}
</style>
```

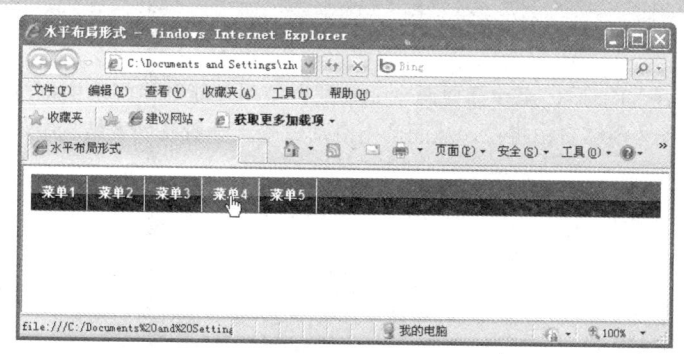

图10.8 水平布局形式效果

很多读者也注意到这样的设计规律，那就是每个导航菜单中都先把列表结构的默认样式清除掉，如列表项目符号和列表项缩进显示等。在清除缩进时，由于不同浏览器的默认样式不同，所以在兼容处理时，习惯上设置列表的补白和边界都为0，因为IE浏览器默认通过边界来定义列表的缩进样式，而非IE浏览器默认通过补白来定义列表的缩进样式。

10.3 菜单样式设计

"一千个读者,就有一千个哈姆雷特",这句话的意思是说人的想象力是无穷的,不同的读者,其心目中的哈姆雷特的形象是不同的。对于网页来说,导航菜单的样式也是千差万别的,你可以很容易地找到相同的网页布局,但是很难找到几个菜单样式完全相同的网站。下面就选择几种具有代表性的菜单样式进行讲解,以此抛砖引玉,真正的设计还在于你自己。即使是模仿同一个菜单模板,不同的人所设计的效果也会情趣各异。

实训1 设计滑动样式(上)

滑动菜单样式,俗称为滑动门。采用滑动样式来设计菜单的网站数不胜数,具体的设计效果也不尽相同。

本节所用文件的位置如下:	
视频路径	视频文件\files\10.3.1.swf
效果路径	实例文件\10\

滑动菜单样式在设计师心中已经打下深深的烙印,当然,不同的人可能会存在不同的理解方法。有人认为所谓的滑动门就是导航菜单能够自由容纳不同字数和大小的菜单项文本;还有人认为滑动门就是当鼠标经过菜单项时,利用背景图像的滑动从而产生特殊的动态效果。首先,以第一种理解来设计滑动门效果(导航菜单能够自适应宽度和高度),此时,设计滑动门样式,需要读者弄清楚几个概念(或者称为技术难点)。

第一步,设计好"门"。这个"门"实际上就是背景图像,滑动门一般至少需要两幅背景图像,以实现闭合成门的设计效果,当然完全采用一幅背景图像一样能够设计出滑动门效果(如图10.9所示),这就要求背景图像设计得完全能够融合。考虑到门能够适应不同尺寸的菜单,所以背景图像的宽度和高度应该尽量大,这样才可以保证比较大的灵活性。

图10.9 设计滑动门背景图像

第二步,设计好"门轴",至少需要两个元素配合使用才能够使门自由推拉。背景图像需要安装在对应的门轴之上才能够自由推拉,从而产生滑动效果。一般在列表结构中,可以利用 li 和 a 元素配合使用。

例如,对于下面这个列表结构来说,由于每个菜单项的字数不尽相同,使用滑动门来设计效果会更好。

```
<ul id="menu">
    <li><a href="#" title="">菜单1</a></li>
    <li><a href="#" title="">菜单菜单2</a></li>
    <li><a href="#" title="">菜单菜单菜单3</a></li>
    <li><a href="#" title="">菜单菜单菜单菜单4</a></li>
    <li><a href="#" title="">菜单菜单菜单菜单菜单5</a></li>
</ul>
```

然后借助图10.9所示的门来设计滑动门菜单样式。设计思路如下。

把 li 和 a 元素当作两个重叠的元素，这有点类似于 Photoshop 中的两个重叠的图层。然后在下面叠放的元素中定义如图 10.9 所示的背景图像，并定位左对齐，使其左侧与 li 元素左侧对齐；同理设置 a 元素的背景图像，使其右侧与 a 元素的右侧对齐，这样两幅背景图像就可以叠放重合了。如此设计的目的就是希望不管菜单项中包含多少字数（在有限的范围内），菜单项左右两侧都能够以圆角效果显示。

为了避免上下元素的背景图像相互挤压两头的圆角区域的背景图像，可以通过为 li 元素的左侧和 a 元素的右侧定义补白来限制两个元素不能够完全覆盖左右两侧的圆角头区域，效果如图 10.10 所示。CSS 代码如下：

```css
<style type="text/css">
#menu {/* 定义列表样式 */
    background: url(images/bg1.gif) #fff;    /* 定义导航菜单的背景图像 */
    padding-left: 32px;                       /* 定义左侧的补白 */
    margin: 0px;                              /* 清除边界 */
    list-style-type: none;                    /* 清除项目符号 */
    height:35px;                              /* 固定高度，否则会自动收缩为 0 */
}
#menu li {/* 定义列表项样式 */
    float: left;                              /* 向左浮动 */
    margin:0 4px;                             /* 增加菜单项之间的距离 */
    padding-left:18px;                        /* 定义左侧补白，避免左侧圆角被覆盖 */
    background:url(images/menu4.gif) left center repeat-x;    /* 定义背景图像，并左中对齐 */
}
#menu li a {/* 定义超链接默认样式 */
    padding-right: 18px;                      /* 定义右侧补白，与左侧形成对称空白区域 */
    float: left;                              /* 向左浮动 */
    height: 35px;                             /* 固定高度 */
    color: #bbb;                              /* 定义字体颜色 */
    line-height: 35px;                        /* 定义行高，间接实现垂直对齐 */
    text-align: center;                       /* 定义文本水平居中 */
    text-decoration: none;                    /* 清除下划线效果 */
    background:url(images/menu4.gif) right center repeat-x; /* 定义背景图像并右中对齐，沿 x 轴平铺 */
}
#menu li a:hover {/* 定义鼠标经过超链接的样式 */
    text-decoration:underline;                /* 定义下划线 */
    color: #fff                               /* 白色字体 */
}
</style>
```

图10.10 滑动门菜单

实训2　设计滑动样式（下）

将上述两种对不同滑动门的理解方法融合在一起，实现滑动门菜单既能够自由适应高度和宽度，也能够实现上下滑动。

本节所用文件的位置如下：	
视频路径	视频文件\files\10.3.2.swf
效果路径	实例文件\10\

在讲解图像样式设计时，曾经就滑动门设计问题进行过简单介绍，10.3.1 节也提到过很多人对于滑动门有不同的理解，下面来着重探讨第二种理解及其实现方法。

如果说第一种方法是水平方向的滑动，那么第二种方法就是垂直方向的滑动。设计几个大小相同但效果略有变化的图片，然后把它们在垂直方向上拼合在一起，如图 10.11 所示。使用这种方法存在一个很致命的弱点：如果菜单项字数不同（即菜单项宽度不同），那么就需要考虑为不同宽度的菜单项设计不同的背景图像，这对于设计师来说简直是一个很严酷的事实。

图10.11 滑动门背景图像

下面研究如何将上面两种不同滑动门理解的方法融合在一起，实现滑动门菜单既能够自由适应高度和宽度，也能够实现真正意义的上下滑动，从而设计出逼真的动态效果。

继续以 10.3.1 节的实例为基础展开讲解，首先设计另一种效果的背景图像，如图 10.12 所示，它是图 10.9 所示的加亮图像。

图10.12 滑动门背景图像

然后把这两个背景图像拼合在一起，形成滑动的门，如图 10.13 所示。

图10.13 拼合滑动门背景图像

要在水平方向和垂直方向上同时保证滑动，需要适当完善一下 HTML 结构，在超链接内部再包裹一层结构（span 元素），因为仅就上面的列表结构是无法实现这种双向滑动效果的。

```html
<ul id="menu">
    <li><a href="#" title=""><span>菜单 1</span></a></li>
    <li><a href="#" title=""><span>菜单菜单 2</span></a></li>
    <li><a href="#" title=""><span>菜单菜单菜单 3</span></a></li>
    <li><a href="#" title=""><span>菜单菜单菜单菜单 4</span></a></li>
    <li><a href="#" title=""><span>菜单菜单菜单菜单菜单 5</span></a></li>
</ul>
```

然后设计 CSS 样式代码，其实只需要在上面实例代码的基础上把为 li 元素定义的背景样式转给 span 元素即可。详细代码如下：

```css
<style type="text/css">
#menu {/* 定义列表样式 */
    background: url(images/bg1.gif) #fff;   /* 定义导航菜单的背景图像 */
    padding-left: 32px;                     /* 定义左侧的补白 */
    margin: 0px;                            /* 清除边界 */
    list-style-type: none;                  /* 清除项目符号 */
    height:35px;                            /* 固定高度，否则会自动收缩为 0 */
}
#menu li {/* 定义列表项样式 */
    float: left;                            /* 向左浮动 */
    margin:0 4px;                           /* 增加菜单项之间的距离 */
}
#menu span {/* 定义超链接内包含元素 span 的样式 */
    float:left;                             /* 向左浮动 */
    padding-left:18px;                      /* 定义左侧补白，避免左侧圆角被覆盖 */
    background:url(images/menu4.gif) left center repeat-x;    /* 定义背景图像并左中对齐 */
}
#menu li a {/* 定义超链接默认样式 */
    padding-right: 18px;                    /* 定义右侧补白，与左侧形成对称空白区域 */
    float: left;                            /* 向左浮动 */
    height: 35px;                           /* 固定高度 */
    color: #bbb;                            /* 定义字体颜色 */
    line-height: 35px;                      /* 定义行高，间接实现垂直对齐 */
    text-align: center;                     /* 定义文本水平居中 */
    text-decoration: none;                  /* 清除下划线效果 */
    background:url(images/menu4.gif) right center repeat-x;  /* 定义背景图像并右中对齐 */
}
#menu li a:hover {/* 定义鼠标经过超链接的样式 */
    text-decoration:underline;              /* 定义下划线 */
    color: #fff                             /* 白色字体 */
```

```
}
</style>
```

上面实例仅完成了 10.3.1 节实例的滑动效果，下面来对上面实例进行修改，设计当鼠标经过时的滑动效果。

```
#menu li a:hover {/* 定义鼠标经过超链接的样式 */
    text-decoration:underline;          /* 定义下划线 */
    color: #fff                         /* 白色字体 */
}
```

其实只需把鼠标经过的样式修改为如下的样式。最后的显示效果如图 10.14 所示。

```
#menu a:hover {/* 定义鼠标经过超链接的样式 */
    color: #fff;                        /* 白色字体 */
    background:url(images/menu5.gif) right center repeat-x;  /* 定义滑动后的背景图像 */
}
#menu a:hover span {/* 定义鼠标经过超链接的样式 */
    background:url(images/menu5.gif) left center repeat-x;   /* 定义滑动后的背景图像 */
    cursor:pointer;                     /* 定义鼠标经过时显示手形指针 */
    cursor:hand;                        /* 早期 IE 版本下显示为手形指针 */
}
```

图10.14 完全自由伸缩的滑动门导航菜单

实训3　设计Tab菜单

Tab 菜单是一类特殊的导航菜单，与网站导航菜单相比，虽略显逊色，但是在目前的标准网站上还是很受追捧的。

本节所用文件的位置如下：	
视频路径	视频文件\files\10.3.3.swf
效果路径	实例文件\10\

Tab菜单能够在有限的空间内包含更多的内容，它能够对信息进行分类浏览，特别受到大型商业网站的青睐。所以，如果访问大型的、以新闻内容为主的网站，基本上都可以看到Tab菜单的身影。

Tab 菜单的设计核心是：根据浏览者的选择利用 CSS 来决定隐藏或显示的菜单内容。实际上 Tab 菜单所包含的全部内容都已经下载到客户端浏览器中，只不过利用 CSS 隐藏部分内容的显示。一般 Tab 菜单仅会显示一个 Tab 菜单项，只有当用户单击选择之后才会显示其他 Tab 菜单所指定的内容。通俗地说，Tab 菜单就是一个被捆绑在一起的分类内容框的普通导航菜单，由导航菜单项来决定内容包含框中包含的内容是显示还是隐藏。

为了帮助读者对 Tab 菜单有一个具体的体验，下面以一个实例讲解 Tab 菜单的设计方法。

第一步，构建 HTML 文档结构。设计 Tab 菜单的样式首先应该设计好对应的 HTML 菜单结构，代码如下：

```html
<div id="tab">
    <div class="Menubox">
        <ul>
            <li id="tab_1" class="hover" onclick="setTab(1,4)">Tab 菜单 1 </li>
            <li id="tab_2" onclick="setTab(2,4)">Tab 菜单 2 </li>
            <li id="tab_3" onclick="setTab(3,4)">Tab 菜单 3 </li>
            <li id="tab_4" onclick="setTab(4,4)">Tab 菜单 4 </li>
        </ul>
    </div>
    <div class="Contentbox">
        <div id="con_1" class="hover" >Tab 包含框 1</div>
        <div id="con_2" class="hide">Tab 包含框 2</div>
        <div id="con_3" class="hide">Tab 包含框 3</div>
        <div id="con_4" class="hide">Tab 包含框 4</div>
    </div>
</div>
```

从上面实例可以看到，Tab 菜单中 <div class="Menubox"> 包含框包含的内容是菜单项，而 <div class="Contentbox"> 包含框中包含的是具体被控制的内容。

第二步，定义Tab菜单的CSS样式。这里包含三部分CSS代码：第一部分定义了列表结构、列表项和超链接元素的默认样式；第二部分定义了选项卡包含框的基本结构；第三部分定义了与Tab菜单相关的几个类样式。详细代码如下：

```css
<style type="text/css">
/* 页面元素的默认样式
------------------*/
a {/* 超链接的默认样式 */
    color:#00F;                    /* 定义超链接的默认颜色 */
    text-decoration:none;          /* 清除超链接的下划线样式 */
}
a:hover {/* 鼠标经过超链接的默认样式 */
    color: #c00;                   /* 定义鼠标经过超链接的默认颜色 */
}
ul {/* 定义列表结构基本样式 */
    list-style:none;               /* 清除默认的项目符号 */
    padding:0;                     /* 清除补白 */
    margin:0px;                    /* 清除边界 */
    text-align:center;             /* 定义包含文本居中显示 */
}
/* 选项卡结构
```

```css
-----------------*/
#tab {/* 定义选项卡的包含框样式 */
    width:460px;                    /* 定义 Tab 面板的宽度 */
    margin:0 auto;                  /* 定义 Tab 面板居中显示 */
    font-size:12px;                 /* 定义 Tab 面板的字体大小 */
}
/* 菜单样式类
-----------------*/
.Menubox {/* Tab 菜单栏的类样式 */
    width:100%;                     /* 定义宽度，100%宽度显示 */
    background:url(images/tab1.gif);/* 定义 Tab 菜单栏的背景图像 */
    height:28px;                    /* 固定高度 */
    line-height:28px;               /* 定义行高，间接实现垂直文本居中显示 */
}
.Menubox ul {/* Tab 菜单栏包含的列表结构基本样式 */
    margin:0px;                     /* 清除边界 */
    padding:0px;                    /* 清除补白 */
}
.Menubox li {/* Tab 菜单栏包含的列表项基本样式 */
    float:left;                     /* 向左浮动，实现并列显示 */
    display:block;                  /* 块状显示 */
    cursor:pointer;                 /* 定义手形指针样式 */
    width:114px;                    /* 固定宽度 */
    text-align:center;              /* 定义文本居中显示 */
    color:#949694;                  /* 字体颜色 */
    font-weight:bold;               /* 加粗字体 */
}
.Menubox li.hover {/* 鼠标经过列表项的样式类 */
    padding:0px;                    /* 清除补白 */
    background:#fff;                /* 加亮背景色 */
    width:116px;                    /* 固定宽度显示 */
    border:1px solid #A8C29F;       /* 定义边框线 */
    border-bottom:none;             /* 清除底边框线样式 */
    background:url(images/tab2.gif); /* 定义背景图像 */
    color:#739242;                  /* 定义字体颜色 */
    height:27px;                    /* 固定高度 */
    line-height:27px;               /* 定义行高，实现文本垂直居中 */
}
.Contentbox {/* 定义 Tab 面板中内容包含框基本样式类 */
    clear:both;                     /* 清除左右浮动元素 */
    margin-top:0px;                 /* 清除顶边界 */
    border:1px solid #A8C29F;       /* 定义边框线样式 */
    border-top:none;                /* 清除顶部边框线样式 */
    height:181px;                   /* 固定包含框高度 */
```

```
        padding-top:8px;              /* 定义顶部补白,增加与 Tab 菜单距离 */
}
.hide {/* 隐藏样式类 */
        display:none;                 /* 隐藏元素显示 */
}
</style>
```

第三步,为了能够实现 Tab 菜单的交互效果,这里还需要一个简单的 JavaScript 函数来实现动态交互效果。在下面这个 JavaScript 函数中,定义了两个参数,第一个参数定义要隐藏或显示的面板,第二个参数定义了当前 Tab 面板包含了几个 Tab 选项卡,并定义当前选项卡包含的列表项的类样式为 hover。最后为每个 Tab 菜单中的 li 元素调用该函数即可,从而实现单击对应的菜单项,即可自动激活该脚本函数,并把当前列表项的类样式设置为 hover,同时显示该菜单对应的面板内容,而隐藏其他面板内容。该实例的演示效果如图 10.15 所示。

图10.15 Tab菜单演示效果

```
<script>
function setTab(cursel,n){
        for(i=1;i<=n;i++){
                var menu=document.getElementById("tab_"+i);
                var con=document.getElementById("con_"+i);
                menu.className=i==cursel?"hover":"";
                con.style.display=i==cursel?"block":"none";
        }
}
</script>
```

实训4　设计导航下拉面板样式

导航下拉面板是一种特殊的下拉菜单样式,在其下拉菜单中经过简单修改就可以设计出很实用的样式类型来。

本节所用文件的位置如下:	
视频路径	视频文件\files\10.3.4.swf
效果路径	实例文件\10\

导航下拉面板样式比较特殊,当鼠标移到菜单项目上时将自动弹出一个下拉的大型面板,在该面板中显示各种分类,如图 10.16 所示,这种样式在网上书店这种类型的网站中使用比较多,当鼠标移过或单击某个菜单时,就自动显示一个下拉面板。

设计下拉导航面板的核心是如何设计兼容不同浏览器的 HTML 文档结构。设计思路是在超链接(a 元素)内部包含一个面板结构,当鼠标经过超链接时,自动显示这个面板,而在默认状态下隐藏其显示。由于不同浏览器对于超链接 a 元素包含其他结构的解析存在很大不同,甚至是矛盾的,为此，在设计结构时，必须考虑到各种主要浏览器（如 IE 6、IE 7 和 FF）。

在超链接中包含一个面板结构，要使超链接能够正常有效地被执行，这里使用了 IE 条件语句（什么是条件语句？如何使用条件语句？将在后面章节中进行详细讲解）。

图10.16 卓越中国网站的导航下拉面板效果

```
<ul id="lists">
    <li><a href="#" class="t1">导航下拉面板
        <!--[if IE 7]><!--></a><!--<![endif]-->
        <!--[if lte IE 6]><table><tr><td><![endif]-->
        <div class="pos1">
            <dl id="menu">
                <dt>产品大类</dt>
                <dd><a href="#" title="">产品类别1</a></dd>
                <dd><a href="#" title="">产品类别2</a></dd>
                <dd><a href="#" title="">产品类别3</a></dd>
                <dd><a href="#" title="">产品类别4</a></dd>
                <dd><a href="#" title="">产品类别5</a></dd>
            </dl>
        </div>
        <!--[if lte IE 6]></td></tr></table></a><![endif]-->
    </li>
</ul>
```

在上面这个结构中，难点就是 IE 条件语句。IE 条件语句实际上就是一个条件结构，用来判断当前 IE 浏览器的版本号，以便执行不同的 CSS 样式或解析不同的 HTML 结构。

实现这个下拉导航面板的 CSS 控制样式如下。其显示效果如图10.17 所示。

```
<style type="text/css">
#lists {/* 定义总包含框基本结构 */
    background: url(images/bg1.gif) #fff;        /* 背景图像 */
    padding-left: 32px;                          /* 左侧补白 */
    margin: 0px;                                 /* 清除边界 */
    height:35px;                                 /* 固定高度 */
    font-size:12px;                              /* 字体大小 */
}
#lists li {/* 定义列表项目基本样式 */
    display:inline;                              /* 行内显示 */
```

```css
        float:left;                    /* 向左浮动 */
        height:35px;                   /* 固定高度 */
        background:url(images/menu5.gif) no-repeat left center; /* 背景图像 */
        padding-left:12px;             /* 左侧补白 */
        position:relative;             /* 相对定位,为下拉导航面板绝对定位指定一个参考框 */
}
#lists li a.tl {/* 定义超链接基本样式 */
        display:block;                 /* 块状显示 */
        width:80px;                    /* 固定宽度 */
        height:35px;                   /* 固定高度 */
        text-decoration:none;          /* 清除下划线 */
        text-align:center;             /* 文本水平居中 */
        line-height:35px;              /* 行高,实现垂直居中 */
        font-weight:bold;              /* 加粗显示 */
        color:#fff;                    /* 白色字体颜色 */
        background:url(images/menu5.gif) no-repeat right center; /* 定义导航背景图像 */
        padding-right:12px;            /* 定义右侧补白 */
}
#lists div {/* 定义超链接包含的导航面板的隐藏显示 */
        display:none;
}
#lists :hover div {/* 显示并定义超链接包含的导航面板 */
        display:block;                 /* 块状显示 */
        width:598px;                   /* 固定宽度 */
        background:#faebd7;            /* 定义背景色 */
        position:absolute;             /* 绝对定位,以便自由显示 */
        left:1px;                      /* 距离包含框左侧（li 元素）的距离 */
        top:34px;                      /* 距离包含框顶部（li 元素）的距离 */
        border:1px solid #888;         /* 定义一边框线 */
        padding-bottom:10px;           /* 定义底部补白 */
}
</style>
```

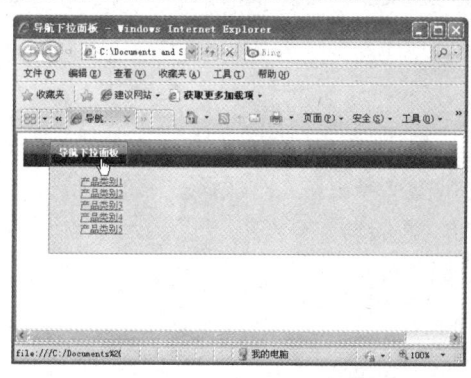

图10.17 导航下拉面板显示效果

第11章

设计表格样式

表格拥有特殊的结构和布局模型，它描述了数据间的关系，因此不应作为页面布局的工具。但在传统网页布局中，表格曾经被神话过，如今在标准网页布局中，表格的语义性又被重新提起。我们可以在HTML文档中指定数据之间的关系（即构建表格），并在CSS中定义表格的呈现效果。

表格是数据存储的一种最优化模型（即关系模型），类似的还有网状模型和文件模型等。一般来讲，表格是由一个可选的标题头开始，后面跟随一行或多行数据，每一行数据由一个或多个单元格组成，并可以区分为表头和数据单元格。单元格可以被合并、跨列或跨行，同时可以带有可被表现为语音或盲文的属性，以及能够将表格数据导出到数据库中的属性。

单元格的行或列可以组织成行组和列组，并通过行组和列组来控制数据的分组并设置样式。例如，单元格内数据的水平或垂直对齐、表格或单元格边框样式、单元格内的空隙等。单元格中的数据可以包含任何内容，如标题、列表、段落、表单、图像、预定义文本和表格（即嵌套表格）。

11.1 表格特性设计

表格是数据显示的基本结构，在无特殊要求下，读者完全可以借助表格自身的特性（传统设计方法）和CSS（标准设计方法）样式来设计表格的显示效果。由于表格是由多个HTML标签组成的，对于不同标签使用什么方法来设计样式是比较讲究的。例如，给table元素定义padding属性就没有实际意义。

实训1 使用表格特性

由于表格的特殊性及其在传统布局中对于广大设计师的潜移默化的影响，各大浏览器都定义了很多表格特性。

本节所用文件的位置如下：

| 视频路径 | 视频文件\files\11.1.1.swf |
| 效果路径 | 实例文件\11\ |

现在表格虽然不再用作构建页面布局的基本工具，但是其定义的很多特性依然被XHTML1严格型文档所支持。虽然不建议读者使用这些表格属性，但是应该了解它们，并在特殊情况下使用它们。被xhtml1-strict.dtd（严格型XHTML文档）支持的table元素属性如表11.1所示。

表11.1 table元素特性及其说明

特 性	说 明
border	定义表格边框，属性取值用来定义表格边框的宽度，取值为0表示隐藏表格边框线。功能类似CSS中的border属性，但是没有CSS提供的边框属性强大
cellpadding	定义数据表单元格的补白。功能类似CSS中的padding属性，但是功能比较弱
cellspacing	定义数据表单元格的边界。功能类似CSS中的margin属性，但是功能比较弱
width	定义数据表的宽度。功能类似CSS中的width属性
frame	设置数据表的外边框线显示，实际上它是对border属性的功能扩展。取值包括void（不显示任一边框线）、above（顶端边框线）、below（底部边框线）、hsides（顶部和底部边框线）、lhs（左边框线）、rhs（右边框线）、vsides（左边框线和右边框线）、box（所有四周的边框线）和border（所有四周的边框线）
rules	设置数据表的内边线显示，实际上它是对border属性的功能扩展。取值包括none（禁止显示内边线）、groups（仅显示分组内边线）、rows（显示每行的水平线）、cols（显示每列的垂直线）、all（显示所有行和列的内边线）

例如，在下面这个实例中借助table元素的特性定义数据表格的显示样式。该实例演示如何使用数据表格以单行线的形式进行显示。

```
<h1> 数据表格的样式 </h1>
<table border="1" cellspacing="2" cellpadding="2" frame="hsides" rules="rows" width="100%">
    <tr>
        <th> 排名 </th>
        <th> 校名 </th>
        <th> 总得分 </th>
```

```
        <th>人才培养总得分</th>
        <th>研究生培养得分</th>
        <th>本科生培养得分</th>
        <th>科学研究总得分</th>
        <th>自然科学研究得分</th>
        <th>社会科学研究得分</th>
        <th>所属省份</th>
        <th>分省排名</th>
        <th>学校类型</th>
    </tr>
    <tr>
        <td class="spec">1</td>
        <td>清华大学 </td>
        <td>296.77</td>
        <td>128.92</td>
        <td>93.83</td>
        <td>35.09</td>
        <td>167.85</td>
        <td>148.47</td>
        <td>19.38</td>
        <td>京 </td>
        <td>1 </td>
        <td>理工 </td>
    </tr>
    ……
</table>
```

通过frame特性定义数据表仅显示上下边框线，使用rules特性定义数据表仅显示水平内边线，从而设计出单行线数据表格效果，如图11.1所示。在使用frame和rules特性时，必须同时定义border特性，指定数据表显示的边框线。在本实例中同时使用cellpacing特性定义数据表单元格的内部补白大小，使用cellspacing特性定义数据表单元格之间的间距大小，其中数据表结构代码中仅显示前两行的表格信息。

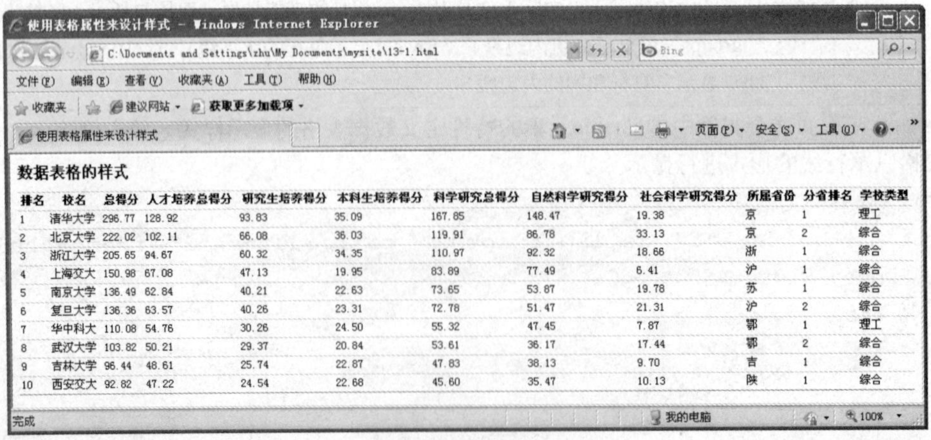

排名	校名	总得分	人才培养总得分	研究生培养得分	本科生培养得分	科学研究总得分	自然科学研究得分	社会科学研究得分	所属省份	分省排名	学校类型
1	清华大学	296.77	128.92	93.83	35.09	167.85	148.47	19.38	京	1	理工
2	北京大学	222.02	102.11	66.08	36.03	119.91	86.78	33.13	京	2	綜合
3	浙江大学	205.65	94.67	60.32	34.35	110.97	92.32	18.66	浙	1	綜合
4	上海交大	150.98	67.08	47.13	19.95	83.89	77.49	6.41	沪	1	綜合
5	南京大学	136.49	62.84	40.21	22.63	73.65	53.87	19.78	苏	1	綜合
6	复旦大学	136.36	63.57	40.26	23.31	72.78	51.47	21.31	沪	2	綜合
7	华中科大	110.08	54.76	30.26	24.50	55.32	47.45	7.87	鄂	1	理工
8	武汉大学	103.82	50.21	29.37	20.84	53.61	36.17	17.44	鄂	2	綜合
9	吉林大学	96.44	48.61	25.74	22.87	47.83	38.13	9.70	吉	1	綜合
10	西安交大	92.82	47.22	24.54	22.68	45.60	35.47	10.13	陕	1	綜合

图11.1 使用表格特性定义显示效果

实训2 使用CSS设计表格边框

如果使用CSS定义的border特性，则可以为table和td元素定义任意边上的边框样式，这在以前是不敢想象的。

本节所用文件的位置如下：	
视频路径	视频文件\files\11.1.2.swf
效果路径	实例文件\11\

传统布局中主要使用table元素的border特性来定义数据表格的边框，但是这种方法存在很多弊端，无法灵活定制表格样式，虽然结合table元素的frame和rules特性也可以设计更多表格边框样式，但是这些样式都显得很单调，也很机械。传统布局中如果定制了个性边框，只能够借助多层表格嵌套，并结合背景图像来实现，当然，所要付出的代价就是以牺牲HTML结构的语义性和易用性为前提。

例如，如果要显示11.1.1节实例中的单行线效果，就可以简单地使用如下CSS样式，显示效果如图11.2所示。

```
th, td {/* 定义数据表单行线 */
    border-bottom:solid 1px #000;
}
```

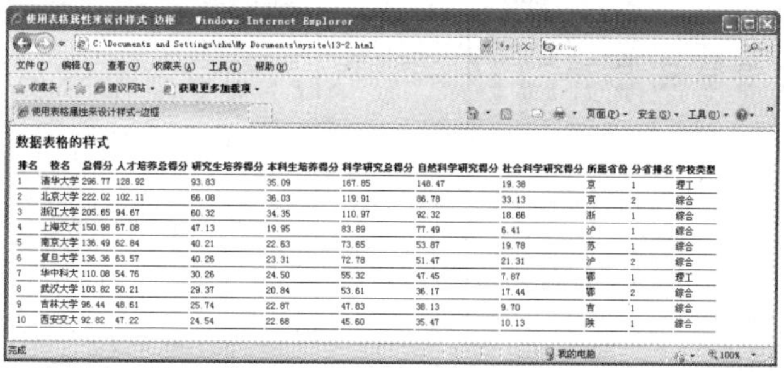

图11.2 使用CSS定义数据表格的边框样式

通过效果图可以看到，使用CSS定义的单行线不是连贯的线条，这是为什么呢？这是因为数据表中每个单元格都是一个独立的空间，为它们定义边框线时，相互之间不是紧密连接在一起的，所以会看到这样的效果。为了解决这个问题，CSS提供了border-collapse属性，使用该属性可以把相邻单元格的边框合并为一个，相当于把相邻单元格连接为一个整体，如果出现重复的边框定义，将被合并为单一边框线。border-collapse属性取值包括separate（单元格边框相互独立）和collapse（单元格边框相互合并）。

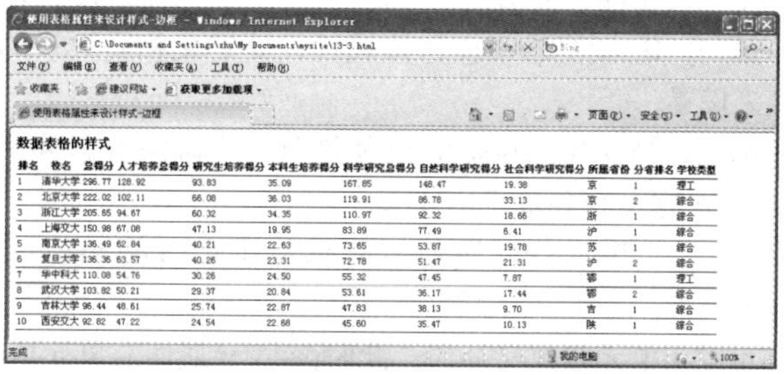

例如，针对上面实例出现的问题，为table元素定义如下样式，则浏览器在解析数据表格时会自动合并单元格边框，显示效果如图11.3所示。

图11.3 使用CSS合并单元格边框

```
table {/* 合并单元格边框 */
    border-collapse:collapse;
}
```

实训3　设计单元格分离和补白样式

为了兼容传统布局中的cellspacing属性，CSS定义了border-spacing属性，该属性能够分离单元格间距，取值包含一个或两个值。

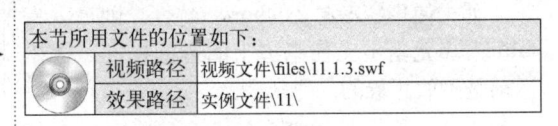

本节所用文件的位置如下：
视频路径	视频文件\files\11.1.3.swf
效果路径	实例文件\11\

当定义一个值时，即为定义单元格行间距和列间距都为该值，如图11.4所示。代码如下：

```
table {/* 分隔单元格边框 */
    border-spacing:20px;
}
```

如果分别定义行间距和列间距，就需要定义两个值，如图11.5所示。代码如下：

```
table {/* 分隔单元格边框 */
    border-spacing:10px 30px;
}
```

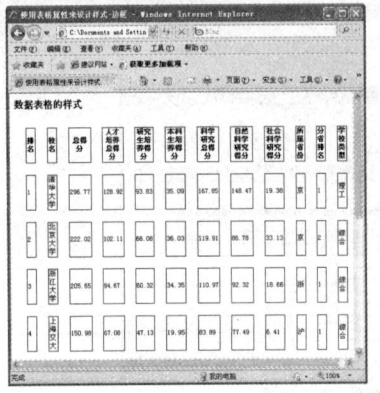

图11.4　定义单个分离值　　　　　　　图11.5　定义两个分离值

其中第一个值表示单元格之间的行间距，第二个值表示单元格之间的列间距，该属性值不可以是负数。当使用cellspacing属性定义单元格之间的距离之后，该空间由表格元素的背景填充。行、列、行组和列组不可以有边框，也就是说，必须忽略这些元素的边框属性。

使用该属性分离单元格时，应该注意三个问题。

第一，IE 浏览器不支持该属性，要定义相同效果的样式，就需要同时结合传统的 cell-spacing 属性来设置。

第二，当使用 cell-spacing 属性时，应确保数据单元格之间的相互独立性，不能够使用 border-collapse 来定义合并单元格边框。

第三，cell-spacing 属性不能够使用 CSS 的 margin 属性来代替。对于 td 元素来说，不支持 margin 属性。

可以为单元格定义补白，此时padding属性与单元格的cellpadding属性的功能是相同的。例如，下面样式为表格单元格定义20像素补白空间。

```
th, td {/* 为单元格定义补白 */
    border:solid 1px #000;
    padding:20px;
}
```

利用padding属性可以更灵活地定制单元格的补白区域大小，也可以根据需要定义不同边上的补白。使用padding属性还可以为表格定义补白，此时可以增加表格外框与单元格的距离。下面分别为数据表格和单元格定义补白，显示效果如图11.6所示。

```
table {/* 为数据表格定义补白 */
    border:dashed 1px red;
    padding:10px;
}
th, td {/* 为单元格定义补白 */
    border:solid 1px #000;
    padding:10px;
}
```

图11.6 为数据表格和单元格同时定义补白效果

不过，IE浏览器不支持cellspacing属性为table元素定义补白。另外，任何浏览器都不支持为tr元素定义补白。

实训4　空单元格显示处理

如果表格单元格的边框处于分离状态（即处于非合并状态），则可以使用CSS提供的empty-cells属性来控制空单元格是否显示。

本节所用文件的位置如下：	
视频路径	视频文件\files\11.1.4.swf
效果路径	实例文件\11\

empty-cells属性取值包括show和hide。例如，在下面这个实例中隐藏第二行第二列的空单元格边框线，如图11.7所示。

```
<style type="text/css">
table {/* 表格样式 */
    width:400px;                        /* 固定表格宽度 */
    border:dashed 1px red;              /* 定义虚线表格边框 */
    empty-cells:hide;                   /* 隐藏空单元格 */
}
th, td {/* 单元格样式 */
    border:solid 1px #000;              /* 定义实线单元格边框 */
    padding:4px;                        /* 定义单元格内的补白区域 */
}
```

```
        </style>
        <table>
            <tr>
                <td>1</td>
                <td>2</td>
            </tr>
            <tr>
                <td>3</td>
                <td></td>
            </tr>
        </table>
```

图11.7 隐藏空单元格边框的显示效果

在使用empty-cells属性时，应该注意以下三个问题。

第一，empty-cells属性控制了没有可视内容的单元格周围边框的显示。所谓没有可视内容就是单元格内包含内容不可见，或者单元格不包含任何内容，如果单元格的visibility属性定义为hidden，则都被认为是没有可视内容。可视内容包括" "以及其他空白，但是不包括ASCII字符中的回车符（"\0D"）、换行符（"\0A"）、Tab键（"\09"）和空格键（"\20"）。

第二，如果表格数据行中所有单元格的empty-cells属性取值都为hide，而且都没有任何可视内容，那么整行就等于设置了display: none。

第三，标准浏览器默认显示空单元格的边框。但是IE浏览器不支持该标准属性，且始终不会显示空单元格的边框。

实训5　设计单元格数据水平对齐和垂直对齐

数据对齐方式一直是布局的重中之重，要控制表格中数据的显示位置，可以使用CSS提供的text-align和vertical-align属性。

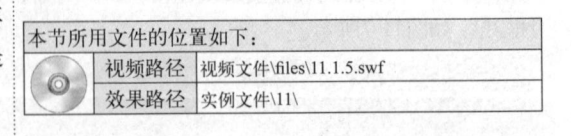

本节所用文件的位置如下：	
视频路径	视频文件\files\11.1.5.swf
效果路径	实例文件\11\

text-align属性控制数据在单元格中水平对齐方式，而vertical-align属性控制数据在单元格中的垂直对齐方式。同理，也可以利用这两个属性控制tr元素，以设置一行内所有单元格内数据的共同显示方式。例如，在下面这个实例中定义单元格中所有数据居中、底部对齐显示，如图11.8所示。这里并没有为td元素定义对齐方式，而是为tr元素定义对齐方式。由于不同浏览器对于表格的解析模式不同，在IE浏览器中就不支持为tr元素定义高度，但是其他浏览器支持这种方法。所以考虑到浏览器的兼容性问题，建议仅通过td元素来定义单元格的高度。

```
<style type="text/css">
table {/* 定义表格样式 */
    width:600px;                                /* 固定表格宽度 */
    border:dashed 1px red;                      /* 定义表格虚线外边框 */
}
th, td {/* 定义单元格样式 */
    border:solid 1px #000;                      /* 定义单元格的边框 */
    padding:4px;                                /* 定义单元格的补白 */
    height:60px;                                /* 定义单元格的高度 */
    width:50%;                                  /* 定义单元格的宽度 */
}
tr {/* 定义数据行样式 */
    text-align:center;                          /* 水平居中对齐 */
    vertical-align:bottom;                      /* 垂直底部对齐 */
}
</style>
<table>
    <tr>
        <td>1</td>
        <td><img src="images/boy.png" height="50" /></td>
    </tr>
    <tr>
        <td>3</td>
        <td></td>
    </tr>
</table>
```

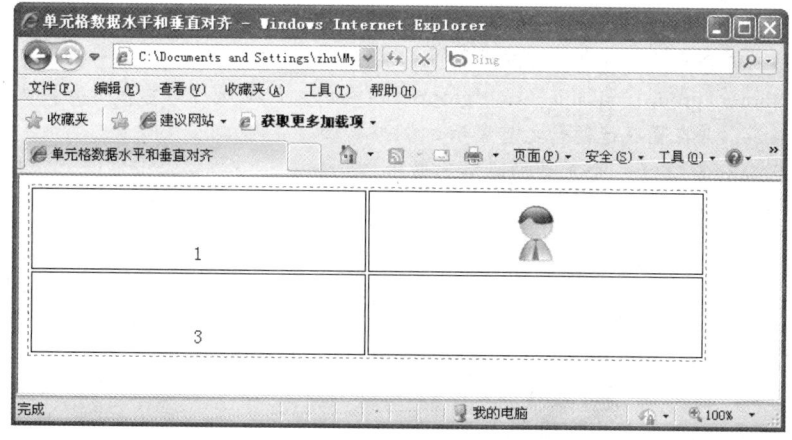

图11.8 单元格中数据对齐显示效果

除了CSS提供的这两个属性外，还可以继续使用td或tr所拥有的对齐属性，这些属性得到了XHTML 1.0严格型文档的支持，例如，使用align属性设置水平对齐方式，使用valign属性定义垂直对齐方式。这些属性的控制效果与CSS的对齐属性控制效果相同，但是一般不建议使用。在默认状态下，单元格内数据显示为左对齐、垂直居中效果。

11.2 表格布局模型和高级样式设计

在11.1节中曾经对数据表格的简单样式进行了讲解，实际上表格的布局模型和渲染方式都是很复杂的，且不同浏览器对于表格的解析也存在很大的差异。下面将从更抽象的角度来分析表格的布局效果，如果读者在阅读本节时感觉比较吃力，可以先暂时放下，等学习CSS布局之后再返回阅读本节内容。

实训1 认识表格布局模型

表格布局模型是建立在数据表格结构模型基础之上的呈现模型。一个完整的表格结构包含一个可选的标题和任意行单元格。

本节所用文件的位置如下：	
视频路径	视频文件\files\11.2.1.swf
效果路径	实例文件\11\

当多行单元格被构建时，会根据表格结构模型自动派生出列，每行中第一个单元格属于第一列，第二个单元格属于第二列，依此类推。行和列可以在结构上被分组，并利用这个分组使用CSS控制多行或多列的显示样式。简单地说，表格结构模型包含了表格、标题、行、行组、列组和单元格。

为了更方便地控制这些结构，CSS使用display属性定义了各种对应的显示模型（即显示类型），这样就可以为其他标识语言（如XML语言）和不同元素定义表格结构，并控制它们的显示样式。这里主要通过display属性进行定义，并映射到对应的表格结构中。下面的display属性取值将对应的表格语义分配给一个任意元素，即所谓的表格模型映射。

- table：定义一个块状表格，表现为一个长方形的块，并参与块格式化内容。
- inline-table：定义一个行内表格，表现为一个长方形的块，并参与行内格式化内容。
- table-row：定义一个元素为单元格组成的行。
- table-row-group：定义一个元素将一行或多行分组。
- table-header-group：与table-row-group功能类似，但是该行组总在所有其他行和其他行组前显示，并在置顶标题行之后显示。
- table-footer-group：与table-row-group功能类似，但是该行组总在所有其他行和其他行组之后显示，并在置底标题行之前显示。
- table-column：定义一个元素描述单元格列。
- table-column-group：定义一个元素将一列或多列分组。
- table-cell：定义一个元素代表一个单元格。
- table-caption：定义表格的标题。

根据上面的表格布局模型，HTML 4.0版本开始默认规定了每一种表格元素的对应显示模型，这些默认样式展示了这些表格模型是如何被映射到HTML 4.0中的：

```
TABLE     { display: table }
TR        { display: table-row }
THEAD     { display: table-header-group }
TBODY     { display: table-row-group }
TFOOT     { display: table-footer-group }
COL       { display: table-column }
COLGROUP  { display: table-column-group }
```

```
TD, TH      { display: table-cell }
CAPTION     { display: table-caption }
```

当元素的display属性取值为table-column或table-column-group时，浏览器不会特意解析它们，犹如它们被定义了display:none一样，因为可以利用这些属性给它们所代表的列定义特定的样式。

例如，在下面这个实例中使用div元素来模拟一个表格结构，然后使用CSS技术把该div元素构成的结构映射为数据表格布局模型，显示效果如图11.9所示。

```
<style type="text/css">
.table {/* 定义表格布局类样式 */
    display:table;                          /* 定义表格显示 */
    width:600px;                            /* 定义包含框的宽度 */
    border:dashed 1px red;                  /* 定义虚线边框样式 */
}
.td {/* 定义单元格布局类样式 */
    display:table-cell;                     /* 定义单元格显示 */
    border:solid 1px #000;                  /* 定义边框样式 */
    height:60px;                            /* 定义固定高度 */
    width:50%;                              /* 定义百分比宽度 */
    text-align:center;                      /* 水平居中显示 */
    vertical-align:bottom;                  /* 底部垂直显示 */
}
.tr {/* 定义数据表行类样式 */
    display:table-row;                      /* 定义数据行显示 */
}
</style>
<div class="table">
    <div class="tr">
        <div class="td">1</div>
        <div class="td">3</div>
    </div>
    <div class="tr">
        <div class="td">2</div>
        <div class="td">4</div>
    </div>
</div>
```

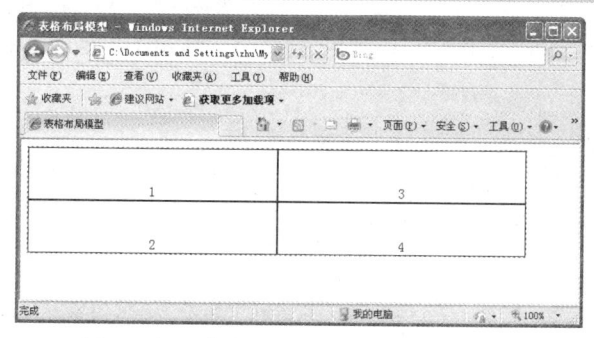

图11.9 在IE 8浏览器下的表格布局模型映射效果

注意：由于 IE 7 及其以下版本浏览器暂时还不支持表格布局模型，所以还无法在这些浏览器中获得如图 11.9 所示的效果。

实训2　设计数据列和行的样式

单元格位于表格的行和列的交叉点上，根据表格布局模型，单元格从属于行，或者说单元格是行的子对象。

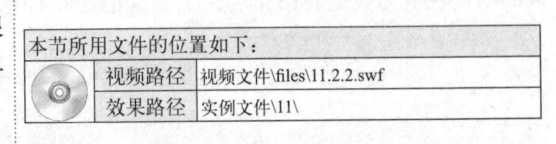

本节所用文件的位置如下：	
视频路径	视频文件\files\11.2.2.swf
效果路径	实例文件\11

多个同列的单元格可以组合为一个列，可以形象地把它比作列集合。

通过设置列的属性可以影响列包含的单元格显示样式。列和列组元素所支持的标准属性包括如下。

- border：定义指定列或列组的边框。只有当 table 被定义了 border-collapse:collapse 声明时，border 属性才有效。
- background：定义指定列或列组中单元格的背景，但是只有在单元格和行设置了透明背景时适用。
- width：定义指定列或列组的最小宽度。
- visibility：当设置一个列的 visibility 为 collapse 时，该列中所有的单元格都不会被渲染，而延伸到其他列的单元格将被裁剪。另外，表格宽度也会相应减少到该列本应占据的宽度。

例如，在下面这个实例中定义了 12 个列组元素，然后对数据列进行分组，并为其中特殊的数据列定义显示样式。最后分别在 IE 7（如图 11.10 所示）和 IE 8（如图 11.11 所示）中演示，从中可以看到 IE 不同版本在解析效果上存在一定的区别，这与 IE 7 及其以下版本浏览器不完全支持表格布局模型有关系。当然，其他当前主流浏览器基本上都支持表格布局模型。

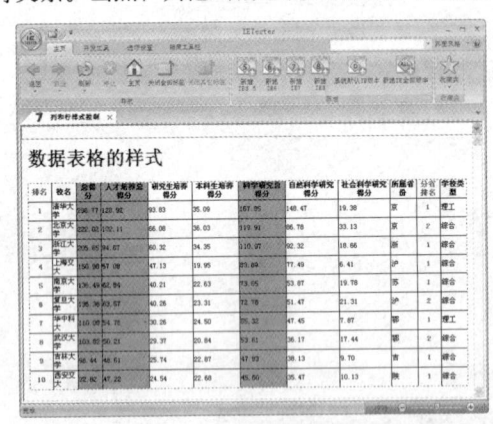

图11.10　IE 7中解析列样式　　　　　　图11.11　IE 8中解析列样式

```
<style type="text/css">
table {/* 定义表格样式 */
    border:dashed 1px red;                      /* 定义表格虚线框显示 */
    border-collapse:collapse;                   /* 合并单元格边框 */
}
th, td {/* 定义单元格样式 */
    border:solid 1px #000;                      /* 定义单元格边框线 */
}
```

```
col.col1, col.col11 {/* 第1列、第11列样式 */
    width:3em;                          /* 固定列宽度为3个字体大小 */
    text-align:center;                  /* 居中对齐（IE下有效）*/
    font-weight:bold;                   /* 字体加粗显示（IE下有效）*/
    color:red;                          /* 列内数据红色字体显示（IE下有效）*/
}
col.col2 {/* 第2列样式 */
    border:solid 12px blue;             /* 定义列粗边框显示（IE下无效）*/
}
col.col3 {/* 第3列样式 */
    background:#FF99FF;                 /* 定义列背景色 */
}
col.col4, col.col7 {/* 第4列、第7列样式 */
    background:#33CCCC;                 /* 定义列背景色 */
}
</style>
<table>
    <colgroup>
    <col class="col1" />                <!-- 第1列分组 -->
    <col class="col2" />                <!-- 第2列分组 -->
    <col class="col3" />                <!-- 第3列分组 -->
    <col class="col4" />                <!-- 第4列分组 -->
    <col class="col5" />                <!-- 第5列分组 -->
    <col class="col6" />                <!-- 第6列分组 -->
    <col class="col7" />                <!-- 第7列分组 -->
    <col class="col8" />                <!-- 第8列分组 -->
    <col class="col9" />                <!-- 第9列分组 -->
    <col class="col10" />               <!-- 第10列分组 -->
    <col class="col11" />               <!-- 第11列分组 -->
    <col class="col12" />               <!-- 第12列分组 -->
    </colgroup>
    <tr>
        <th> 排名 </th>
        <th> 校名 </th>
        <th> 总得分 </th>
        <th> 人才培养总得分 </th>
        <th> 研究生培养得分 </th>
        <th> 本科生培养得分 </th>
        <th> 科学研究总得分 </th>
        <th> 自然科学研究得分 </th>
        <th> 社会科学研究得分 </th>
        <th> 所属省份 </th>
        <th> 分省排名 </th>
        <th> 学校类型 </th>
```

```
        </tr>
        ......<!-- 省略后面各行及其包含的数据 -->
</table>
```

从演示结果中可以看到,IE不支持列的边框样式,而非IE浏览器支持上面黑体所列之外的任何属性。

对于表格行的控制,操作相对要简单些。要控制单行样式,只需控制tr元素即可;要控制多行样式,需要使用tbody、tfoot和thead元素对数据行进行分组,然后通过这些行组元素来控制多行数据的样式。

例如,针对上面实例,分别使用tbody、tfoot和thead元素对数据行进行分组,分组后的数据表结构如下,为了节省篇幅,这里省略了每行数据中大部分单元格结构及其包含的数据。

```
<table>
    <thead>
        <tr><th>排名</th>...</tr>
        <tr class="row1"><td>1</td>...</tr>
        <tr class="row2"><td>2</td>...</tr>
        <tr class="row3"><td>3</td>...</tr>
        <tr class="row4"><td>4</td>...</tr>
    </thead>
    <tbody>
        <tr><td>5</td>...</tr>
        <tr><td>6</td>...</tr>
        <tr><td>7</td>...</tr>
        <tr><td>8</td>...</tr>
        <tr><td>9</td>...</tr>
    </tbody>
    </tfoot>
        <tr><td>10</td>...</tr>
    </tfoot>
</table>
```

然后分别为第1行至第4行数据以及tbody行组数据定义样式:

```
tr.row1 {/* 第1行样式类 */
    width:3em;                      /* 最小宽度,将会影响到其他行单元格宽度 */
    text-align:center;              /* 居中显示 */
    font-weight:bold;               /* 加粗字体 */
    color:red;                      /* 红色字体 */
}
tr.row2 {/* 第2行样式类 */
    border:solid 12px blue;         /* 定义粗边框线效果 */
}
tr.row3 {/* 第3行样式类 */
    background:#FF99FF;             /* 定义背景色 */
}
tr.row4 {/* 第4行样式类 */
    background:#33CCCC;             /* 定义背景色 */
}
```

```
tbody {/* 主体行组样式类 */
    background:blue;                    /* 定义行组背景色 */
    color:white;                        /* 定义行组字体颜色 */
}
```

与列组不同，标准浏览器一般支持CSS提供的所有常用属性，但是IE浏览器不支持行组的边框样式。另外，在定义tbody元素时，应该先定义thead元素，否则浏览器会把所有数据行都归为tbody行组中。上面实例所显示的效果如图11.12所示。

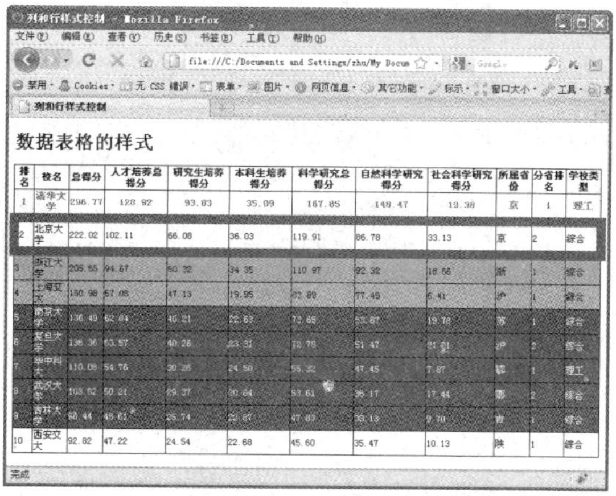

图11.12 在FF 3.5版本浏览器下的表格数据行组的显示效果

实训3 设计表格标题的样式

为了控制数据表格的标题样式，CSS提供了caption-side属性来定义标题的显示位置，可以根据需要选择不同的取值。

本节所用文件的位置如下：	
视频路径	视频文件\files\11.2.3.swf
效果路径	实例文件\11\

表格是一种特殊的布局模型，不管表格是否包含一个有形的外框，它的所有元素都将被装在一个匿名框中。table元素产生的匿名框可以包含表格框本身（数据框）和标题框（如果定义），这些表格匿名框内的包含框是相互独立的，它们都独自包含自身的内容，拥有独自的补白、边界和边框区域。匿名框的大小以包含两者的最小尺寸为准，垂直边距在表格框和标题框相交处重合，移动表格也将自动移动标题框。

caption-side属性取值包括top（位于表格框的上面）、bottom（位于表格框的下面）、left（位于表格框的左侧）和right（位于表格框的右侧）。如果要水平对齐标题，则可以使用text-align属性；对于左右两侧的标题，可以使用vertical-align属性进行垂直对齐，取值包括top、middle和bottom，其他取值无效，默认为top。

例如，在下面这个实例中，定义标题靠左显示，并设置标题垂直居中显示。IE浏览器暂不支持caption-side属性，所以在IE浏览器中显示如图11.13所示，在FF浏览器中显示如图11.14所示。

```
<style type="text/css">
table {/* 定义表格样式 */
    border:dashed 1px red;                          /* 虚线外框 */
}
```

```
th, td {/* 定义单元格样式 */
    border:solid 1px #000;              /* 实线内框 */
    padding:20px 80px;                  /* 单元格内补白大小 */
}
caption {/* 定义标题行样式 */
        caption-side:left;              /* 左侧显示 */
    width:10px;                         /* 定义宽度 */
    margin:auto 20px;                   /* 定义左右边界 */
    vertical-align:middle;              /* 垂直居中显示 */
    font-size:14px;                     /* 定义字体大小 */
    font-weight:bold;                   /* 加粗显示 */
    color:#666;                         /* 灰色字体 */
}
</style>
<table>
    <caption>
        表格的标题
    </caption>
    <tr>
        <td>1</td>
        <td>2</td>
    </tr>
    <tr>
        <td>3</td>
        <td>4</td>
    </tr>
</table>
```

图11.13 IE 7中解析列样式 　　　　　　图11.14 FF 3中解析列样式

如果要在IE浏览器中定义标题行的显示位置，可以使用caption元素的私有属性align定义，但是它仅能够定位标题在顶部（top）和底部（bottom），以及顶部左（left）侧、中（center）间和右（right）侧显示。

实训4　合并单元格

合并单元格是一种特殊的样式操作，CSS暂不支持该功能，但可以利用表格单元格td元素的自身属性来实现此操作。

本节所用文件的位置如下：	
视频路径	视频文件\files\11.2.4.swf
效果路径	实例文件\11\

如果要合并多列单元格，可以使用colspan特性，为该属性指定一个值，则表示要合并的单元格数目，如图11.15所示。

```
<table>
    <tr>
        <td colspan="2"> </td>
    </tr>
    <tr>
        <td> </td>
        <td> </td>
    </tr>
</table>
```

如果要合并多行单元格，则使用rowspan特性来定义，为该属性指定一个值，则表示要合并的单元格数目，如图11.16所示。

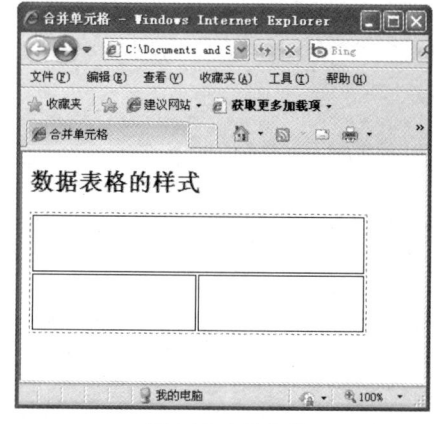

```
<table>
    <tr>
        <td rowspan="2"> </td>
        <td> </td>
    </tr>
    <tr>
        <td> </td>
    </tr>
</table>
```

图11.15　合并多列　　　　　　图11.16　合并多行

如果要合并多行多列，则可以在单元格中同时定义colspan和rowspan属性。当数据表内存在各

种形式的合并单元格时，很容易出现结构性的错误，所以读者在设计合并单元格样式时，最好能够利用Dreamweaver的可视化操作来完成，这样既安全又快捷。

实训5　设置数据表格内元素层叠优先级

在表格结构中，由于表格元素之间的样式容易发生重叠，因此必须了解相同条件下这些表格元素的样式重叠顺序。

本节所用文件的位置如下：	
视频路径	视频文件\files\11.2.5.swf
效果路径	实例文件\11\

由于用户可以同时为table、tr等元素定义背景色、边框等样式，这时极容易发生相同样式重叠冲突问题，为此必须了解数据表格内元素层叠优先级。

根据表格布局模型的层规划，各种表格元素背景层叠的顺序如图11.17所示，通过该图可以看到td元素的背景图像或背景色具有最大优先权，也就是说如果定义了单元格背景，则下面的各种元素的背景都将看不到，依此类推，如果单元格为透明，则行（tr元素）具有最大优先权。当然，表格定义的背景优先权最弱，如果表格中其他元素都为透明时，才可以看到表格的背景。

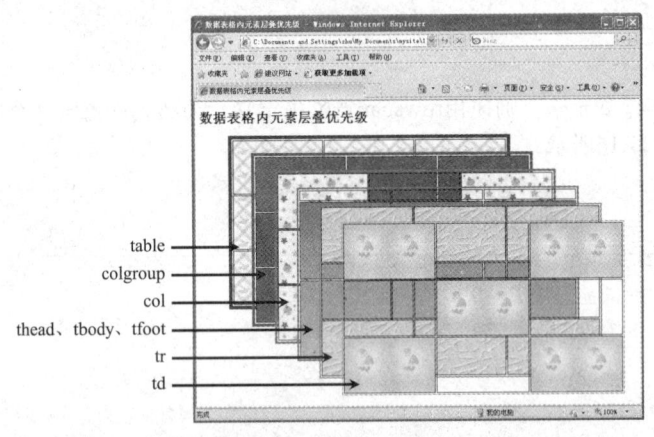

图11.17　数据表格内元素层叠优先级

对于表格边框样式来说，元素之间的层叠和覆盖顺序又是怎样的呢？为了更真实地认识边框覆盖顺序，不妨看一个实例。该实例是一个三行三列的数据表格，HTML结构代码如下：

```
<table class="table1">
    <colgroup>
    <col class="col1" />
    <col class="col2" />
    <col class="col3" />
    </colgroup>
    <tr class="tr1">
        <td class="cell1"> </td>
        <td class="cell2"> </td>
        <td class="cell3"> </td>
    </tr>
    <tr class="tr2">
```

```
        <td class="cell4"> </td>
        <td class="cell5"> </td>
        <td class="cell6"> </td>
    </tr>
</table>
```

如果定义第一个单元格为虚线边框，而第二个单元格为双线边框，则可以看到同宽的双线边框将覆盖虚线和实线边框，而虚线边框将覆盖实线边框，如图11.18所示。

```
td {border:solid 10px #000;}
.cell1 {border-style:dashed;}
.cell2 {border-style:double;}
```

如果定义第一列宽度为12像素，而定义第一行宽度为13像素，则行边框将覆盖列边框，如图11.19所示。

```
.col1 {border:solid 12px red;}
.tr1 {border:solid 13px blue;}
```

图11.18 边框线型的覆盖关系　　　　　图11.19 边框宽度的覆盖关系

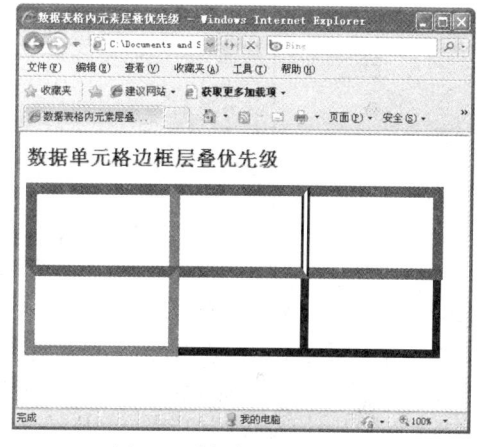

下面简单总结一下边框覆盖的规则和顺序。

- 如果定义了border-style:hidden;,那么它的优先级高于任何其他相冲突的边框。任何边框只要有该取值，将覆盖该位置的所有边框。通俗地说，如果边框被定义为隐藏显示，则其他任何重叠声明都是无效的。
- 如果定义了border-style:none;,那么它的优先级是最低的。只有在该边汇集的所有元素的边框属性都是none时，该边框才会被省略，元素的边框默认值为none。
- 较宽的边框将覆盖相对较窄的边框。如果若干边框的border-width属性值相同，那么样式的优先顺序将根据边框样式类型排序（排在前面的优先级最高）：double、solid、dashed、dotted、ridge、outset、groove和inset。
- 如果边框样式只有颜色上的区别，那么样式的优先顺序将根据元素类型进行排序（排在前面的优先级最高）：td、tr、thead（或tbody、tfoot）、col、colgroup和table。

11.3　表格样式设计实战

本节将结合两个实例详细讲解表格样式的设计，为了节省篇幅，仍然以本章中所使用的高校排行榜的数据为基础进行讲解，由于这些数据结构的代码比较多，所以就不再显示。

实训1　设计清新悦目的数据表样式

清新悦目的数据表，因其样式清秀，特别适合显示大批量数据，以避免长期集中注意力引起的视觉疲倦。

本节所用文件的位置如下：	
视频路径	视频文件\files\11.3.1.swf
效果路径	实例文件\11\

该样式的设计考虑到阅读大批量数据所特有的样式风格，即以柔和的色调进行设计，本实例的数据表样式效果如图11.20所示。

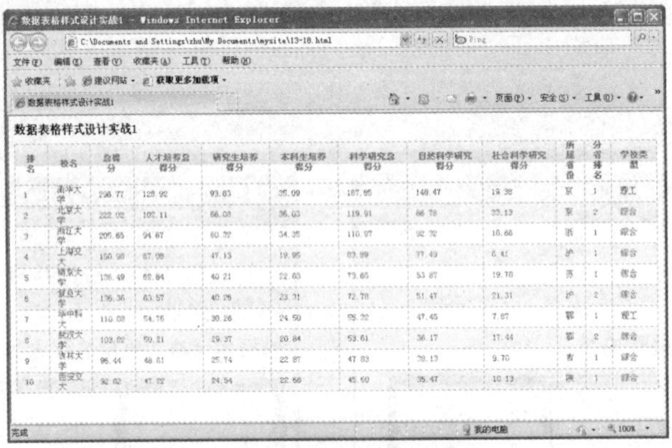

图11.20　清新悦目的数据表样式

整个表格样式设计有三个技巧。

技巧一，表格色调以清淡为主，不刺激眼睛，但是又能够准确区分数据行和列。边框线以淡蓝色为主色调，并配以12像素的灰色字体，营造一种精巧的设计效果，其设计重点在于色调的搭配上。

技巧二，以隔行变色的技巧来分行显示数据，这也是目前数据表的主流样式，它符合视线的换行显示，避免错行阅读数据。

技巧三，通过轻微的渐变背景图像来设计表格列标题，使表格看起来更大方，富有立体感。

在操作之前需要读者先设计一个渐变的背景图像，高度为30像素，渐变色调以淡蓝色为主。然后就可以来设计CSS样式，具体步骤如下。

第一步，定义表格样式。表格样式包括三部分内容：表格边框和背景样式、表格内容显示样式及表格布局样式。布局样式包括：定义表格固定宽度解析，这样能够优化解析速度，显示空单元格，合并单元格的边框线，并设置表格居中显示；表格边框为1像素宽的浅蓝色实线框，字体大小固定为12像素的灰色字体。

```css
table {/* 表格基本样式 */
    table-layout:fixed;              /* 固定表格布局，优化解析速度 */
    empty-cells:show;                /* 显示空单元格 */
    margin:0 auto;                   /* 居中显示 */
    border-collapse: collapse;       /* 合并单元格边框 */
    border:1px solid #cad9ea;        /* 边框样式 */
    color:#666;                      /* 灰色字体 */
    font-size:12px;                  /* 字体大小 */
}
```

table-layout是CSS定义的一个标准属性，用来设置表格布局的算法，取值包括auto和fixed。当取值为auto时，则布局将基于单元格内包含的内容来进行布局，表格在每一个单元格内所有内容读取计算之后才会显示出来。当取值fixed时，表示固定布局算法，在这种算法中，表格和列的宽度取决于col对象的宽度总和，如果没有指定，则根据第一行每个单元格的宽度。如果表格没有指定宽度，则表格默认宽度为100%。auto布局算法需要两次进行布局计算，影响客户端的解析速度；fixed布局算法仅需要一次计算，所以速度非常快。

第二步，定义列标题样式。列标题样式主要涉及到背景图像的设计，具体代码如下：

```css
th {/* 列标题样式 */
    background-image: url(images/th_bg1.gif);    /* 指定渐变背景图像 */
    background-repeat:repeat-x;                   /* 定义水平平铺 */
    height:30px;                                  /* 固定高度 */
}
```

列标题样式的设计难点是背景图像的制作，具体制作方法不再详细讲解，读者可以参考本实例效果，在Photoshop中进行设计。

第三步，定义单元格的显示样式。这里主要定义单元格的高度、边框线和补白。定义单元格左右两侧补白的目的是避免单元格与数据挤在一起。

```css
td {/* 单元格的高度 */
    height:20px;                                  /* 固定高度 */
}
td, th {/* 单元格的边框线和补白 */
    border:1px solid #cad9ea;                     /* 单元格边框线应与表格边框线一致 */
    padding:0 1em 0;                              /* 单元格左右两侧的补白，一个字距 */
}
```

第四步，定义隔行变色样式类。由于CSS 2.1还不能够直接定义隔行变色的属性（CSS 3中已经支持），所以可以定义一个隔行变色的样式类，然后把它应用到数据表中的奇数行或偶数行。

```css
tr.a1 {/* 隔行变色样式类 */
    background-color:#f5fafe;                     /* 定义比边框色稍浅的背景色 */
}
```

实训2　设计层次清晰的数据表样式

利用立体标题样式，借助分列效果和鼠标经过时的动态样式，并通过树形结构来设计层次清晰的分类数据表格效果。

本节所用文件的位置如下：	
视频路径	视频文件\files\11.3.2.swf
效果路径	实例文件\11\

下面来设计另一种风格的数据表格样式。该风格不再为表格设计边框，采用开放式设计思路，利用立体标题样式来隐含数据表区域，并借助标题分列效果来划分不同列，借助鼠标经过行时变换行背景颜色来提示当前行，最后通过树形结构来设计层次清晰的分类数据表格，效果如图11.21所示。

整个表格样式设计有四个技巧。

技巧一，适当修改数据表格的结构，使其更利于树形结构的设计。

技巧二，借助背景图像应用技巧来设计树形结构标志。

技巧三，借助伪类选择器来设计鼠标经过行时变换背景颜色（IE 6不支持该属性）。

技巧四，通过边框和背景色来设计列标题的立体显示效果。

详细的操作步骤如下，在动手之前，需要读者准备三幅背景图标。

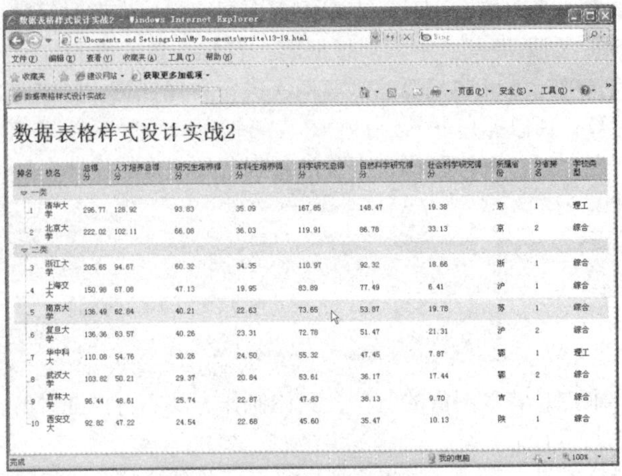

图11.21 层次清晰的数据表样式

第一步，适当修改数据表的结构。在修改数据表结构时，不要主动去破坏数据表格的语义结构，而是强化数据表格的语义层次。例如，使用thead和tbody元素定义数据表格的数据分组，把标题分为一组（标题区域），再把主要数据分为一组（数据区域）。根据数据分类的需要，增加两个合并的数据行，该行仅包含一个单元格，为了避免破坏结构，需要使用合并操作（colspan="12"）来表示该单元格是合并单元格。为了更好地控制数据表的样式，本实例定义了很多样式类，因此，还需要把这些样式类引用到tr、th和td元素中，经过修改之后的数据表格结构如下（省略了非重要的数据单元格及其包含的内容）：

```
<h1>数据表格样式设计实战 2</h1>
<table  summary="层次清晰的数据表样式" >
    <thead>
        <tr>
            <th>排名</th>......
        </tr>
    </thead>
    <tbody>
        <tr>
            <td class="arrow" colspan="12">一类</td>
        </tr>
        <tr>
            <th class="start">1</th>......
        </tr>
        <tr>
            <th class="end">2</th>......
        </tr>
        <tr>
            <td class="arrow" colspan="12">二类</td>
        </tr>
        <tr>
```

```
                <th class="start">3</th>......
            </tr>
            <tr>
                <th class="start">4</th>......
            </tr>
            <tr>
                <th class="start">5</th>......
            </tr>
            <tr>
                <th class="start">6</th>......
            </tr>
            <tr>
                <th class="start">7</th>......
            </tr>
            <tr>
                <th class="start">8</th>......
            </tr>
            <tr>
                <th class="start">9</th>......
            </tr>
            <tr>
                <th class="end">10</th>......
            </tr>
        </tbody>
</table>
```

第二步，在继续设计之前，不妨统一一下关键元素的默认样式，例如，在 body 元素中定义页面字体类型，通过 table 元素定义数据表格的基本属性，以及其包含文本的基本显示样式，同时统一标题单元格和普通单元格的基本样式。

```
body {/* 页面基本属性 */
    font-family:"宋体" arial, helvetica, sans-serif;  /* 页面字体类型 */
}
table {/* 表格基本样式 */
    border-collapse: collapse;         /* 合并单元格边框 */
    font-size: 75%;                    /* 字体大小，约为12像素 */
    line-height: 1.1;                  /* 行高，使数据显得更紧凑 */
}
th {/* 列标题基本样式 */
    font-weight: normal;               /* 普通字体，不加粗显示 */
    text-align: left;                  /* 标题左对齐 */
    padding-left: 15px;                /* 定义左侧补白 */
}
th, td {/* 单元格基本样式 */
    padding: .3em .5em;                /* 增加补白效果，避免数据拥挤在一起 */
}
```

第三步，定义列标题的立体效果。列标题的立体效果主要借助边框样式来实现，设计顶部、左侧和右侧边框样式为1像素宽的白色实线，而底部边框则设计为2像素宽的浅灰色实线，这样就可以营造出一种淡淡的立体凸起效果。

```css
thead th {/* 列标题样式，立体效果 */
    background: #c6ceda;                        /* 背景色 */
    border-color: #fff #fff #888 #fff;          /* 配置立体边框效果 */
    border-style: solid;                        /* 实线边框样式 */
    border-width: 1px 1px 2px 1px;              /* 定义边框大小 */
    padding-left: .5em;                         /* 增加左侧的补白 */
}
```

第四步，定义树形结构效果。树形结构主要利用虚线背景图像（├ 和 └）来模拟，借助背景图像的灵活定位特性，可以精确设计出树形结构样式，然后把这个样式分别设计为两个样式类，这样就可以分别把它们应用到每行的第一个单元格中。

```css
tbody th.start {/* 树形结构非末行图标样式 */
    background: url(images/dots.gif) 18px 54% no-repeat;/* 背景图像，定义树形结构非末行图标 */
    padding-left: 26px;                         /* 增加左侧的补白 */
}
tbody th.end {/* 树形结构末行图标样式 */
    background: url(images/dots2.gif) 18px 54% no-repeat;/* 背景图像，定义树形结构的末行图标 */
    padding-left: 26px;                         /* 增加左侧的补白 */
}
```

第五步，为分类标题行定义一个样式类。通过为该行增加一个提示图标以及行背景色来区分不同分类行之间的视觉分类效果，最后把这个分类标题行样式类应用到分类行中即可。

```css
.arrow {/* 数据分类标题行的样式 */
    background:#eee url(images/arrow.gif) no-repeat 12px 50%; /* 背景图像，定义提示图标 */
    padding-left: 28px;                         /* 增加左侧的补白 */
    font-weight:bold;                           /* 字体加粗显示 */
    color:#444;                                 /* 字体颜色 */
}
```

第六步，定义伪样式类，设计当鼠标经过每行时变换背景色，以此显示当前行效果。

```css
tr:hover, td.start:hover, td.end:hover {/* 鼠标经过行、单元格上时的样式 */
    background: #FF9;                           /* 变换背景色 */
}
```

第12章

网页样式布局

本章将带领读者初步了解HTML元素的语义性和结构化背景,并在初步了解CSS语法和对象样式设计的基础上来讲解标准网页的布局方法。如果说网页结构的构建需要符合语义性,那么在构建网页布局时就需要读者具备清晰的设计思路和过硬的CSS技术和布局技巧。很多设计师由于在HTML或CSS技术方面存在缺陷,导致所设计的布局混乱不堪。

CSS布局遵循传统桌面的排版理念,但是它又完全不同于传统的网页设计。例如,在标准设计中,设计师常常会使用div元素来分块,搭建网页宏观结构,然后对结构逐步细化,最后使用CSS来设计页面的呈现效果;传统设计中正好相反,是先画出效果再进行设计。

12.1 网页布局概述

布局从某种意义上讲就是艺术设计，而不是技术临摹。很多时候，即使是相同的结构和布局，但是在不同设计师手中所呈现的效果也会截然不同。"禅意花园"这个经典的实例再次告诉我们：如果把艺术设计的问题过分技术化，也只能僵化设计的灵感。读者在学习CSS布局时，应该时刻保持创新的意识和探索的精神。

模仿仅是布局的起点，但不是设计的终点。本章主要是从技术的层面帮助读者掌握布局的基本方法和技巧，为艺术设计奠定扎实的基础。

1. 网页布局的基本元素

标准结构都是从div元素开始的，只需利用div元素和列表元素即可完成页面大部分结构的施工。也许你已经了解了它们的基本用法，但是对于网页布局的基本原理，很多初学者仅是囫囵吞枣，常常是稀里糊涂地设计，不明不白地布局，结果是所设计的页面效果让人看起来不舒服。提及网页布局的基本原理，还是应该从最基本的结构元素开始，这里主要包括div和span元素。

div元素早在HTML 3.0版本时就已经被定义，受传统布局的影响，最初并没有引起设计师的注意。很多设计师甚至对于这个新诞生且语义不详的元素表示不解和排斥，直到CSS不断普及，div元素才逐渐被大家所认识和接受。

div全称为division，中文翻译为分隔或分开的意思，一般使用该元素来分隔页面不同模块和区域，习惯上把它称为包含框（结构上）。但是更准确地讲，这种称呼是不符合语义性的。实际上，div元素本义是用来做结构分隔或切分的。不过出于习惯，还是把它称为结构包含框，而不是结构分隔块。

span元素也是在HTML 3.0版本中开始引入的，但是当时对其认识还比较模糊，功能也很不完善，到了HTML 4.0时，span元素的语义和功能才得到完善。

span中文翻译为范围，从语义角度分析，它没有结构特征，仅作为行内元素的一个包含框，用来表示所定义显示样式的应用范围，不具备块布局的基本特性。如果从专业角度分析，span是行内元素，而div是块状元素，它们所作用的对象不同，呈现出的效果也截然不同。div元素可以包含span元素，但是span元素不能够包含div元素，仅能包容行内性质的元素和文本信息。

我们做一个简单的试验，分别使用div和span元素包含一个图像，显示效果如图12.1所示。通过这个实例读者能够直观地看到div元素是占据一行的，而span元素能够在一行内排列多个元素，这也说明块状元素都是以行为单位进行显示，而对于行内元素来说，由于没有结构特性，它们可以显示在同一行内。

```
<style type="text/css">
div  {    border:solid 1px blue;}           /* 蓝色边框    */
span { border:solid 1px red;}               /* 红色边框    */
img { width:80px; }                         /* 统一图像的宽度   */
</style>
<div><img src="images/1.png" /></div>
<div><img src="images/2.png" /></div>
<span><img src="images/3.png" /></span>
<span><img src="images/4.png" /></span>
```

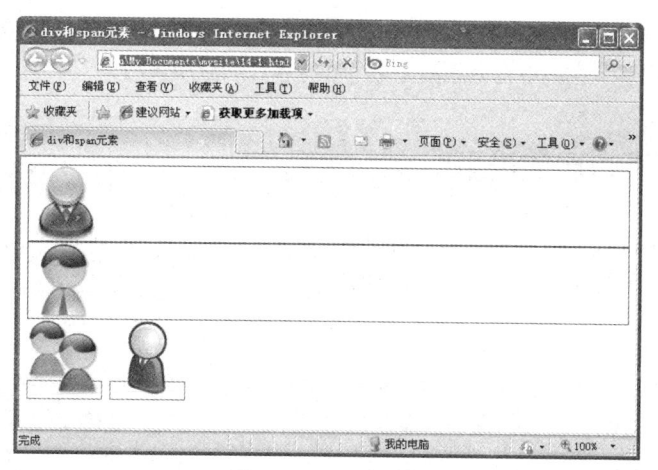

图12.1 div和span元素

在后面章节中将还会讲到使用 display 属性来改变元素的显示性质，但是用户无法改变一个元素的语义特性，所以在网页布局中还是建议遵循语义最优先的原则来选择不同的元素。除了 div 和 span 元素外，在网页布局中另一个常用的元素就是列表元素，如 ul、ol、li、dl、dt 和 dd，这六个元素分组配合使用用来构建列表结构，它们所表达的语义也是列表信息的意思。

2．网页元素的显示属性

浏览器默认每个网页元素都显示为特定性质。当然，使用CSS可以改变元素的显示性质，即使用display属性定义元素的显示属性。该属性主要取值如下。

- block：定义元素以块状显示。块状元素默认显示宽度为100%，并占据一行，即使宽度不为100%，也不允许一行内显示多个元素，因为块状元素都隐藏了换行符。
- none：隐藏元素显示。这与visibility属性取值为hidden不同，它不为被隐藏的元素保留空间，隐藏之后该元素占据位置将被后面元素所挤占。
- inline：定义元素行内显示，也称为内联显示。行内元素不可以定义宽度和高度，上下外边界不起作用，因此给人的印象是如同皮纸袋子，用来包裹一部分行内对象，以便统一它们的显示效果；对于块状元素来说，则如同硬木盒子。
- inline-block：定义元素为行内块状显示，也就是说它拥有行内元素的特性，同时能够定义宽度和高度，因此它允许其他行内元素在一行内显示。IE 5.5版本及其以上浏览器支持该属性，FF不支持。
- list-item：定义元素为列表项目，并自动添加项目符号，实际上它是块状元素的一种特殊效果。
- table：定义元素为块状表格显示。
- table-caption：定义元素为块状表格标题显示。
- table-cell：定义元素为块状单元格显示。
- table-column：定义元素为块状表格列显示。
- table-row：定义元素为表格行显示。

由于浏览器兼容性问题，目前能被不同浏览器接受的属性值仅有block、inline和none，其他选项被支持的程度不是很高，因此也很少被设计师选用。

如果设置span元素显示为块状效果，则只需定义如下样式：

```
span { display:block; }                    /* 定义行内元素块状显示 */
```

相反，如果设置div以行内元素显示，则可以使用如下样式进行定义：

```
div { display:inline; }                    /* 定义块状元素行内显示 */
```

类似其他显示属性的设置和修改，读者只要根据这种方法，并选择对应关键字即可，在此就不再详细说明，在后面章节实例中也会不断渗透display属性的应用技巧。

实训　分析网页布局的类型

如果使用Dreamweaver新建文档，可以从三个角度分析CSS布局模板的类型及其设计特征和布局规律。

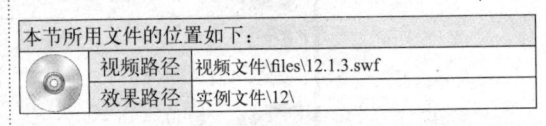

本节所用文件的位置如下：	
视频路径	视频文件\files\12.1.3.swf
效果路径	实例文件\12\

```
<div id="model">
    <div id="header">
        <h1> 网页标题 </h1>
        <h2> 网页副标题 </h2>
    </div>
    <div id="main">
        <div id="content">
            <h3> 主信息区域 </h3>
        </div>
        <div id="subplot">
            <h3> 次信息区域 </h3>
        </div>
        <div id="serve">
            <dl>
                <dt> 功能服务区域 </dt>
                <dd> 服务列表项 </dd>
                <dd> 服务列表项 </dd>
            </dl>
        </div>
    </div>
    <div id="footer">
        <p> 版权信息区域 </p>
    </div>
</div>
```

该结构在无CSS样式下所呈现的效果如图12.2所示，整个页面信息将根据SEO的设计原则进行规划，页面元素的使用完全遵循语义化要求进行选用。

● 根据行列分类。

这里的行和列是根据网页模块显示效果进行划分的，如单行版式、两行版式、三行版式、多行版式、单列版式、两列版式、三列版式和多列版式等，然后将行和列进行组合就可以形成多种布局样式。

例如，针对上面结构设计一个单行单列布局样式，则CSS核心布局代码如下，显示效果如图12.3所示。

```
<style type="text/css">
body { text-align:center;}              /* 网页居中显示（IE 7下）*/
#model {/* 单行单列布局模板   */
     width:400px;                       /* 固定宽度布局 */
   margin-left:auto;                    /* 左侧边界自动，实现包含框自动居中（FF下）*/
   margin-right:auto;                   /* 右侧边界自动，实现包含框自动居中（FF下）*/
   border:2px solid red;                /* 栏目分隔线 */
   text-align:left;                     /* 正文文本左对齐显示   */
}
</style>
```

如果设计为三行一列布局，则可以根据上面样式进行简单修改，代码如下，所得演示效果如图12.4所示。

```
<style type="text/css">
body { text-align:center;}              /* 网页居中显示（IE下）*/
#model {/* 单行单列布局模板   */
     width:400px;                       /* 固定宽度布局 */
   margin-left:auto;                    /* 左侧边界自动，实现包含框自动居中（FF下）*/
   margin-right:auto;                   /* 右侧边界自动，实现包含框自动居中（FF下）*/
   text-align:left;                     /* 正文文本左对齐显示   */
}
#header, #main, #footer {/* 分隔栏目样式 */
   border:2px solid red;                /* 栏目分隔线   */
   margin-bottom:4px;                   /* 栏目间距   */
}
</style>
```

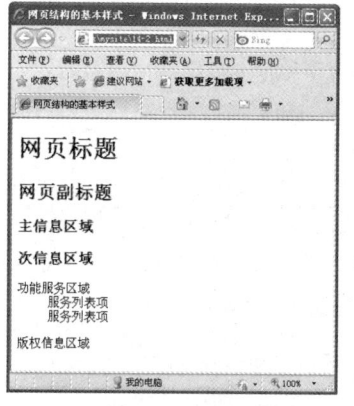

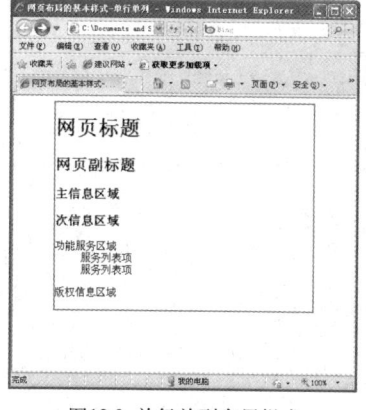

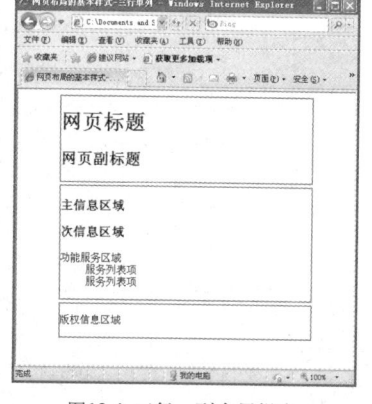

图12.2 构建基本的结构样式　　图12.3 单行单列布局样式　　图12.4 三行一列布局样式

如果设计三行两列布局样式，则可以定义如下样式，这里把标题区域作为一行，主体内容区域作为一行，页脚区域作为一行。在主体区域内，把主要内容和次要内容作为左栏，功能服务区作为右栏显示，设计效果如图12.5所示。注意，实现三行两列布局样式的方法不是唯一的，本实例仅是一个演示，还可以设计出更多的实现方法。

```css
<style type="text/css">
body { text-align:center;}                    /* 网页居中显示（IE下）*/
#model {/* 单行单列布局模板   */
                                              /* 固定宽度布局 */
    width:400px;
    margin-left:auto;          /* 左侧边界自动，实现包含框自动居中（FF下）*/
    margin-right:auto;         /* 右侧边界自动，实现包含框自动居中（FF下）*/
    text-align:left;                          /* 正文文本左对齐显示   */
}
#header, #serve, #footer {/* 分隔栏目样式 */
    border:2px solid red;                     /* 栏目分隔线   */
    margin-bottom:4px;                        /* 栏目间距   */
}
#serve {/* 浮动的右栏样式 */
    float:right;                /* 功能服务区向右浮动显示   */
    margin-top:-90px;           /* 通过负边界实现把该模块向上提升，
与左栏顶部对齐，当然，如果主体内容区域高度变化，该值应该进行调整   */
}
</style>
```

如果设计三行三列布局样式，则可以采用如下样式，效果如图12.6所示。

```css
<style type="text/css">
body { text-align:center;}                    /* 网页居中显示（IE下）*/
#model {/* 单行单列布局模板   */
                                              /* 固定宽度布局 */
    width:400px;
    margin-left:auto;          /* 左侧边界自动，实现包含框自动居中（FF下）*/
    margin-right:auto;         /* 右侧边界自动，实现包含框自动居中（FF下）*/
    text-align:left;                          /* 正文文本左对齐显示   */
}
#header, #content, #subplot, #footer {/* 分隔栏目样式 */
    border:2px solid red;                     /* 栏目分隔线   */
    margin-bottom:4px;                        /* 栏目间距   */
}
#content {/* 主要信息区域样式 */
    float:left;                               /* 向左浮动 */
    width:30%;                                /* 栏目宽度 */
}
#subplot {/* 次要信息区域样式 */
    float:left;                               /* 向左浮动 */
    width:35%;                                /* 栏目宽度 */
}
#content, #subplot { margin-right:4px; }      /* 栏目平行间距   */
#serve { margin-left:68%; }     /* 功能服务区左侧的边界，以实现三列分开显示 */
</style>
```

图12.5 三行两列布局样式　　　　图12.6 三行三列布局样式

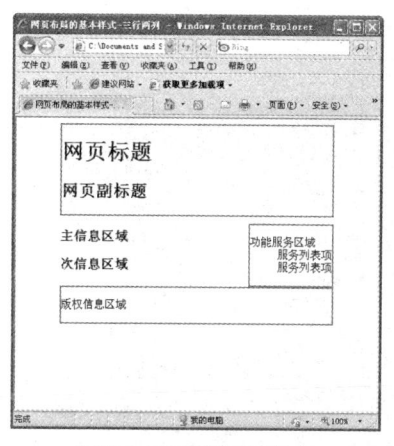

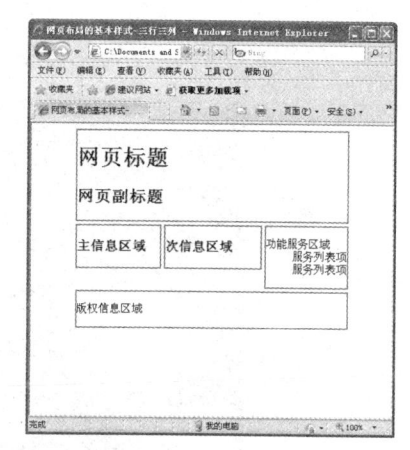

上面以实例代码的形式介绍了几种常用布局类型的样式,对于初学者来说,由于还没有掌握网页布局的基本方法,理解时会存在很大难度。如果一时难以理解,可以先跳过本节内容,等学习完本章之后再返回阅读。本节的主要目的是希望读者明白网页布局的类型以及实现的途径和思路。

● 根据显示性质分类。

除了根据呈现效果的行和列结构来进行布局分类外,还可以根据布局元素的显示性质进行分类,例如,自然流动布局、浮动布局、定位布局和混合布局等。有关这些布局效果和实施方法将在下面各节中讲解。

● 根据布局性质分类。

可以根据网页宽度的取值单位进行设置,例如,固定宽度布局(以像素为单位定义网页宽度)、流动宽度布局(以百分比为单位定义网页宽度)、液态宽度布局(以em为单位定义网页宽度)。另外,还可以混合多种取值单位进行布局,由于这些布局样式效果与上面实例大致相同,只需要修改网页宽度的取值单位即可,所以在此不再举例说明。

12.2　CSS盒模型

盒模型是CSS布局的核心。如果说布局是建筑,则盒模型就是建筑用的砖模型,由模型塑造不同形状的元素,再由不同形状的元素构筑完整的页面。了解盒模型内部规则和基本使用技巧,对于网页布局来说是至关重要的。

什么是CSS盒模型呢?简单地说,就是二维的矩形空间,这个空间镶嵌着三层"套子",在"套子"里包裹着各种信息。XHTML中所有元素都拥有这样的模型,但是不同性质的元素所支持的情况不同,例如,行内元素虽然可以定义边界,但是它没有显示效果,且不会对其他元素产生影响。

如果用一个简单的示意图来描述,则如图12.7所示。从外到里,盒模型包括外边距(margin,常称边界)、边框(border)、内边距(padding,常称补白)和内容区域(content)四大区域。

内容区域包括宽度(width)、高度(height)和背景(background),实际上背景能够延伸到补白区域,有些浏览器中的背景图像甚至延伸到边框内。所以对于一个CSS盒模型来说,它的实际宽度或高度就等于内容区域的宽(width)和高(height)加上二倍的边界、边框和补白之和。

```
W = width (content) + 2 * (border + padding + margin)
H = height (content) + 2 * (border + padding + margin)
```

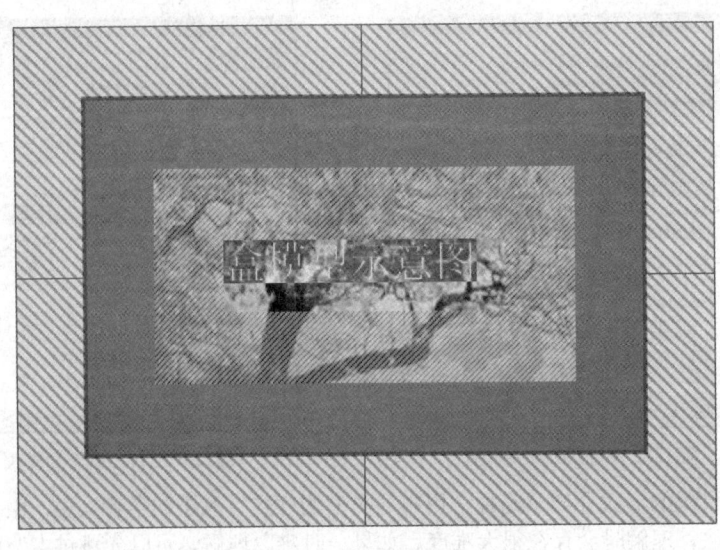

图12.7 盒模型示意图

CSS盒模型不仅仅包含这几个空间，关键是它允许用户自定义各个空间不同边的显示大小和样式，这一点对于布局来说是很重要的。因为很多时候会根据需要分别调整各边上的边界、补白和边框。

由于CSS元素都是以盒子形状存在的，这为网页布局奠定了基础。可以想象一下，如果建筑用的砖块没有规律，形状各异，这对于建筑师来说将是一个多么严峻的挑战。实际上，网页元素的布局就是这些大大小小的盒子在页面中的定位。被定位的盒子随着文档流能够上下、左右灵活地流动，当然这个流动前提是要看元素的显示性质。

元素的摆放存在两种可能：第一，元素之间相邻为伴，相互通过边界产生影响。第二，元素之间相互包含，此时相互作用就不仅仅是边界问题了，还包括补白。当元素的显示性质发生变化时，相互之间的影响就会更加复杂。如何去计算相互之间的空隙，如何确定它们之间的位置关系，这将是本章布局要讲解的一个重要难题。

实训1　设计盒模型的边界

在CSS中，边距大小由margin属性定义，margin可以翻译为边界，它定义了元素与其他相邻元素的距离。

本节所用文件的位置如下：	
视频路径	视频文件\files\12.2.2.swf
效果路径	实例文件\12\

由margin属性还可以派生出如下四个属性。
- margin-top（顶部边界）。
- marging-right（右侧边界）。
- marging-bottom（底部边界）。
- margin-left（左侧边界）。

这些属性分别定义了元素在不同方位上与其他元素之间的间距。例如，在下面这个实例中，按规律设置了四个盒子的外边界变化，通过在不同方向上外边界的设置，设计出一种梯装效果，如图12.8所示。通过本实例的演示，读者能够体验到边界可以自由进行设置，且各边边界不会相互影响。

```html
<style type="text/css">
div { /* div 元素的默认样式 */
    height:20px;                              /* 统一高度 */
    border:solid 1px red;                     /* 统一边框样式 */
}
#box4 {/* 第四个盒子样式 */
    margin-top:1px;                           /* 顶部边界大小 */
    margin-right:1em;                         /* 右侧边界大小 */
    margin-left:1em;                          /* 左侧边界大小 */
}
#box3 {/* 第三个盒子样式 */
    margin-top:4px;
    margin-right:4em;
    margin-left:4em;
}
#box2 {/* 第二个盒子样式 */
    margin-top:8px;
    margin-right:8em;
    margin-left:8em;
}
#box1 {/* 第一个盒子样式 */
    margin-top:12px;
    margin-right:12em;
    margin-left:12em;
}
</style>
<div id="box1"></div>
<div id="box2"></div>
<div id="box3"></div>
<div id="box4"></div>
```

图12.8 盒模型不同方向上边界的设置效果

为了提高代码编写效率，CSS也提供了边界定义的简写方式，具体说明如下。
- 如果四个边界相同，则直接使用margin属性定义，为margin设置一个值即可。
- 如果四个边界不相同，则可以在margin属性中定义四个值，四个值用空格进行分隔，代表边的顺序是顶部、右侧、底部和左侧，即从顶部开始按顺时针方向进行设置。代码如下：

```
margint:top right bottom left;
```

这样就能够加速代码输入速度，例如，针对上面实例中的样式可以这样简写：

```
#box4 { margin:1px 1em auto 1em; }
#box3 { margin:4px 4em auto 4em; }
#box2 { margin:8px 8em auto 8em; }
#box1 { margin:12px 12em auto 12em; }
```

这样会节省大量代码，且更为高效。当使用这种简写形式时，如果某个边没有定义大小，则可以使用auto（自动）关键字进行代替，但是必须设置一个值，否则会产生错误。
- 如果上下边界不同，左右边界相同，则可以使用三个值进行代替，因此可以这样简写：

```
margint:top right bottom;
```

例如，针对上面实例代码，我们还可以继续简写：

```
#box4 { margin:1px 1em auto; }
#box3 { margin:4px 4em auto; }
#box2 { margin:8px 8em auto; }
#box1 { margin:12px 12em auto; }
```

因为左右边界相同，所以就不用再考虑，合并在一起即可。
- 如果上下边界相同，左右边界相同，则直接使用两个值进行代替：第一个值表示上下边界，第二个值表示左右边界。例如，下面样式定义了段落文本的上下边界为12像素，而左右边界为24像素。

```
p{ margin:12px 24px;}
```

实训2　设计边界重叠

下面就元素边界重叠问题进行讲解，更复杂的边界关系将会在下面章节中不断渗透讲解。

本节所用文件的位置如下：

视频路径	视频文件\files\12.2.3.swf
效果路径	实例文件\12\

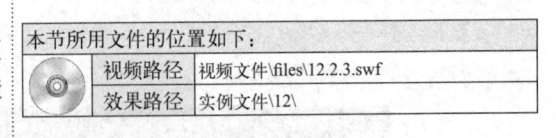

在CSS盒模型中，边界是最为复杂的一个要素，当多个元素相邻布局时，设计师总会使用边界来调整相互之间的距离。但是，元素的边界存在重叠现象，且重叠的表现形式各异，不同显示性质的元素发生的重叠效果也不相同，这为页面布局带来诸多挑战。下面就元素边界重叠问题进行讲解，更复杂的边界关系将会在下面章节中不断渗透讲解。

在默认情况下，流动的块状元素存在上下边界重叠现象，这种重叠将以最大边界代替最小边界作为上下两个元素的距离。例如，在下面这个实例中，定义上面元素的底部边界为50像素，而下面元素的顶部边界为30像素，如果不考虑重叠，则上下元素的间距应该为80像素，而实际距离为50像素，如图12.9所示。

```
<style type="text/css">
div {
    height:20px;
```

```
    border:solid 1px red;
}
#box1 { margin-bottom:50px; }
#box2 { margin-top:30px; }
</style>
<div id="box1"></div>
<div id="box2"></div>
```

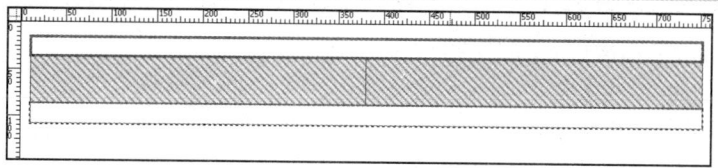

图12.9 上下元素的重叠现象

相邻元素的左右边界一般不会发生重叠，而对于行内元素来说，上下边界是不会产生任何效果的。例如，在下面这个实例中定义span元素包含的行内文本外边界为四个字体大小，这时就会看到左右边界对相邻文本产生影响，而对于上下文本是没有任何影响的，如图12.10所示。

```
<style type="text/css">
span {/* 行内元素的样式 */
    color:red;
    font-weight:bold;
    margin:4em;                          /* 边界为四个字体大小 */
    border:solid 1px blue;
}
</style>
<p>"死生契阔,与子成悦;执子之手,与子偕老"是一首悲哀的诗,然而它的人生态度又是何等肯定。我不喜欢壮烈。我是喜欢悲壮，更喜欢苍凉。<span>壮烈只是力，没有美，似乎缺少人性。</span>悲哀则如大红大绿的配色，是一种强烈的对照。——出自张爱玲的散文《自己的文章》</p>
```

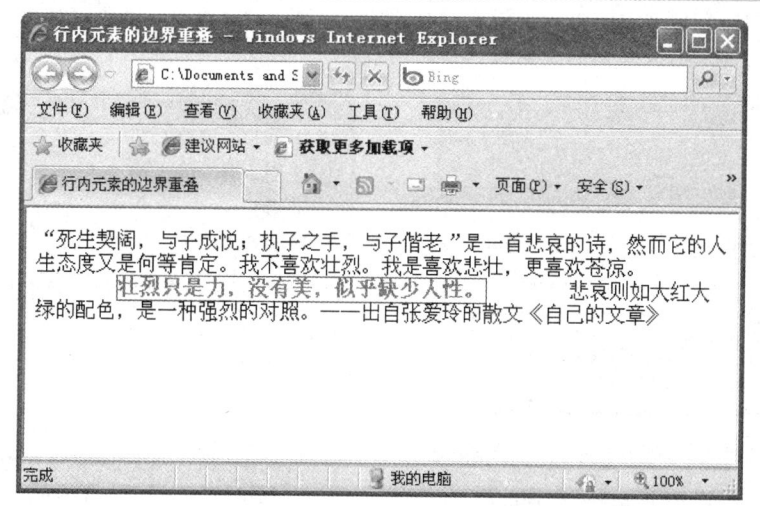

图12.10 行内元素的边界响应效果

对于浮动元素来说，一般边界不会发生重叠，但是浮动元素与流动元素或者行内元素的关系就很复杂了，且不同浏览器对此解析也存在很大的差异，这也是网页布局中最让读者头疼的地方。

实训3　设计盒模型的边框

边框由border属性定义，与边界一样，也可以单独为各边定义独立的边框样式。

本节所用文件的位置如下：	
视频路径	视频文件\files\12.2.4.swf
效果路径	实例文件\12\

- border-top（顶部边框）。
- border-right（右侧边框）。
- border-bottom（底部边框）。
- border-left（左侧边框）。

如果说边界的作用是用来调整本元素与其他元素的距离，那么边框的作用就是划定本元素与其他元素之间的分隔线。也许在网页布局中，边界的使用频率要远远大于边框，但是在局部样式设计中，边框的作用也不容小视。

有人把盒模型的边框设置与网页模块的边框设计等同起来，实际上两者仅是一个交集。可以使用border属性来设计模块的边框样式，但是设计师更喜欢使用背景图像来替代边框样式，以实现更富艺术性的页面效果。另一方面，边框不仅仅用来定义模块边框，它还可以被用来定义行线、文本装饰线、下划线和图像修饰线等。

边框样式包括三个基本属性：border-style（边框样式）、border-color（边框颜色）和border-width（边框宽度）。三者之间的联系也非常紧密，如果没有定义border-style属性，所定义的border-color和border-width属性是无效的。反过来，如果没有定义border-color和border-width属性，定义border-style属性也是没有用的。

不过，不同浏览器为border-width设置了默认值（默认为medium关键字）。medium关键字大约等于2~3像素（视不同浏览器而定），另外，还包括thin（1~2像素）关键字和thick（3~5像素）关键字，当然，也可以为边框设置不同长度值。

border-color默认值为黑色，所以当为元素仅仅定义border-style属性时，浏览器也能够正常显示边框效果。例如，为下面这段文本定义一条border-style:solid声明，则显示效果如图12.11和图12.12所示。

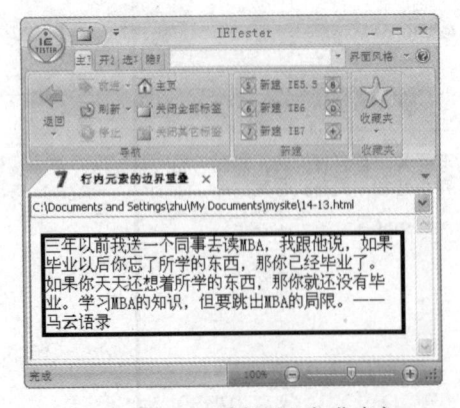

图12.11　IE 7下边框显示为3像素宽 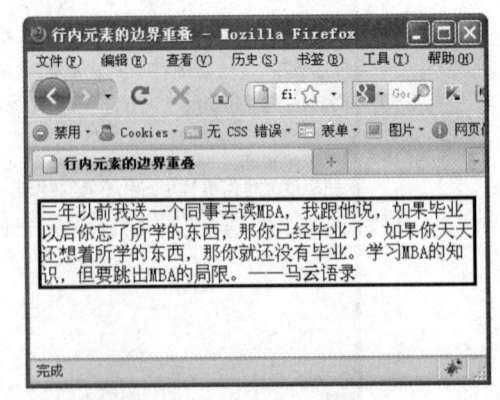　　　　图12.12　FF 3下边框显示为2像素宽

```
<style type="text/css">
p { border-style:solid; }
</style>
```

<p>三年以前我送一个同事去读MBA，我跟他说，如果毕业以后你忘了所学的东西，那你已经毕业了。如果你天天还想着所学的东西，那你就还没有毕业。学习MBA的知识，但要跳出MBA的局限。——马云语录</p>

边框宽度和颜色的属性值没有太多需要记忆的内容，但是对于border-style属性来说，读者需要记住它所包含的样式，说明如下。

- none：无边框，默认值。
- hidden：隐藏边框，IE不支持。
- dotted：点线。
- dashed：虚线。
- solid：实线。
- double：双线。
- groove：3D凹槽效果线。
- ridge：3D凸槽效果线。
- inset：3D凹边效果线。
- outset：3D凸边效果线。

对于上面的属性值，solid是最常用的，而dotted和dashed也是设计师喜爱的样式，常用来装饰对象。double关键字比较特殊，它定义边框显示为双线，在外单线和内单线之间是一定宽度的间距。其中内单线、外单线和间距之和必须等于border-width属性值，所以这里就存在分配矛盾的问题。

如果边框宽度是3的倍数，如3px、6px、9px等，就比较好办，三者平分宽度，即内单线、外单线和中间空隙的大小相同。否则CSS会根据如下规则进行分配。

- 如果余数为1，就会把这1像素宽度分配给外单线。
- 如果余数为2，就分别为内单线和外单线分配1像素宽度。

下面简单比较一下当border-style属性设置不同关键字时所呈现出的效果，并比较IE7和IE 8版本浏览器解析的异同，如图12.13和图12.14所示。

```
<style type="text/css">
#p1 { border-style:solid; }           /* 实线效果 */
#p2 { border-style:dashed; }          /* 虚线效果 */
#p3 { border-style:dotted; }          /* 点线效果 */
#p4 { border-style:double; }          /* 双线效果 */
#p5 { border-style:groove; }          /* 3D 凹槽效果 */
#p6 { border-style:ridge; }           /* 3D 凸槽效果 */
#p7 { border-style:inset; }           /* 3D 凹边效果 */
#p8 { border-style:outset; }          /* 3D 凸边效果 */
</style>
<p id="p1">#p1 { border-style:solid; }</p>
<p id="p2">#p2 { border-style:dashed; }</p>
<p id="p3">#p3 { border-style:dotted; }</p>
<p id="p4">#p4 { border-style:double; }</p>
<p id="p5">#p5 { border-style:groove; }</p>
<p id="p6">#p6 { border-style:ridge; }</p>
<p id="p7">#p7 { border-style:inset; }</p>
<p id="p8">#p8 { border-style:outset; }</p>
```

图12.13 IE 7下边框样式显示效果　　　　图12.14 IE 8下边框样式显示效果

实训4　边框样式的使用技巧

在CSS盒模型中，边框用法是最复杂的要素，说其复杂是因为边框样式包括样式、宽度和颜色。

本节所用文件的位置如下：	
视频路径	视频文件\files\12.2.5.swf
效果路径	实例文件\12\

首先，边框样式的三个属性可以单独使用，这样border-style、border-width和border-color属性的用法与margin相同。此时可以为不同边定义边框样式、边框宽度和边框颜色。例如：

　　　border-solid:solid;　　　　　　　　　　　/* 四条边都为实线 */
　　　border-color:red blue;　　　　　　　　　/* 上下边为红色，左右边为蓝色 */
　　　border-width:1px 2px 3px;　　　　　　　/* 上边宽为1像素，底边宽为3像素，左右边为2像素*/
　　　border-solid:solid dashed dotted double;　/* 上边为实线，右边为虚线，底边为点线，左边为双线*/

如果希望单独为各边定义边框样式，可以使用border-top、border-right、border-bottom和border-left进行定义，方法与上面相同。例如，为单独边定义样式时，可以自由设置边框样式、边框颜色和边框宽度。属性值之间以空格进行分隔，且没有先后顺序。

　　　border-top:solid;　　　　　　　　　　　　/* 顶边为黑色实线 */
　　　border-right:solid blue;　　　　　　　　　/* 右边为蓝色实线 */
　　　border-bottom:solid blue 3px;　　　　　　/* 底边为3像素宽的蓝色实线 */
　　　border-left:solid blue 3px;　　　　　　　/* 左边为3像素宽的蓝色实线 */

如果仅希望定义某条边的某一种属性时，则可以在上面指代各边属性的基础上增加具体边框样式后缀，当然，也可以在上面属性直接有选择地进行定义。例如：

　　　border-top-style:solid;　　　　　　　　　/* 顶边为实线 */
　　　border-right-color:blue;　　　　　　　　　/* 左边线为蓝色 */
　　　border-bottom-width:3px;　　　　　　　　/* 底边线宽为3像素 */
　　　border-left-style:solid;　　　　　　　　　/* 左边为实线 */

如果希望快速定义边框样式，则可以在border属性中直接简写，例如：

　　　border:solid 1px blue;　　　　　　　　　/* 四边均为蓝色1像素宽度的实线 */

```
border:solid 1px;                    /* 四边均为1像素宽度的实线    */
border:1px blue;                     /* 四边均为蓝色1像素宽度的线  */
```

在使用边框时，还需要注意以下两个问题。

问题一，边框是占据空间的。在网页布局中，由于边框宽度仅有1像素，所以经常会忽略边框对于布局的影响，特别是在浮动布局中，由于多出了1像素边框，从而导致布局失败。因此读者在计算各个布局元素的宽度时，应该时刻考虑边框的宽度。

流动布局中，当为包含框定义100%的宽度，又定义了两侧边框宽度时，就会在浏览器窗口的水平方向上出现滚动条。很多时候，你会为这个多出的滚动条而苦恼，特别是页面结构比较复杂时，很难想到这是边框在作怪。

问题二，背景色或背景图像可能会延伸到边框底部。不同浏览器对此解析不同，例如，为一个div元素定义很宽的点线边框，同时定义背景色为红色，就会发现在IE 7中背景色仅在内容区域和补白区域显示，而在IE 8下背景色已经延伸到边框底部，如图12.15和图12.16所示。

图12.15 IE 7下边框与背景的关系　　　　图12.16 IE 8下边框与背景的关系

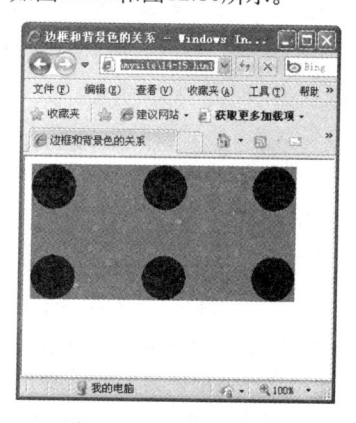

```
<style type="text/css">
#box {
    width:200px;
    height:50px;
    background:red;                  /* 红色背景   */
    border:dotted 50px;              /* 虚线边框   */
}
</style>
<div id="box"></div>
```

实训5　盒模型的补白

在没有明确定义元素宽度和高度的情况下，使用补白来调整元素内容的显示位置要比边界更加安全。

本节所用文件的位置如下：

视频路径	视频文件\files\12.2.6.swf
效果路径	实例文件\12\

补白是用来调整元素包含的内容与元素边框的距离，由padding属性负责定义。从功能上讲，补白不会影响元素的大小，但是由于在布局中补白同样占据空间，所以在布局时应该考虑补白对于

布局的影响。在没有明确定义元素宽度和高度的情况下，使用补白来调整元素内容的显示位置要比边界更加安全。

　　pading与margin属性一样，不仅可以快速简写，还可以利用padding-top、padding-right、padding-bottom和padding-left属性来分别定义四边的补白大小。例如，下面实例设计段落文本左侧空出四个字体大小的距离，此时由于没有定义段落的宽度，所以使用padding属性来实现会非常恰当，如图12.17所示。

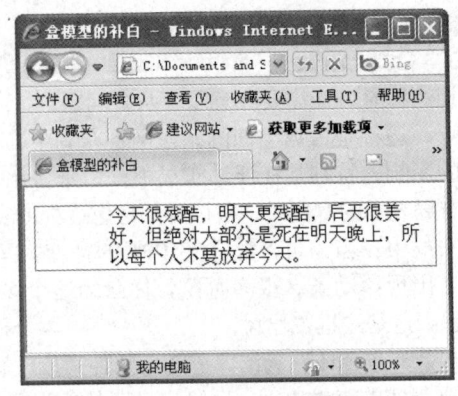

图12.17 补白的使用

```
<style type="text/css">
p {
    border:solid 1px red;                    /* 边框样式   */
    padding-left:4em;                        /* 左侧补白   */
}
</style>
<p>今天很残酷，明天更残酷，后天很美好，但绝对大部分是死在明天晚上，所以每个人不要放弃今天。</p>
```

　　由于补白不会发生重叠，当元素没有定义边框的情况下，以padding属性来替代margin属性来定义元素之间的间距是一个比较不错的选择。但是从CSS属性的功能性考虑，又不建议读者这样乱用。所以，在使用时应该根据具体的页面布局来确定是使用margin属性还是padding属性。

　　最后，请读者注意，由于行内元素无法定义宽度和高度，所以很多时候还可以利用补白来定义行内元素的高度和宽度，其目的就是为了能够为行内元素定义背景图像。例如，下面实例就是利用padding属性来定义行内元素的显示高度和显示宽度的，如图12.18所示，但是如果没有定义补白，行内元素的背景图像就会缩小到最小状态，如图12.19所示。

```
<style type="text/css">
p {
    border:solid 1px red;                    /* 边框样式   */
    padding-left:4em;                        /* 左侧补白   */
    font-size:24px;                          /* 字体大小   */
    line-height:2em;                         /* 行高       */
}
span {
    background:url(images/1.jpg);            /* 背景图像   */
    padding:12px;                            /* 使用补白来定义元素的宽度和高度 */
}
</style>
<p>今天很残酷，明天更残酷，<span>后天很美好</span>，但绝对大部分是死在明天晚上，所以每个人不要放弃今天。</p>
```

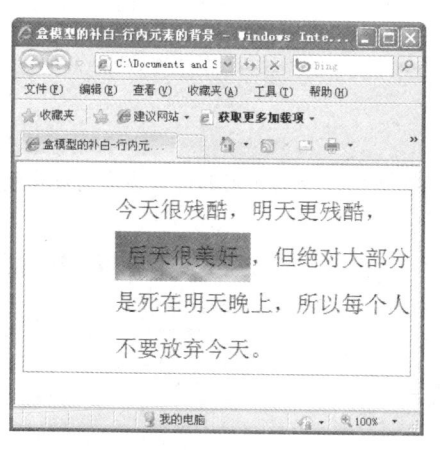

图12.18 使用补白来定义元素的显示高度和宽度 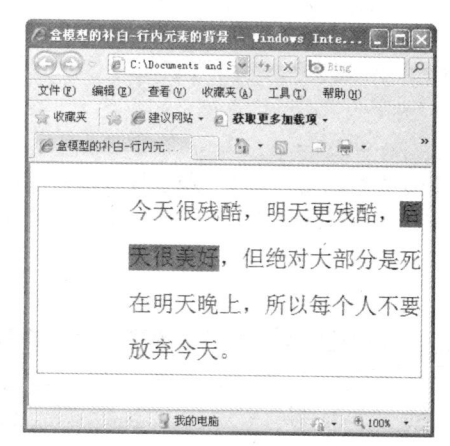　　　图12.19 没有补白的情况下的显示效果

12.3　标准网页布局的基本方法

　　CSS为了实现强大而又灵活的网页布局，定义了两个核心属性：float和position。其中float属性用来设计浮动布局，而position属性用来设计定位布局。两种布局性质不同，所设计的方法也会截然不同。同时由这两个属性衍生出来的clear（清除定位）、z-index（层叠顺序）、left（定位左侧距离）、top（定位顶部距离）、bottom（定位底部距离）和right（定位右侧距离）等属性也是浮动布局和定位布局中不可缺少的辅助属性。

实训1　float浮动布局

　　浮动布局是网页布局中最重要的排版方式。我们曾展示过如何使用float属性来定义元素浮动显示。

本节所用文件的位置如下：	
视频路径	视频文件\files\12.3.1.swf
效果路径	实例文件\12\

　　float中文翻译为浮动的意思，该属性取值包括 left（向左浮动）、right（向右浮动）和 none（不浮动）。
　　例如，下面是三个盒子，统一它们的大小为200px×100px，边框为2像素宽的红线。在默认状态下，这三个元素都以流动自然显示，根据HTML结构的排列顺序自上而下进行排列。

```
<style type="text/css">
div {/* div 元素基本样式  */
    width:200px;                    /* 固定宽度  */
    height:100px;                   /* 固定高度  */
    border:solid 2px red;           /* 边框样式  */
    margin:4px;                     /* 增加外边界  */
}
</style>
<div id="box1">盒子 1</div>
<div id="box2">盒子 2</div>
<div id="box3">盒子 3</div>
```

如果定义三个盒子都向左浮动，则三个盒子并列显示在一行，如图12.20所示。
```
div {/*  定义所有div元素都向左浮动显示  */
    float:left;
}
```
但是如果拖动窗口大小，就会发现随着窗口宽度的变化，浮动元素的位置也会自动进行调整，以实现能够在一行内装下多个浮动元素，如图12.21所示。

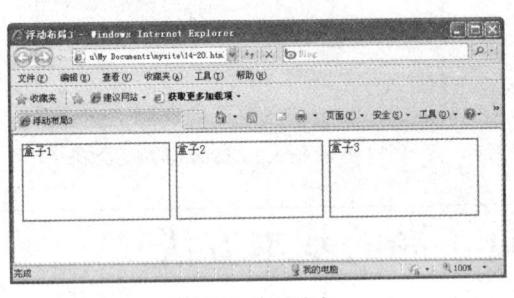

图12.20 并列浮动

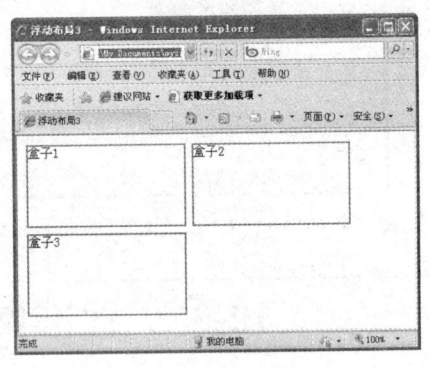

图12.21 错位浮动

通过上面实例演示可以得到如下启示。

第一，浮动元素能够实现同行并列显示效果。根据这个结论，可以利用浮动布局来设计多栏页面布局效果。

第二，当多个元素并列浮动时，浮动元素的位置不是固定的，它们会根据父元素的宽度灵活调整，这也是很多初学者在设计网页时总会遇到布局错位的现象。要解决这个问题，只有定义父元素的宽度为固定值，才可以避免此类问题的发生。例如，如果定义body元素宽度固定，此时就会发现无论怎么调整窗口大小都不会出现浮动元素错位现象，如图12.22和图12.23所示。

```
body {
    width:636px;                    /* 固定父元素的宽度  */
    border:solid 1px blue;          /* 为父元素定义边框，以便观察 */
}
```

图12.22 不错位的浮动1

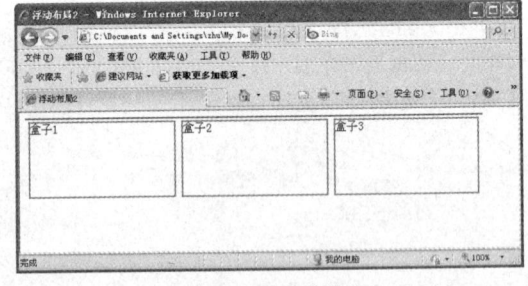

图12.23 不错位的浮动2

如果尝试仅让第一个盒子浮动显示，并增加它的高度，就会发现后面的流动元素能够围绕浮动元素进行显示，如图12.24所示，这说明浮动显示与流动显示是两个层次上的布局方式。

```
#box1 {
    float:left;                     /* 仅浮动第一个元素 */
    height:150px;                   /* 浮动元素的高度 */
}
```

反过来如果让第三个盒子浮动显示，就会发现此时前面的流动元素不再环绕后面的浮动元素，如图12.25所示，这说明浮动元素还遵循文档流动分布的规律，它不会完全脱离文档流独自向上浮动。

图12.24 浮动环绕现象 　　　　　　　　　图12.25 遵循文档流的浮动

如果设置三个盒子以不同方向进行浮动，则它们还会遵循上述所列的浮动显示原则。例如，定义第一个和第二个盒子向左浮动，第三个盒子向右浮动，如图12.26和图12.27所示。

```
#box1,#box2 {
    float:left;                        /* 向左浮动 */
}
#box3 {
    float:right;                       /* 向右浮动 */
}
```

图12.26 浮动方向不同的效果 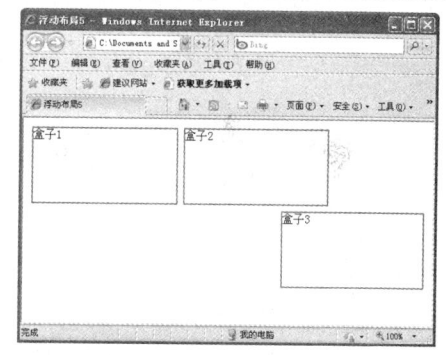　　　　　　图12.27 浮动方向不同也会错位

如果取消定义浮动元素的大小，此时就会发现每个盒子都会自动收缩到所包含对象的大小，如图12.28所示，这说明浮动元素有自动收缩空间的功能，而块状流动元素就没有这个功能。在没有定义高度和宽度的情况下，宽度会显示为100%，因此，很多设计师就是利用浮动元素的这个特征来设计很多自动包含的布局效果。

```
<style type="text/css">
div {
    border:solid 2px red;              /* 边框样式 */
    margin:4px;                        /* 边界大小 */
    float:left;                        /* 向左浮动 */
}
</style>
<div id="box1">盒子1</div>
```

```
<div id="box2">盒子 2</div>
<div id=" box3" >盒子 3</div>
```

如果浮动元素内部没有包含内容,这时元素会收缩为一点,但是对于IE浏览器来说,则收缩为一条竖线,如图12.29所示,这是因为IE认为默认行高也是高度(虽然没有定义元素的行高)。

```
<div id="box1"></div>
<div id="box2"></div>
<div id="box3"></div>
```

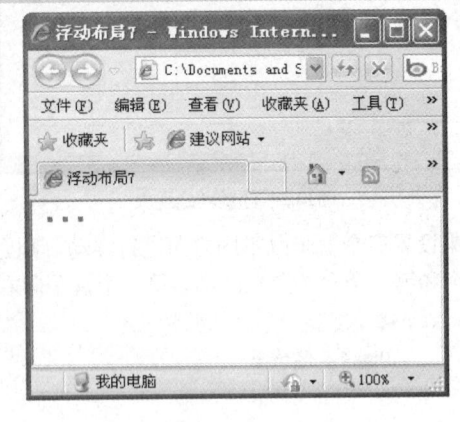

图12.28 浮动元素自动包含内部对象　　图12.29 浮动方向自动收缩为点

如果把第二个和第三个盒子装在一个浮动的大盒子中,这时就会发现三个盒子浮动的位置是不同的,如图12.30所示,这说明浮动元素都是以包含框为参照物进行浮动的,浮动元素不能够脱离包含框而随意浮动,或者说不能够根据其他包含框来确定自己的位置。

```
<style type="text/css">
#box1, #box2, #box3 {/* 盒子样式 */
    width:200px;                        /* 固定盒子的宽度 */
    height:100px;                       /* 固定盒子的高度 */
    border:solid 2px red;               /* 定义盒子的边框 */
    margin:4px;                         /* 为盒子定义边界 */
    float:left;                         /* 向左浮动盒子 */
}
#wrap {/* 大盒子样式 */
    border:solid 3px;                   /* 边框 */
    width:80%;                          /* 宽度 */
    float:right;              /* 向右浮动 */
}
</style>
<div id="box1">盒子 1</div>
<div id="wrap">
    <div id="box2">盒子 2</div>
    <div id="box3">盒子 3</div>
</div>
```

当然,不是说包含的浮动元素不能够显示到包含框的外面。如果为浮动元素定义负外边界,则可以使其显示到包含框的外面。例如,在上面实例的基础上定义第二个盒子的左边界值为-100像素,则显示效果如图12.31所示。

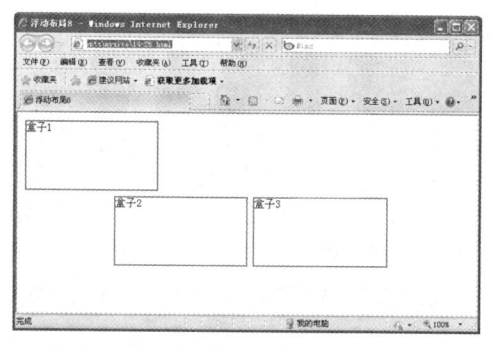

图12.30 浮动元素仅以包含框为参照物进行浮动 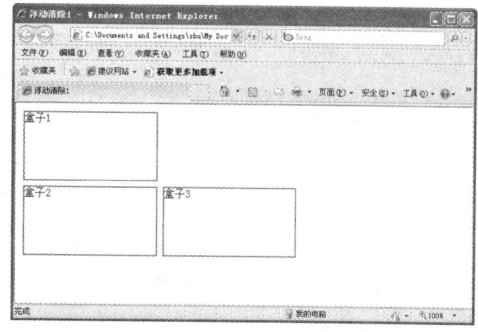　　图12.31 浮动元素显示在包含框的外面

浮动元素是网页布局中最活跃的因子，它为灵活布局带来了生机，设计师也把浮动布局作为网页布局的基本方式，但是，最灵活也意味着最麻烦。在享受浮动布局带来的愉悦体验时，各种浮动布局的缺陷和不兼容性问题也会让你头昏脑胀。

另外，元素浮动显示之后，会失去块状元素和行内元素显示的特性，因此浮动从本质上讲是另外一种特殊的显示方式，它与流动布局存在很大区别，但是它还部分保留着文档流动的特性。

实训2　浮动清除

浮动显示的先天活跃性给布局带来很多隐患，为此CSS又定义了clear属性，该属性能够在一定程度上抑制浮动混乱问题。

本节所用文件的位置如下：	
视频路径	视频文件\files\12.3.2.swf
效果路径	实例文件\12\

clear 属性取值包括 left、right、both 和 none。具体说明如下。
- left：该值能够禁止左侧显示浮动元素。如果浮动元素发现左侧存在浮动元素，则会换行到下一行重新显示。
- right：该值能够禁止右侧显示浮动元素。如果浮动元素发现右侧存在浮动元素，则会换行到下一行重新显示。
- both：该值能够禁止左右两侧存在浮动元素。如果发现存在浮动元素则会自动换行进行显示。
- none：表示不清除浮动元素，可以允许浮动并列显示。

例如，在下面这个实例中，定义三个盒子都向左浮动，然后定义第二个盒子清除左侧浮动，这样它就不能够排列在第一个盒子的右侧，而是换行显示在第一个盒子的下方，但由于第三个盒子没有设置清除属性，所以它会向上浮动到第一个盒子的右侧，如图12.32所示。

```
<style type="text/css">
div {
    width:200px;                      /* 固定宽度 */
    height:100px;                     /* 固定高度 */
    border:solid 2px red;             /* 边框样式 */
    margin:4px;                       /* 边界距离 */
    float:left;                       /* 向左浮动 */
}
#box2 { clear:left; }                 /* 清除向左浮动 */
```

```
</style>
<div id="box1">盒子1</div>
<div id="box2">盒子2</div>
<div id="box3">盒子3</div>
```

当然，如果定义这三个盒子向左浮动，不管是否清除右侧浮动，都会发现它们不会相互排斥，能够和谐地并列显示在一行，如图12.33所示。同时也可以发现在IE浏览器下，这种清除能够避免浮动错行显示，当然，这种现象在非IE浏览器下是不支持的，仅仅作为IE浏览器的一种奇特现象。

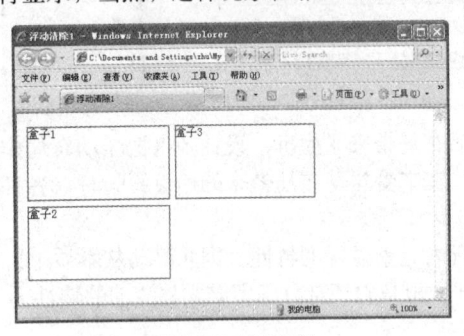

图12.32 浮动清除 　　　　　　　　　　　　图12.33 反向浮动清除

```
<style type="text/css">
div {
    float:left;                    /* 向左浮动 */
    clear:right;                   /* 清除向右浮动 */
}
</style>
```

另外，clear属性不仅能够用在浮动元素身上，还可以用于流动元素禁止环绕浮动元素上。例如，禁止块状元素环绕浮动元素，则可以使用如下样式，效果如图12.34所示。

```
#box3 {/* 块状元素清除浮动 */
    float:none;                    /* 禁止浮动 */
    clear:left;                    /* 清除左侧浮动 */
}
```

禁止行内元素环绕浮动元素，则可以使用如下样式，效果如图12.35所示。

```
#box3 {/* 行内元素清除浮动 */
    float:none;                    /* 禁止浮动 */
    clear:left;                    /* 清除左侧浮动 */
    display:inline;                /* 显示为行内元素 */
}
```

图12.34 块状元素清除浮动 　　　　　　　　图12.35 行内元素清除浮动

实训3　position定位布局

position是CSS为了弥补float应用缺陷的另一个属性。它具备精确定位的功能，这恰恰弥补了float浮动布局无法实现精确定位的不足。

本节所用文件的位置如下：	
视频路径	视频文件\files\12.3.3.swf
效果路径	实例文件\12\

position属性取值包括static、absolute、fixed和relative，详细说明如下。
- static：不定位显示。作为默认值，所有元素都显示为流动布局效果。
- absolute：绝对定位。强制元素从文档流中脱离出来，并根据坐标来确定显示位置，一般使用left、right、top和bottom属性来定义，并使用z-index属性定义相互层叠顺序。
- fixed：固定定位，但根据窗口参照物进行定位。
- relative：相对定位，可用left、right、top和bottom属性来确定元素在正常文档流中的偏移位置。

例如，在下面实例中定义的三个盒子都为绝对定位显示，并分别使用left、right、top和bottom属性定义元素的定位坐标。当前定位元素的坐标都以网页窗口作为参照物，显示效果如图12.36所示。

```
<style type="text/css">
body {
    padding:0;                          /* 清除页边距（兼容非IE浏览器）*/
    margin:0;                           /* 清除页边距（兼容IE浏览器）*/
}
div {
    width:200px;                        /* 固定元素的宽度 */
    height:100px;                       /* 固定元素的高度 */
    border:solid 2px red;               /* 边框样式 */
    position:absolute;                  /* 绝对定位 */
}
#box1 {
    left:50px;                          /* 距离左侧窗口距离50像素 */
    top:50px;                           /* 距离顶部窗口距离50像素 */
}
#box2 { left:40%; }                     /* 距离左侧窗口距离为窗口宽度的40% */
#box3 {
    right:50px;                         /* 距离右侧窗口距离50像素 */
    bottom:50px                         /* 距离底部窗口距离50像素 */
}
</style>
<div id="box1">盒子1</div>
<div id="box2">盒子2</div>
<div id="box3">盒子3</div>
```

在绝对定位布局中，读者首先应该认识一个重要的概念：包含块。包含块不同于元素包含框，它定义了所包含的绝对定位元素的坐标参考对象。凡是被定义了相对定位、绝对定位或固定定位的元素都将自动拥有包含块的功能。例如，在上面实例的基础上为第二个和第三个盒子定义一个包含块，代码如下：

```
<style type="text/css">
#wrap {/* 定义包含块 */
    width:300px;                              /* 定义包含块的宽度 */
    height:200px;                             /* 定义包含块的高度 */
    float:right;                              /* 定义包含块向右浮动 */
    margin:100px;                             /* 包含块的外边界 */
    border:solid 1px blue;                    /* 边框样式 */
    position:relative;                        /* 相对定位 */
}
</style>
<div id="box1">盒子 1</div>
<div id="wrap">
    <div id="box2">盒子 2</div>
    <div id="box3">盒子 3</div>
</div>
```

通过上面实例（效果如图 12.37 所示）可以看到，第二个和第三个盒子以包含块为参照物进行绝对定位，而不再将窗口作为坐标参照物。

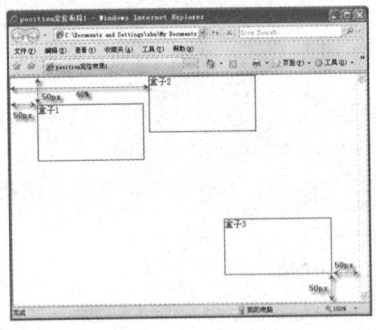

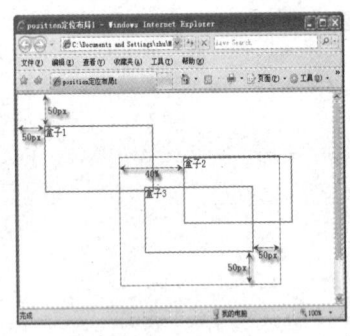

图12.36 绝对定位元素　　　　　　图12.37 绝对定位的包含块

利用包含块可以设计出很多精巧的布局，以弥补position定位过于死板的缺陷。

相对定位能够定义元素在原有文档流中的位置偏移。使用相对定位可以纠正元素在流动显示中的位置偏差，以实现更恰当的显示。例如，在下面这个实例中，根据文档流的正常分布规律，第一个、第二个和第三个盒子按顺序从上到下进行分布，也许你希望第一个盒子与第二个盒子的显示位置进行调换，为此可以使用相对定位来调整它们的显示位置，实现的代码如下，所得到的效果如图12.38所示。

```
<style type="text/css">
div {
    width:400px;                              /* 固定宽度显示 */
    height:100px;                             /* 固定高度显示 */
    border:solid 2px red;                     /* 边框样式 */
    margin:4px;                               /* 外边界距离 */
    position:relative;                        /* 相对定位 */
}
#box1 { top:108px; }                          /* 向下偏移显示位置 */
#box2 { top:-108px; }                         /* 向上偏移显示位置 */
</style>
```

```html
</head>
<body>
<div id="box1">盒子 1</div>
<div id="box2">盒子 2</div>
<div id="box3">盒子 3</div>
```

相对定位更多地被用来当作定义包含块的工具，同时设计师也习惯使用相对定位来调整图像、文本和表单等对象显示位置的偏移。

最后来认识固定定位。固定定位顾名思义就是定位坐标始终是固定的，始终以浏览器窗口作为参照物进行定位，定位的方法与绝对定位相同。例如，下面实例是对上面包含块演示实例的修改，修改其中的三个盒子的定位方式为固定定位，这时在浏览器中预览，就会发现包含块不再有效，固定定位的三个盒子分别根据窗口来定位自己的位置，如图12.39所示。

图12.38 使用相对定位调换模块的显示位置　　　　图12.39 固定定位演示

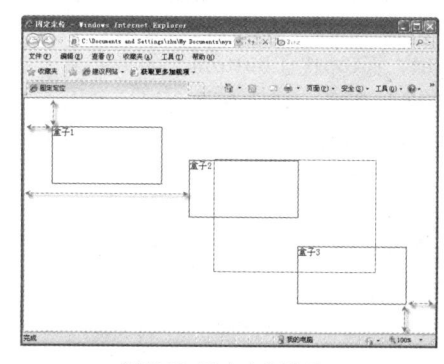

```css
<style type="text/css">
div {
    width:200px;                    /* 固定元素的宽度 */
    height:100px;                   /* 固定元素的高度 */
    border:solid 2px red;           /* 边框样式 */
    position:fixed;                 /* 固定定位 */
}
#box1 {
    left:50px;                      /* 距离左侧窗口距离 50 像素 */
    top:50px;                       /* 距离顶部窗口距离 50 像素 */
}
#box2 { left:40%; }                 /* 距离左侧窗口距离为窗口宽度的 40% */
#box3 {
    right:50px;                     /* 距离右侧窗口距离 50 像素 */
    bottom:50px                     /* 距离底部窗口距离 50 像素 */
}
#wrap {/* 定义包含块 */
    width:300px;                    /* 定义包含块的宽度 */
    height:200px;                   /* 定义包含块的高度 */
    float:right;                    /* 定义包含块向右浮动 */
    margin:100px;                   /* 包含块的外边界 */
    border:solid 1px blue;          /* 边框样式 */
```

```
            position:relative;                    /* 相对定位 */
    }
    </style>
    <div id="box1">盒子1</div>
    <div id="wrap">
        <div id="box2">盒子2</div>
        <div id="box3">盒子3</div>
    </div>
```

在为元素进行定位时，有几个问题请读者注意。

问题一，定位布局中，如果出现left和right、top和bottom同时被定义的现象，则left优于right，而top优于bottom。如果元素没有定义宽度和高度，则元素将会被拉伸以适应左右或上下同时定位。

例如，在下面这个实例中，分别为绝对定位元素定义left、right、top和bottom属性，则元素会被自动拉伸以适应这种四边定位的需要，如图12.40所示。

图12.40 四边同时定位元素的位置

```
<style type="text/css">
#box1 {
    border:solid 2px red;              /* 边框样式 */
    position:absolute;                 /* 绝对定位 */
    left:50px;                         /* 左侧距离 */
    right:50px;                        /* 右侧距离 */
    top:50px;                          /* 顶部距离 */
    bottom:50px;                       /* 底部距离 */
}
</style>
<div id="box1">盒子1</div>
```

问题二，IE 6及其以下版本浏览器不支持固定定位，因此在使用时要尽量少用固定定位。

问题三，相对定位会保留其在文档流中已存在的位置，而对于绝对定位和固定定位来说，则不存在这种问题。

实训4　设计定位元素的重叠顺序

不管是相对定位还是绝对定位，只要坐标相同都可能存在元素重叠现象。排列在后面的定位元素会默认地覆盖前面的定位元素。

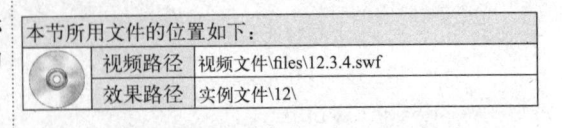

本节所用文件的位置如下：	
视频路径	视频文件\files\12.3.4.swf
效果路径	实例文件\12\

例如，在下面这个实例中，三个盒子都是相对定位，在默认状态下它们将按顺序覆盖显示，如图12.41所示。

```
<style type="text/css">
div {
    width:200px;                              /* 固定宽度 */
    height:100px;                             /* 固定高度 */
    border:solid 2px red;                     /* 边框样式 */
    position:relative;                        /* 相对定位 */
}
#box1 { background:red; }                     /* 第一个盒子红色背景 */
#box2 {/* 第二个盒子样式 */
    left:60px;                                /* 左侧距离 */
    top:-50px;                                /* 顶部距离 */
    background:blue;                          /* 蓝色背景 */
}
#box3 {/* 第三个盒子样式 */
    left:120px;                               /* 左侧距离 */
    top:-100px;                               /* 顶部距离 */
    background:green;                         /* 绿色背景 */
}
</style>
<div id="box1"> 盒子 1</div>
<div id="box2"> 盒子 2</div>
<div id="box3"> 盒子 3</div>
```

　　CSS定义了z-index属性，该属性能够改变定位元素的覆盖顺序。z-index属性取值为整数，数值越大就越显示在上面。例如，分别为三个盒子定义z-index属性值，第一个盒子的值最大，所以它就层叠在最上面，而第三个盒子的值最小，而被叠放在最下面，如图12.42所示。

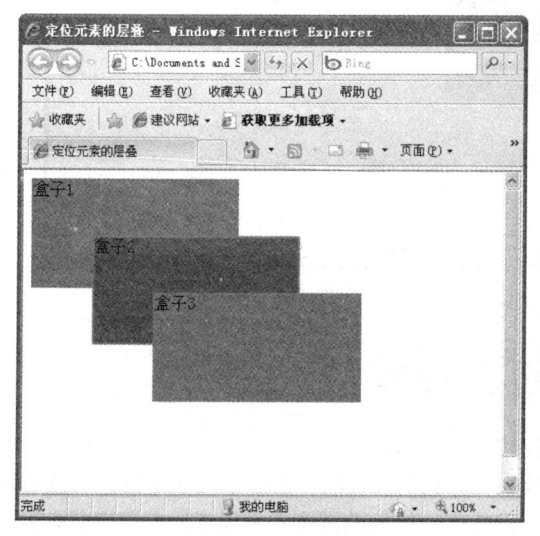

图12.41 默认层叠顺序　　　　　　　　　　图12.42 改变层叠顺序

```
#box1 { z-index:3; }
#box2 { z-index:2; }
#box3 { z-index:1; }
```

如果z-index属性值为负值，则将隐藏在流动元素下面。例如，在下面这个实例中定义div元素相对定位，并设置z-index属性值为-1，显示效果如图12.43所示。

```css
<style type="text/css">
#box1 {
    width:400px;                    /* 固定宽度 */
    height:100px;                   /* 固定高度 */
    position:relative;              /* 相对定位 */
    background:red;                 /* 相对定位 */
    z-index:-1;                     /* 层叠顺序 */
    top:-80px;                      /* 偏移位置，实现与文本对齐 */
}
</style>
<p>我永远相信只要永不放弃，我们还是有机会的。最后，我们还是坚信一点，这世界上只要有梦想，只要不断努力，只要不断学习，不管你长得如何，不管是这样，还是那样，男人的长相往往和他的才华成反比。今天很残酷，明天更残酷，后天很美好，但绝大部分是死在明天晚上，所以每个人不要放弃今天。</p>
<div id="box1"></div>
```

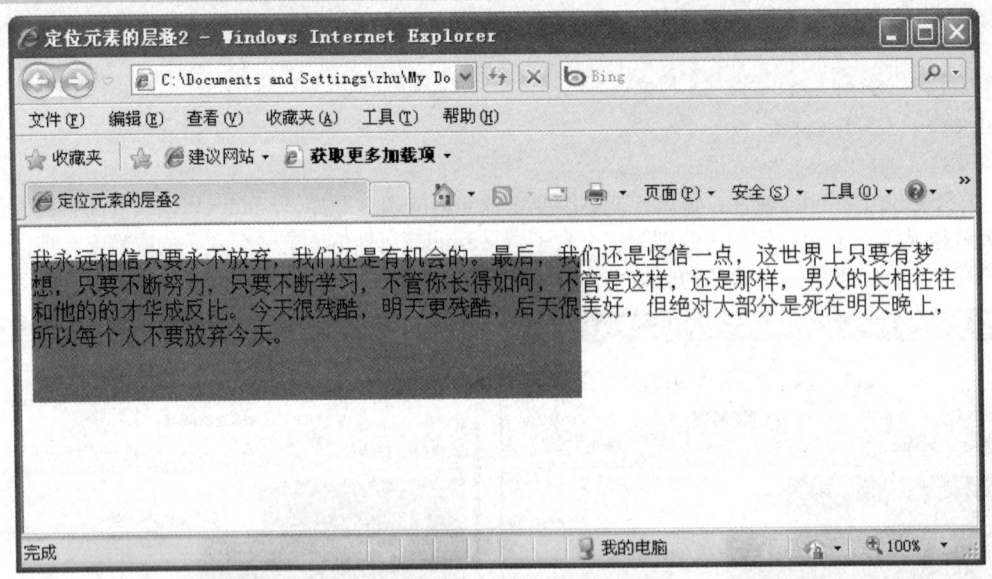

图12.43 定义定位元素隐藏在文档流下面

12.4 网页布局实战

　　CSS布局是比较复杂的，很多初学者感觉它比较难，仔细分析其原因：一是要实现设计稿的效果没有表格布局那么直接，操作思维与CSS布局效果并非总是重合的，需要走很多弯路；二是不同浏览器之间的差异性很大，在IE下设计得很满意，但是在FF等标准浏览器中预览，布局就走样了，甚至惨不忍睹。

　　出现第一种问题主要是因为读者对于CSS布局中几个核心技术和概念没有弄明白，或者比较模糊。对于第二个问题，则需要多实践，不断熟悉不同浏览器之间的差异性。下面将以实例的形式讲解CSS布局中几个关键的技巧问题。

实训1　布局居中技巧

文本居中可以使用text-align:center;声明来实现，但是对于布局来说要实现居中显示就没有那么容易了。

本节所用文件的位置如下：	
视频路径	视频文件\files\12.4.1.swf
效果路径	实例文件\12\

在前面实例中展示了网页居中的效果，由于不是知识重点，所以没有详细介绍。对于网页布局来说，要实现居中，一般可以通过text-align和margin属性配合来实现。代码如下：

```
<style type="text/css">
body { text-align:center; }      /* 网页居中显示（IE 浏览器有效）*/
#wrap {/* 网页外套的样式 */
    margin-left:auto;            /* 左侧边界自动显示 */
    margin-right:auto;           /* 右侧边界自动显示 */
    text-align:left;             /* 网页正文文本居左显示 */
    border:solid 1px red;        /* 定义边框，方便观察，可以不定义 */
    width:800px;                 /* 固定宽度，只有这样才可以实现居中显示效果 */
}
</style>
<body>
    <div id="wrap">网页外套</div>
</body>
```

在实现网页居中布局中，应注意以下两个问题。

问题一，不同浏览器对于布局居中的支持是不同的。例如，对于IE浏览器来说，如果要设计网页居中显示，则可以为包含框定义text-align:center;声明，而非IE浏览器不支持该种功能。如果能够实现兼容，只要使用margin属性，同时设置左右两侧边界为自动（auto）即可。

问题二，要实现网页居中显示，就应该为网页定义宽度，且宽度不能够为100%，否则就无法实现居中显示效果。例如，如果修改上面实例的width属性值，或者不定义网页包含框的宽度。

```
width:100%;
```

这时你就会看到整个页面满屏显示，就不存在居中显示的效果了，如图12.44所示。反之，如果定义宽度为80%，则会看到很明显的网页居中效果，如图12.45所示。

```
width:80%;
```

图12.44　满屏显示看不到居中效果　　　　图12.45　网页居中效果

但是这种布局方法对于浮动包含框来说是无效的。例如，在上面实例的基础上，如果再定义<div id="wrap">包含框为浮动显示，代码如下：

```
#wrap {
    float:left;                    /* 包含框浮动显示 */
}
</style>
<div id="wrap">网页外套</div>
```

这时就会发现定义网页布局居中显示的方法将失效，如图12.46所示。为了解决这个问题，可以在网页外套内部再嵌入一个内套，设计外套流动显示，内套浮动显示，如图12.47所示。

```
<style type="text/css">
body { text-align:center; }        /* 网页居中显示（IE 浏览器有效）*/
#wrap {/* 网页外套的样式 */
    margin-left:auto;              /* 左侧边界自动显示 */
    margin-right:auto;             /* 右侧边界自动显示 */
    text-align:left;               /* 网页正文文本居左显示 */
    border:solid 1px red;          /* 定义边框，方便观察，可以不定义 */
    width:80%;                     /* 液态宽度，只有这样才可以实现居中显示效果 */
}
#subwrap {/* 网页内套的样式 */
    width:100%;                    /* 显示定义100%宽度，以便与外套同宽 */
    float:left;                    /* 浮动显示 */
}
</style>
<body>
<div id="wrap">
    <div id="subwrap">网页外套</div>
</div>
</body>
```

图12.46 浮动的网页外套无法居中显示　　　　图12.47 浮动布局实现居中效果

下面再来探索定位布局如何实现居中显示。定位布局相对复杂，要实现居中显示也可以借助内外两个包含框来实现，设计外框为相对定位，内框为绝对定位显示，这样内框将根据外框进行定位，由于外框为相对定位，将遵循流动布局的特征进行布局，所以不妨按如下方式设计，其显示效果如图12.48所示。

```
<style type="text/css">
body { text-align:center; }        /* 网页居中显示（IE 浏览器有效）*/
#wrap {/* 网页外套的样式 */
    margin-left:auto;              /* 左侧边界自动显示 */
    margin-right:auto;             /* 右侧边界自动显示 */
```

```
        text-align:left;            /* 网页正文文本居左显示 */
        border:solid 1px red;       /* 定义边框，方便观察，可以不定义 */
        width:80%;                  /* 液态宽度，只有这样才可以实现居中显示效果 */
        position:relative;          /* 定义网页外框相对定位，设计包含块 */
}
#subwrap {/* 网页内套样式 */
        width:100%;                 /* 与外套同宽 */
        position:absolute;          /* 绝对定位 */
}
</style>
<body>
<div id="wrap">
    <div id="subwrap">网页内套</div>
</div>
</body>
```

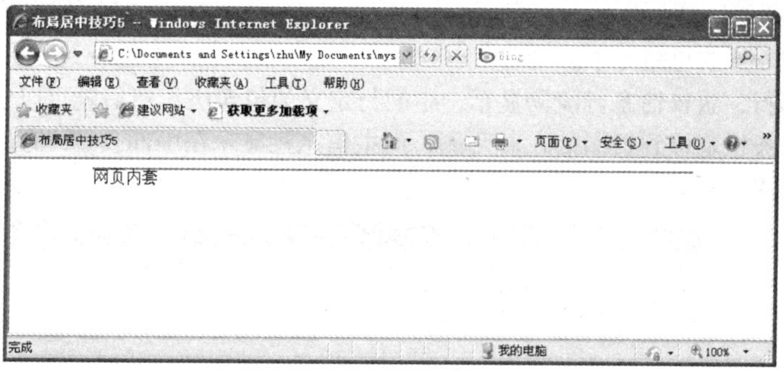

图12.48 网页定位布局居中显示效果

实训2　灵活设计定位布局

定位布局太过于精确会失去灵活布局的优势，有时适当使用一下定位布局能够轻松应对复杂定位问题。

本节所用文件的位置如下：	
视频路径	视频文件\files\12.4.2.swf
效果路径	实例文件\12\

下面这个结构在本章前面章节中曾经讲解过，这里尝试使用定位布局的方法来设计三行三列版式。在浮动布局中，如果让主信息区域显示在页面中间栏，而次要信息和功能服务版块放置在页面左右两侧会比较麻烦，但是如果使用定位布局就会很简单。

```
<div id="model">
    <div id="header">
        <h1>网页标题</h1>
        <h2>网页副标题</h2>
    </div>
    <div id="main">
        <div id="content">
```

```
            <h3>主信息区域</h3>
        </div>
        <div id="subplot">
            <h3>次信息区域</h3>
        </div>
        <div id="serve">
            <dl>
                <dt>功能服务区域</dt>
                <dd>服务列表项</dd>
            </dl>
        </div>
    </div>
    <div id="footer">
        <p>版权信息区域</p>
    </div>
</div>
```

实现定位布局的思路如下。

设计标题行、版权信息行流动显示，中间行定义为包含块，然后就可以使用绝对定位设置次信息栏，功能服务栏定位到页面的左右两侧，而主信息栏显示在中间。CSS布局的核心代码如下，所得效果如图12.49所示。

图12.49 网页定位布局核心样式

```css
<style type="text/css">
#main {/* 定义包含块 */
    position:relative;                          /* 相对定位 */
}
#content {/* 主信息栏样式 */
    margin-left:25%;                            /* 左侧边界，腾出空间为左栏显示 */
    margin-right:20%;                           /* 右侧边界，腾出空间为右栏显示 */
}
#subplot {/* 次信息栏样式 */
    width:25%;                                  /* 左栏宽度 */
    position:absolute;                          /* 绝对定位 */
    left:0;                                     /* 靠左显示 */
```

```
    top:0;                                              /* 靠顶显示 */
}
#serve {/* 服务栏样式 */
    width:20%;                                          /* 右栏宽度 */
    position:absolute;                                  /* 绝对定位 */
    right:0;                                            /* 靠右显示 */
    top:0;                                              /* 靠顶显示 */
}
</style>
```

在上面初步设计思路的基础上，适当为每个栏目定义背景色，以方便观察效果。详细代码就不再列出，效果如图12.50所示。

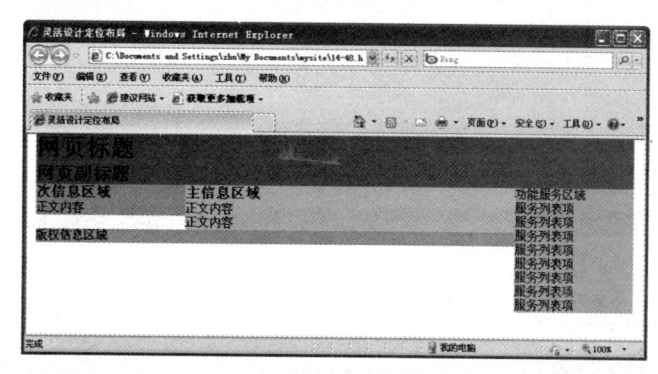

图12.50 美化网页定位布局

通过图12.50可以更直观地看到定位布局的效果，但是会发现定位布局存在一个致命的问题：当绝对定位的栏目高度延伸时，由于它已经脱离了文档流，所以就不会对文档流中相邻结构块产生影响，于是就出现了图12.50中绝对定位栏目覆盖其他栏目的现象。

为了解决这个问题，可以采取两种方法。

方法一，保守疗法。在预知绝对定位栏目高度的情况下，可以事先固定住绝对定位栏目的高度。

方法二，借助JavaScript脚本来动态调整绝对定位元素的高度。代码如下：

```
<script type="text/javascript" language="javascript">
window.onload = function()
{
    var main = document.getElementById("main");      // 定义即将控制的外框 div
    var left = document.getElementById("subplot").offsetHeight;
                                                      // 获得内部 ID=subplo 的 div 高度
    var right = document.getElementById("serve").offsetHeight;
                                                      // 获得内部 ID=serve 的 div 高度
    var middle = document.getElementById("content").offsetHeight;
                                                      // 获得内部 ID=content 的 div 高度
    var height = 0;                                   // 定义变量来储存最大值
    height = left - right > 0 ? left : right;         // 数值比较
    height = middle - height > 0 ? middle : height;   // 数值比较
    main.style.height = height + "px";                // 设定外框 div 的高度为得出
的最大高度
```

```
}
</script>
```

有关JavaScript脚本的用法可以参考相关书籍，本例就不再展开说明了。最终效果如图12.51所示。

当然，使用定位布局可以很轻松地把左右栏位置进行调换，仅需要调整栏目的定位方向和宽度即可，这样所得的效果如图12.52所示。这对于浮动布局来说，难度是非常大的，因为它不仅仅涉及到调整浮动方向的问题，因为当前页面是三行三列结构布局，彼此相互影响，改动一点就会影响整个页面的布局效果。

```
#subplot {
    width:20%;                                          /* 调整宽度 */
    right:0;                                            /* 右对齐 */
}
#serve {
    width:25%;                                          /* 调整宽度 */
    left:0;                                             /* 左对齐 */
}
```

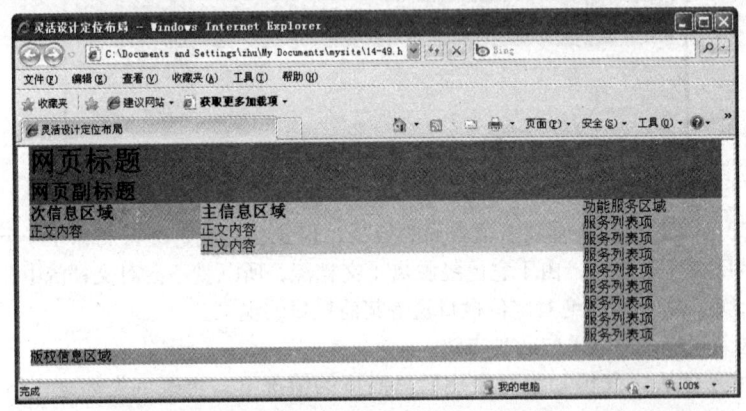

图12.51 能够自动拉伸的定位布局效果

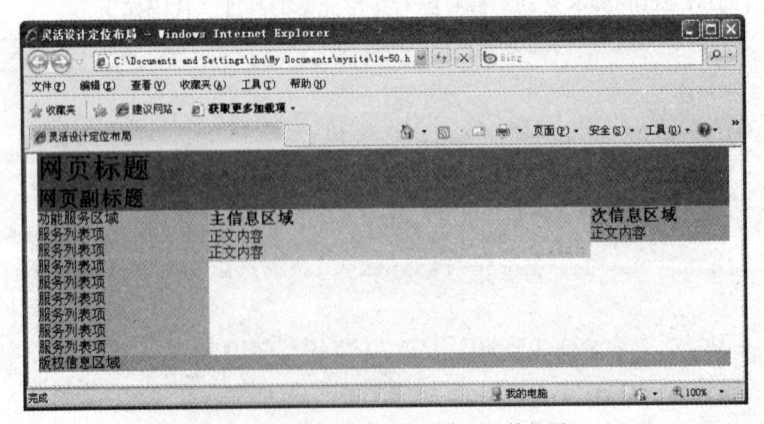

图12.52 轻松调整定位布局中栏目的位置

定位布局除了能够轻松定位栏目的左右位置外，还可以在包含块中随意调整定位栏目的位置，这种随意性可以达到天马行空的地步。不过在使用时，一定要结合margin属性来调整其他栏目的位置，避免绝对定位栏目覆盖其他栏目。

实训3　浮动布局的高度自适应

在上面实例中,当多栏并列显示时,不可避免地会出现栏目高度参差不齐的现象,此问题对整体页面布局效果影响严重。

本节所用文件的位置如下：	
视频路径	视频文件\files\12.4.3.swf
效果路径	实例文件\12\

为了解决栏目高度参差不齐的问题,下面介绍两种方法供读者参考。

方法一,伪列布局法。所谓伪劣布局法就是设计一幅背景图像,利用背景图像来模拟栏目的背景。例如,以12.4.2节实例为基础,我们设计一幅背景图像,如图12.53所示。

图12.53　伪劣布局背景图像

然后在第二行的包含框(<div id="main">)中定义这幅背景图像,让其沿 y 轴平铺。

```
#main {
    position:relative;
    width:100%;
    background:url(images/bg.gif) center repeat-y        // 伪列背景图像
}
```

为了避免三列栏目背景颜色的影响,我们不妨把事先定义的背景颜色全部删除,这样所得的效果如图12.54所示,其中任何一个栏目高度发生变化,它都会撑开包含框,由于包含框背景图像是一个模拟的栏目背景图像,所以就给人一种栏目等高的错觉。当然,在使用这种方法时,一定要设计页面宽度是固定的。

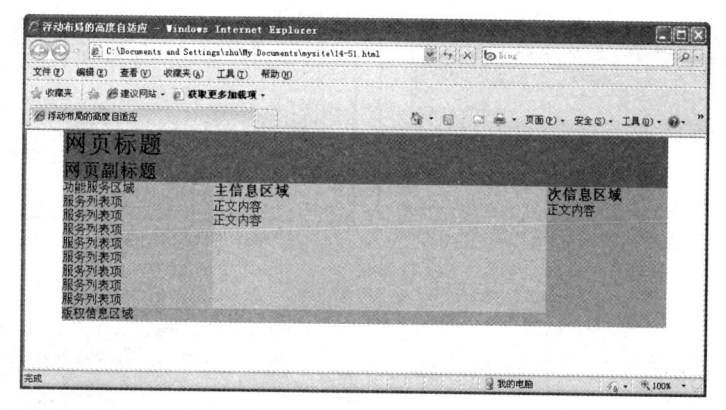

图12.54　伪劣布局效果

方法二,使用补白和边界重叠法。这种设计方法的思路是设计三列栏目的底部补白为无穷大,这样在有限的窗口内都能够显示栏目的背景色,因此也就不用担心栏目高度无法自适应。然后为了避免补白过大产生的空白区域,再设计底部边界为负无穷大,从而覆盖掉多出来的补白区域,最后再在中间行包含框中定义overflow:hidden;声明,剪切掉多出的区域即可。核心代码如下：

```
#main {
    overflow:hidden;                    /* 剪切多出的区域 */
}
```

```css
#content {
    padding-bottom:9999px;                    /* 定义底部补白无穷大 */
    margin-bottom:-9999px;                    /* 定义底部边界负无穷大 */
    background:#FFCC00;                       /* 定义背景色 */
}
#subplot {
    padding-bottom:9999px;                    /* 定义底部补白无穷大 */
    margin-bottom:-9999px;                    /* 定义底部边界负无穷大 */
    background:#00CCCC;                       /* 定义背景色 */
}
#serve {
    padding-bottom:9999px;                    /* 定义底部补白无穷大 */
    margin-bottom:-9999px;                    /* 定义底部边界负无穷大 */
    background:#99CCFF;                       /* 定义背景色 */
}
```

把这些样式代码放置到上面实例中，并删除伪劣布局中定义的背景图像，此时可以得到如图12.55所示的演示效果。

但是你也会发现该方法只能够根据中间栏目的高度来进行剪切，也就是说overflow:hidden;声明对于流动或浮动元素有效，对于脱离文档流的绝对定位元素来说无法进行剪切，从而导致如果绝对定位的栏目高度高出中间流动布局栏目的高度时，就会被剪切掉，如图12.55所示。

为了避免此类问题发生，我们不能够使用定位法来布局页面，而采用简单浮动法来设计，改动的核心样式如下，这样就可以实现上述的三列自适应高度的版式效果，如图12.56所示。

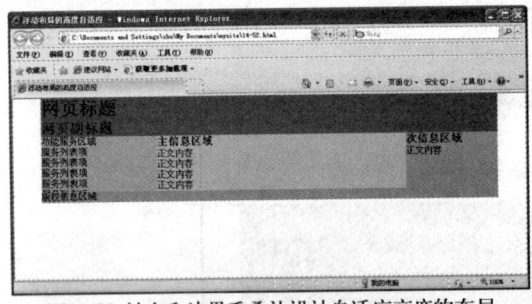

图12.55 补白和边界重叠法设计自适应高度的布局 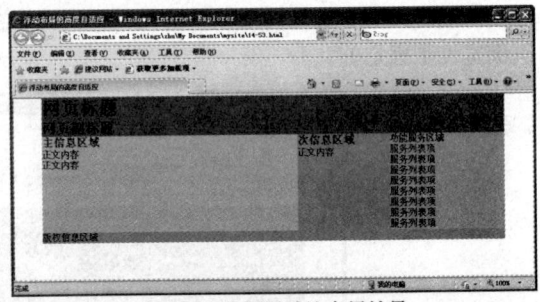　　图12.56 使用浮动法布局效果

```css
#content {/* 主要信息列样式 */
    float:left;                               /* 向左浮动 */
    width:55%;                                /* 宽度 */
    background:#FFCC00;                       /* 背景色 */
}
#subplot {/* 次要信息列样式 */
    width:20%;                                /* 宽度 */
    float:left;                               /* 向左浮动 */
    background:#00CCCC;                       /* 背景色 */
}
#serve {/* 服务功能区域样式 */
```

```css
    width:25%;                                      /* 宽度 */
    float:right;                                    /* 向右浮动 */
    background:#99CCFF;                             /* 背景色 */
}
#content, #subplot, #serve { /* 三列公共样式 */
    padding-bottom: 9999px;                         /* 底部补白无穷大 */
    margin-bottom: -9999px;                         /* 底部边界负无穷大 */
}
```

实训4 使用负边界改善浮动布局

负边界能够自由移动栏目的位置，从而改变浮动布局和流动布局的缺陷，一定程度上具备定位布局的一些精确定位特性。

本节所用文件的位置如下：	
视频路径	视频文件\files\12.4.4.swf
效果路径	实例文件\12\

在12.4.3节最后一个实例中已经了解了使用浮动布局法受结构的影响很大。正如上面实例所示，如果要把次要信息列放置到页面左侧显示是非常困难的，传统的折中方法是为主要信息列和次要信息列嵌套一个包含框，然后通过浮动实现次要信息列向左浮动，而主要信息列向右浮动的布局效果。实现这种想法的修改结构如下：

```html
<div id="main">
    <div id="submain">
        <div id="content">
            <h3> 主信息区域 </h3>
        </div>
        <div id="subplot">
            <h3> 次信息区域 </h3>
        </div>
    </div>
    <div id="serve">
        <dl>
            <dt> 功能服务区域 </dt>
            <dd> 服务列表项 </dd>
        </dl>
    </div>
</div>
```

然后再重新设计三列的浮动方向，最后所得效果如图12.57所示。

```css
#submain { /* 新增的内容包含框样式 */
    float:left;                                     /* 向左浮动 */
    width:75%                                       /* 内容包含框的宽度 */
}
#content { /* 主要信息列样式 */
    float:right;                                    /* 向右浮动 */
```

```
        width:55%;                                    /* 主要信息列宽度 */
}
#subplot {/* 次要信息列样式 */
        width:45%;                                    /* 次要信息列宽度 */
        float:left;                                   /* 向左浮动 */
}
#serve {/* 服务功能列样式 */
        width:25%;                                    /* 服务功能列宽度 */
        float:right;                 /* 向右浮动 */
}
```

下面我们要探索的是：在不改变文档结构的前提下，能否改变浮动列的显示位置。这里主要使用了负边界的方法来实现。具体设计方法如下。

为主要信息列定义20%宽度的边界空白，这个空白专门为次要信息列备用。然后设置次要信息列左边界向左取负值，强制其向左移动75%的距离，这个距离正好是刚定义的主要信息列的宽度和左边界之和。实现的核心代码如下，所得效果如图12.58所示。

```
#content {/* 主要信息列样式 */
        float:left;                                   /* 向左浮动 */
        width:55%;                                    /* 宽度 */
        margin-left:20%;                              /* 定义左边界，为左列留白 */
        background:#FFCC00;                           /* 背景色 */
}
#subplot {/* 次要信息列样式 */
        width:20%;                                    /* 宽度 */
        margin-left:-75%;                             /* 强制向左移动到主信息列的左侧 */
        float:left;                                   /* 向左浮动 */
        background:#00CCCC;                           /* 背景色 */
}
```

负边界是网页布局中比较实用的一种技巧，它能够自由移动一个栏目到某个位置，从而改变了浮动布局和流动布局存在的受结构影响的弊端，间接具备了定位布局的一些特性，虽然它没有定位布局那么精确。本章演示了负边界的两种用法，其实它的用法还是比较灵活的，建议读者在学习和实践中多留意负边界的使用技巧。

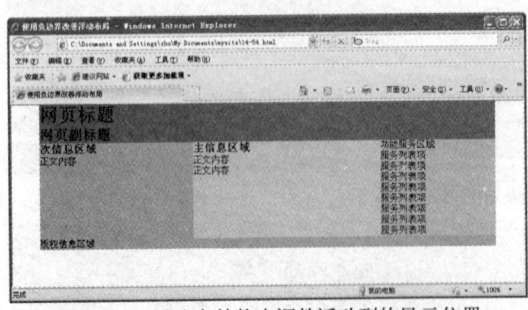

图12.57 通过改变结构来调整浮动列的显示位置 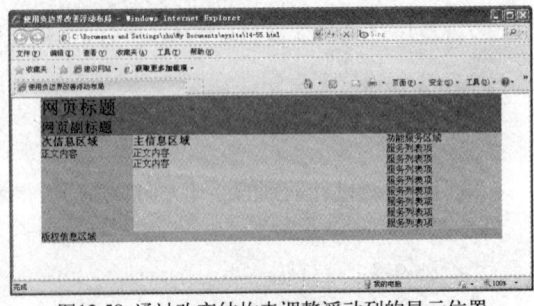　　　　图12.58 通过改变结构来调整浮动列的显示位置

第 13 章

兼容性网页布局

网页设计的最大挑战不在于技术本身,而在于浏览器兼容性处理。所谓浏览器兼容问题,就是使用不同的浏览器(如IE 8、IE 7、IE 6、FF和Opera等)访问同一个页面时,可能会出现不一致的情况。出现这种现象的原因有很多,但根本原因就是浏览器对于技术支持的标准不同所造成的。

IE浏览器对于CSS的支持是很不标准的,特别是对于网页布局的支持存在很多问题。这些问题可以分为两种:一种情况是IE支持某种技术或功能,但是实现该功能的方法和途径与标准技术不同;另一种情况是IE浏览器自身的解析机制存在很多缺陷,导致页面解析效果与标准不同。为了兼容标准技术,微软在IE浏览器中开发了两套解析机制,怪异模式和标准模式。其中怪异模式是完全保留IE浏览器的独立解析机制,而排斥标准技术;在标准模式下,则抛弃IE的怪异解析机制,尽力使用标准技术来解析页面。总体来说,IE浏览器对标准技术的支持方面还是存在很多不完善的地方。本章将兼顾IE、FF和Opera三种主流类型浏览器进行讲解,有关其他类型浏览器的兼容性处理问题,本教程就不再涉及,读者可以参阅相关资料。

13.1 浏览器兼容的基本方法

不同类型的浏览器对于CSS技术的支持是不完全统一的，如果再加上浏览器对于CSS解析时存在的各种缺陷，CSS兼容性处理就变得异常复杂。不过许多专业设计师经过长时间的探索，也摸索出了很多解决浏览器兼容问题的方法，这些方法被称之为Hack（即补丁的意思）。所谓补丁，就是利用各种过滤方法专门为特定类型浏览器定义样式，即称之为过滤器（Filter），从而实现在不同类型浏览器中呈现相同的渲染效果。

过滤器是一种形象的称呼，实际上它就是各种浏览器支持或不支持某种声明或样式的特殊用法。例如，IE 6以下版本浏览器不支持!important关键字，于是就可以利用这个关键字专门为IE 6及其以上版本浏览器或者非IE浏览器定义样式，从而过滤掉IE 6以下版本浏览器在解析时存在的问题。

实训1 常用过滤器的使用方法

目前全球设计师发现并总结出来的过滤器非常多，要记住这些过滤器是很烦琐的，读者可以上网搜索，获取系统过滤器信息。为了简化初学者的学习难度，下面总结几种常用且最有效的过滤方法。

注意，在应用下面的过滤器时，在HTML文档顶部应定义类似下面命名行的文档类型语句，否则过滤器会失效。

```
<!DOCTYPE html PUBLIC "-//W3C//DTD XHTML 1.0 Transitional//EN" "http://www.w3.org/TR/xhtml1/DTD/xhtml1-transitional.dtd">
```

- IE 7版本浏览器专用过滤器。

如果专门为IE 7版本浏览器定义样式，则可以使用如下过滤器。

```
<style type="text/css">
*+html body {
    background:blue;
}
</style>
```

上面的样式仅能够在IE 7版本浏览器中被解析，换句话说，只有IE 7版本浏览器的页面背景色为蓝色，但是在其他IE版本或其他类型浏览器中将以默认背景色（即白色）显示。具体使用时，读者可以把body标签选择器替换为任意类型的选择器，然后为IE 7版本浏览器定义专用样式。

兼容原理

"*"符号在IE浏览器中被认为是根节点，所以它可以包含html元素，而对于非IE浏览器来说，文档根节点应该是html，而不是"*"，所以当使用"*"通用符号包含html元素时，非IE浏览器会认为它是非法的，从而忽略这个选择器所定义的样式。

- IE 7及其以上版本浏览器和非IE浏览器专用。

如果定义专为IE 7及其以上版本浏览器和非IE类型浏览器支持的样式，则可以使用如下过滤器：

```
<style type="text/css">
html>body {
    background:green;
}
</style>
```

兼容原理

上面实例是为body元素定义的过滤器样式,如果为页面中其他元素或选择器定义样式,则可以按如下方法来定义,其中selector表示任意类型的选择器。

```
<style type="text/css">
html>body selector{
    background:green;
}
</style>
```

- 非 IE 浏览器专用。

如果在上面实例的过滤器中增加空白注释,则 IE 浏览器就会忽略该样式的存在。所以,使用如下过滤器可专门为非 IE 浏览器定义样式。

```
<style type="text/css">
html>/**/body {
    background:yellow;
}
</style>
```

上述四种过滤器基本上解决了所有浏览器兼容性问题,而且这些过滤器非常有效,且没有副作用,读者可以放心使用它们。当然,CSS过滤器的类型和形式还有很多,如果在时间和精力允许的情况下,建议多访问相关的网址,了解更多特殊过滤器的用法。

实训2　使用IE条件语句过滤

IE条件语句是IE浏览器自定义的一套逻辑语句,利用这些语句可以更加有效地为IE系列版本浏览器定义样式。

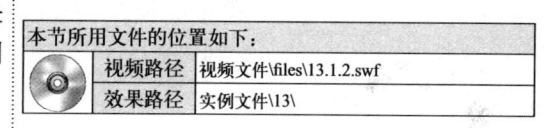

本节所用文件的位置如下:	
视频路径	视频文件\files\13.1.2.swf
效果路径	实例文件\13\

除了各种浏览器过滤器之外,还可以借助IE条件语句来解决浏览器的兼容性问题。其实在CSS兼容处理中,大部分问题都存在于IE系列版本浏览器中。IE条件语句实际上就是HTML注释语句,只不过在注释标识符中增加了一组关键字,这组关键字对于IE浏览器来说是有效的,但是对于其他浏览器来说则被视为注释信息而被完全忽略。由于IE浏览器能够根据条件语句中设置的条件决定解析的版本,从而实现利用条件为不同IE版本浏览器定义样式的目的。

例如,下面条件语句可以在所有IE版本浏览器中被识别,但是对于其他浏览器来说,则被视为注释信息而忽略。

```
<!--[if IE]>
<h1>所有 IE 版本浏览器可识别</h1>
<![endif]-->
```

IE条件语句以中括号（[ ]）为起止标识符,其中包含一个条件语句。条件语句放在注释标识符内,且与注释标识符内部相邻,语法格式如上面实例。

在条件语句中可以增加修饰性关键字,如lte、lt、gte、gt和!,这些关键字的作用说明如下。

- lte：小于或等于某个版本的IE浏览器。
- lt：小于某个版本的IE浏览器。

- gte：大于或等于某个版本的IE浏览器。
- gt：大于某个版本的IE浏览器。
- !：不等于某个版本的IE浏览器。

例如，下面代码分别为不同版本的IE浏览器设置显示信息，或者为指定范围的IE版本浏览器设置显示信息。

```
<!--[if gte IE 6]>
<h1>IE 6 以及 IE 6 以上版本可识别</h1>
<![endif]-->
<!--[if IE 7]>
<h1>仅 IE 7 可识别</h1>
<![endif]-->
<!--[if lt IE 7]>
<h1>IE 7 以及 IE 7 以下版本可识别</h1>
<![endif]-->
<!--[if gte IE 7]>
<h1>IE 7 以及 IE 7 以上版本可识别</h1>
<![endif]-->
```

如果为某个版本的IE浏览器定义样式，则可以把样式表放置在IE条件语句中即可。例如，下面样式表就只能够在IE 10版本中被解析。

```
<!--[if IE 10]>
<style type="text/css">
body {/* IE 10 版本浏览器中有效 */
    background:#00FFFF;
}
</style>
<![endif]-->
```

另外，利用IE条件语句还可以设计专门为非IE浏览器使用的条件语句（请注意其特殊写法）。

```
<!--[if !IE]><!-->
<h1>除 IE 外都可识别</h1>
<!--<![endif]-->
```

总之，使用IE条件语句可以极大地改善CSS兼容性处理的难度。在标准设计中，可以先为符合标准的浏览器设计样式，然后专门为IE系列版本浏览器设计兼容样式表，并分别放在独立的文件中，最后利用IE条件语句导入它们，这种设计方法极大地优化了CSS开发，使后期维护变得更加轻松。

实训3　使用标准浏览器和非标准浏览器

目前市场上不同类型或版本的浏览器很多，但是如果从W3C标准的角度来比较，浏览器可以分为两大类：非标准型（IE7及其以下版本类型浏览器）、标准型（IE8和非IE类型浏览器）。当提及某个页面不兼容或者出现布局问题时，多因为它无法兼容标准浏览器，或者仅支持IE7及其以下版本类型浏览器。IE8和非IE类型浏览器多建立在标准解析机制之上，所以它们都能够很好地支持标准。

本章将以IE8和FF（Firefox）浏览器作为标准浏览器的代表，限于篇幅其他浏览器就不再涉及。当然，每一种浏览器都会存在解析缺陷或非标准、不支持的功能，同时很多浏览器拥有私有属性，要系统学习浏览器的兼容处理问题，需要深入了解每一种浏览器的特性。

13.2 兼容流动布局

不同类型和版本浏览器对于CSS的解析是不同的，这种差异源于浏览器的解析机制不同，所以初学者应该养成良好的浏览器兼容的处理习惯，学会直面主流浏览器存在的不兼容性问题，避免后期再增加兼容浏览器的难度和成本。

这个问题对于任何一位初学者来说都应该先明白：不同类型的浏览器都有自己的网页解析标准，因此解析的效果也会略有不同。如果以默认设置来显示页面效果，你会发现不同浏览器的默认设置是不同的。

例如，提及页边距，IE浏览器默认为使用body元素的margin-left属性进行定义，默认值约为10像素；而对于FF浏览器来说，默认为使用body元素的padding-left属性进行定义，默认值约为8像素。所以当设置页边距时，就应该知道如何采取有效措施预防这种默认设置的不同，否则在设置页边距时就会出现问题。而当准备清除页边距时，就应该考虑不同浏览器的默认设置方法，同时清除body元素的margin-left和padding-left属性值，才能保证在不同类型浏览器中显示相同的效果。与此类似的默认值差异设置还包括如下内容。

- 列表样式：IE默认使用margin-left属性定义，值约为40像素；而FF默认使用padding-left属性定义，值约为40像素。
- 网页居中样式：IE默认使用text-align属性，值为center；而FF默认使用margin属性，设置左右边界为auto。
- 鼠标指针样式：IE默认使用cursor属性定义，值为hand；而FF默认使用cursor属性，值为pointer。

上面简单列举了几种常见默认设置差别，当然类似的问题还有很多，建议读者做一个有心人，积极收集并熟悉这些问题。

实训1　有序列表高度问题处理

列表结构在网页布局中是最麻烦的，在不同环境中，不同的浏览器对其解析的效果也存在很大的差异。

本节所用文件的位置如下：	
视频路径	视频文件\files\13.2.2.swf
效果路径	实例文件\13\

所谓有序列表高度问题就是当为有序列表定义高度时，列表序号将显示无效。该现象存在于非标准的 IE 浏览器（IE 8 以下版本）中，如图 13.1 所示，而标准浏览器不存在该问题，如图 13.2 所示。

```
<style type="text/css">
li {/* 列表项样式 */
    border-bottom:1px solid #CCC;    /* 列表项底边线 */
    list-style-type:decimal;         /* 为列表项定义有序符号，数字显示 */
    list-style-position:inside;      /* 有序符号显示在列表项内部 */
    height:20px;
}
</style>
<ul>
    <li>列表项 1</li>
```

```
        <li>列表项 2</li>
        <li>列表项 3</li>
        <li>列表项 4</li>
        <li>列表项 5</li>
    </ul>
```

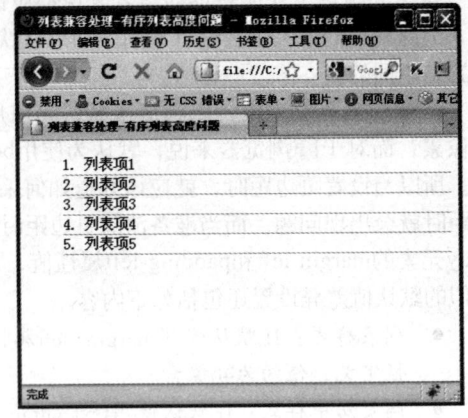

图13.1 IE 7下预览效果　　　　　　　　　图13.2 FF 3.5下预览效果

如果定义项目符号为拉丁字母等其他有序符号，在非标准的IE中会统一显示为点号项目符号，如图13.3所示；而在标准浏览器中会显示为定义的字母序号显示，如图13.4所示。

图13.3 IE 7下预览效果　　　　　　　　　图13.4 FF 3.5下预览效果

解决方法如下。

避免使用height定义列表项的高度，改为使用line-height属性间接定义高度。修改的代码如下：

```
li {
    border-bottom:1px solid #CCC;
    list-style-type:decimal;
    list-style-position:inside;
    line-height:20px;
}
```

实训2 列表宽度问题

列表宽度问题存在于IE 7及其以下版本的浏览器中。当为列表框定义一个宽度时，其在IE和非IE中的显示情况是不同的。

本节所用文件的位置如下：	
视频路径	视频文件\files\13.2.3.swf
效果路径	实例文件\13\

在IE 7中，项目符号会突然消失，如图13.5所示；而在FF下却能够正常显示，如图13.6所示。

```
<style type="text/css">
ol { width:400px; }
li {
    border-bottom:1px solid #CCC;
    list-style-type:decimal;
}
</style>
<ol>
    <li>列表项 1</li>
    <li>列表项 2</li>
    <li>列表项 3</li>
    <li>列表项 4</li>
    <li>列表项 5</li>
</ol>
```

图13.5 IE 7下预览效果　　　　　图13.6 FF 3.5下预览效果

解决此类问题的方法可以有多种。

方法一，定义项目符号位置在内部显示。

```
li {
    border-bottom:1px solid #CCC;
    list-style-type:decimal;
    list-style-position:inside;
}
```

方法二，为列表项定义左侧边界大小为两个字体宽度。

```
li {
    border-bottom:1px solid #CCC;
```

```
    list-style-type:decimal;
    margin-left:2em;
}
```

方法三，为列表框定义左侧补白为两个字体宽度。

```
ol {
    width:400px;
    padding-left:2em;
}
```

实训3 项目符号变异问题处理

当为列表项定义宽度或高度等样式时，列表结构的项目符号会发生错乱，这个问题主要存在于IE7及其以下版本浏览器中。

本节所用文件的位置如下：	
视频路径	视频文件\files\13.2.4.swf
效果路径	实例文件\13\

项目符号变异问题存在于所有版本的IE浏览器中。当为列表结构中某列表项定义宽度或高度等特殊属性时，有序项目符号会发生混乱，如图13.7所示；而在非IE下却能够正常显示，如图13.8所示。

```
<style type="text/css">
li {
    border-bottom:1px solid #CCC;
    list-style-type:decimal;
    list-style-position:inside;
}
.13 { width:100%; }
</style>
<ul>
    <li>列表项 1</li>
    <li>列表项 2</li>
    <li class="13">列表项 3</li>
    <li>列表项 4</li>
    <li>列表项 5</li>
</ul>
```

图13.7 IE 7下预览效果　　　　　　　　图13.8 FF 3.5下预览效果

解决方法如下。

对于此类问题目前还没有好的方法，不过可以通过间接方法来实现。也就是说如果要定义列表项的宽度，不妨给列表项包裹一个外套，然后为外套定义宽度，但是这样做会破坏列表结构的语义性，最佳方法应该是避免为列表项定义高度和宽度，除非不隐藏项目符号的显示。

还有一种方法就是取消列表结构的默认项目符号，使用背景图像来定义项目符号，这种做法会更为灵活和个性。

实训4　列表行双倍高度问题处理

当在列表项中嵌套a元素且定义a元素为块状显示，在IE 6及其以下版本浏览器中的列表行会显示双倍高度。

本节所用文件的位置如下：
视频路径	视频文件\files\13.2.5.swf
效果路径	实例文件\13\

列表行双倍高度问题存在于IE 6及其以下版本浏览器中。为列表项中嵌套超链接元素，且定义超链接（a元素）为块状显示（块状显示的目的是可以定义超链接的大小），这时在IE 6及其以下版本浏览器中列表行会显示双倍高度，如图13.9所示；而在IE 7和非IE下却能够以正常行高显示，如图13.10所示。

```
<style type="text/css">
li a { display:block; }
</style>
<ul>
    <li>列表项1</li>
    <li>列表项2</li>
    <li><a href="#">列表项3</a></li>
    <li><a href="#">列表项4</a></li>
    <li><a href="#">列表项5</a></li>
</ul>
```

图13.9　IE 6下预览效果 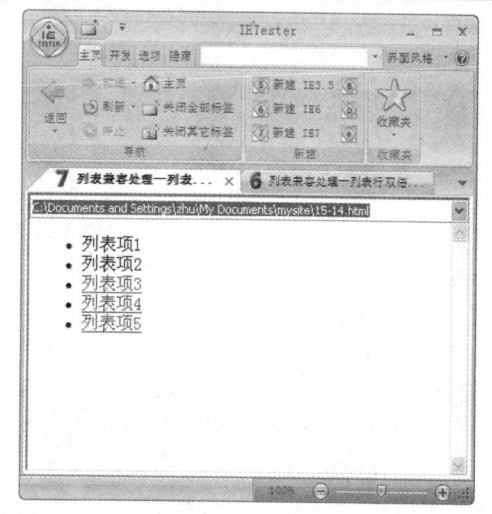　　　　　　图13.10　IE 7下预览效果

解决方法也有多种。

方法一，为列表项定义宽度、高度或边框。

```
li {border-bottom:1px solid #CCC;}          /* 增加底边线 */
```
或者
```
li { width:100%;}                            /* 满宽显示 */
```
或者
```
li { height:1.1em;}                          /* 以行高大小定义高度 */
```

当然，如果列表项需要定义宽度、高度或边框时，这种方法挺合适的，但是这种做法会影响列表结构的显示效果，如为列表项定义高度可能存在显示问题。

方法二，使用zoom属性。zoom是IE的专有属性，它能够定义元素的缩放比列，但是它也能够使列表项恢复到正常行高。例如，下面代码可以轻松修正列表项的双倍行高问题，且对于其他版本浏览器没有副作用。

```
li {/* 恢复列表项正常行高 */
    zoom:1;                                  /* 缩放列表项为100%，即不缩放 */
}
```

实训5　列表项错行问题处理

当为列表项中嵌套块状元素，如div、p等元素，且设置项目符号在内部显示，FF和IE 8浏览器在解析时会出现错行问题。

本节所用文件的位置如下：
| 视频路径 | 视频文件\files\13.2.6.swf |
| 效果路径 | 实例文件\13\ |

列表项错行问题存在于FF浏览器中。当为列表项中嵌套块状元素，且项目符号在内部显示时，FF浏览器中会出现错行问题，如图13.11所示；而在IE浏览器中却不会出现这类问题，如图13.12所示。当然，这个不是违背标准的问题，而是更符合W3C布局原则。

```html
<style type="text/css">
li {/* 列表项样式 */
    list-style-position:inside;              /* 项目符号在内部显示 */
    zoom:1;                                  /* 缩放列表项为100%，解决 IE 6 双倍高度问题 */
}
li a{/* 列表项包含超链接样式 */
    display:block;                           /* 块状显示 */
}
</style>
<ul>
    <li>列表项1</li>
    <li>列表项2</li>
    <li><a href="#">列表项3</a></li>
    <li><a href="#">列表项4</a></li>
    <li><a href="#">列表项5</a></li>
</ul>
```

图13.11　FF 3.5下预览效果　　　　　　图13.12　IE 7下预览效果

解决方法如下。

方法一，定义项目符号显示在列表项的外面。

```
li {/* 列表项样式 */
    list-style-position:outside;        /* 列表符号显示在外面 */
    zoom:1;
}
```

如果显示在列表项内部，FF会根据块状元素仅能够在一行内显示的原则，从而错行显示。此时即使定义块元素宽度不为100%，它也会错行显示。

```
li a{/* 列表项包含的块元素 */
    display:block;                      /* 块状显示 */
    width:80%;                          /* 宽度 */
}
```

方法二，定义块元素为行内块状显示，可以清除块状占据一行的问题。

```
li a{/* 列表项包含的块元素 */
    display:inline-block;               /* 行内块状显示，清除满行显示 */
}
```

实训6　设计默认高度问题处理

默认高度问题存在于IE 6及其以下版本浏览器中。当定义元素的高度小于元素默认行高时，高度将始终保持默认行高。

本节所用文件的位置如下：

视频路径	视频文件\files\13.2.7.swf
效果路径	实例文件\13\

例如，在页面默认字体大小（默认为16像素）和默认行高（IE默认为18像素，其他浏览器可能略有不同）的情况下，定义元素高度为6像素，代码如下：

```
<style type="text/css">
#bar {
    width:400px;
    height:6px;                         /* 高度小于行高 */
    background:blue;
}
</style>
<div id="bar"></div>
```

在IE 6的显示效果如图13.13所示，即高度没有发生变化；而在IE 7和其他浏览器中会显示实际高度，如图13.14所示。如果不明白问题的真相，可能会非常纳闷。

原来IE 6及其以下版本浏览器为所有元素都设置了一个默认行高，即使该元素没有包含任何文本，当高度小于默认行高时，也会以默认行高为准进行显示；而IE 7版本浏览器也存在默认行高问题，但是当定义高度时，高度值将优先于默认行高，从而按实际定义的高度进行显示。对于非IE浏览器来说，如果元素内没有包含文本，则默认行高为0，就不会存在类似默认行高的问题。

图13.13 IE 6下预览效果 　　　　　　　　　图13.14 IE 7下预览效果

解决方法如下。

定义元素内字体大小为 0，这样就清除了行高对于高度的影响。但是不能够定义行高为 0，因为字体大小默认为 16 像素，所以还会影响高度设置，而当字体大小为 0 时，行高也就没有了。

```
#bar {font-size:0;}
```

如果就这个问题继续探索，当定义元素高度为1像素时，会发现在IE 6及其以下版本中显示为2像素高度，如图13.15所示；而在IE 7和非IE下显示为1像素，如图13.16所示。

```
<style type="text/css">
#bar {
    width:400px;
    height:1px;                /* 定义高度为1像素 */
    background:blue;
    font-size:0;               /* 字体大小为0 */
}
</style>
<div id="bar"></div>
```

解决方法如下。

使用 CSS 定义的 overflow 属性来裁切多出的高度，代码如下。

```
#bar {overflow:hidden;}                       /* 裁切多出区域 */
```

图13.15 IE 6下预览效果 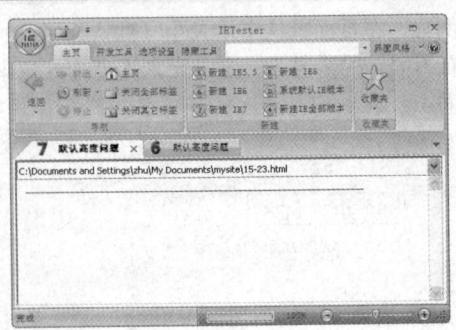　　　　　　　　　图13.16 IE 7下预览效果

实训7　盒模型高和宽的计算问题处理

在IE 5.5及其以下版本浏览器中，height和width属性值包含内容区域、补白区域和边框区域大小，实际上这是不符合标准的。

本节所用文件的位置如下：	
视频路径	视频文件\files\13.2.8.swf
效果路径	实例文件\13\

盒模型高和宽的计算问题存在于IE 5.5及其以下版本浏览器中。IE 5.5及其以下版本浏览器认为height和width属性应该包含内容区域的大小、补白区域大小和边框区域大小，通俗地说，就是元素实际显示的大小。根据CSS标准，height和width属性值不应该包含补白区域大小和边框区域大小，它仅代表内容区域的大小。

例如，下面是一个简单的盒子模型，在IE 6及其以上版本浏览器、非IE浏览器中显示的实际高度为250像素（height+padding-top+padding-bottom+border-top+border-bottom），宽度为300像素（width+padding-left+padding-rightt+border-left+border-right），如图13.17所示；而IE 5.5及其以下版本浏览器认为height和width属性值已经包含了补白和边框，所以元素的实际显示大小为100×50px，如图13.18所示。

```
<style type="text/css">
#box {
    width:100px;
    height:50px;
    padding:50px;
    border:solid 50px red;
}
</style>
<div id="box"></div>
```

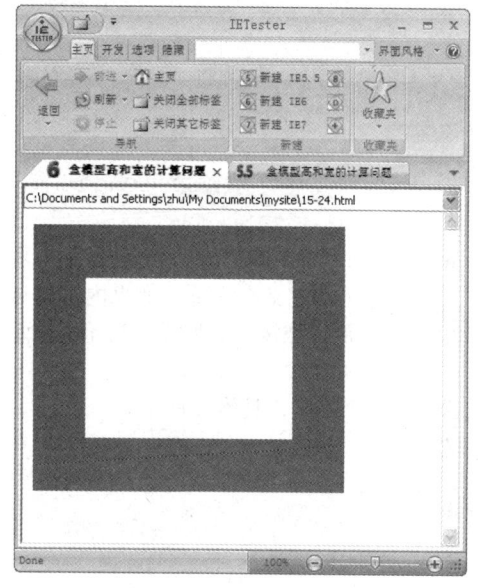

图13.17　IE 6下预览效果 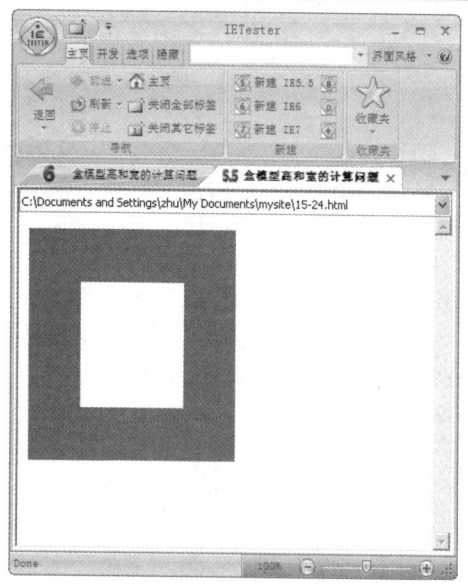　　　　　　　　　图13.18　IE 5.5下预览效果

解决此问题的方法有多种，但最安全最有效的方法就是使用IE条件语句。把IE条件语句放在原来样式表的底部即可（代码如下），这样就在IE 5.5及其以下版本浏览器中显示与IE 6等其他版本浏

览器相同的效果了。

```
<!--[if lt IE 6]>
<style type="text/css">
#box {
    width:300px;
    height:250px;
}
</style>
<![endif]-->
```

实训8 设计最小高度和宽度问题处理

最小高度和宽度问题存在于IE 6及其以下版本浏览器中，准确地说，此问题不是缺陷，而只是暂时不支持或者说不完善。

本节所用文件的位置如下：

| 视频路径 | 视频文件\files\13.2.9.swf |
| 效果路径 | 实例文件\13\ |

IE 6及其以下版本浏览器不支持min-height和min-width属性的问题。很多时候希望设计栏目显示最小高度或宽度，这有什么好处呢？

大家知道，以动态生成的栏目中是无法预知栏目的高度或宽度的，但是为了方便布局，又希望栏目能够占据一定的高度或宽度，于是就可以利用min-height和min-width属性来实现这种想法。例如，在下面这个实例中，定义盒子最小高度为100像素，这样即使盒子包含的内容不到100像素高，但浏览器会根据最小高度来进行解析。

```
<style type="text/css">
#box {
    width:200px;
    min-height:100px;
    border:solid 1px red;
}
</style>
<div id="box">我为什么能活下来？第一是由于我没有钱，第二是我对INTERNET一点不懂，第三是我想得像傻瓜一样。</div>
```

对于IE 6及其以下版本浏览器来说，由于不支持min-height和min-width属性，也就无法实现这样的设想。但是IE 6及其以下版本浏览器有一个特征，即当为元素定义高度时，如果内容超过高度，则元素会自动调整高度以适应多出的区域，而不如IE 7或其他标准浏览器那样，当元素被定义了高度之后，依然显示固有的高度。

所以，解决方法是：专门为IE 6及其以下版本浏览器定义一个高度，具体代码如下：

```
* html #box {/* IE 6及其以下版本浏览器过滤器 */
    height:100px;                    /* 定义高度为100像素 */
}
```

实训9　失控的子标签问题处理

当在超链接中嵌套一个子标签时，如果希望利用超链接来动态控制子标签的显示样式，就会出现失控的子标签问题。

本节所用文件的位置如下：	
视频路径	视频文件\files\13.2.10.swf
效果路径	实例文件\13\

失控的子标签问题存在于IE 6及其以下版本浏览器中。例如，在下面实例中定义超链接包含一个<span>标签，设计在正常状态下<span>标签隐藏显示，而当鼠标经过超链接时显示<span>标签包含内容，从而设计出一种动态效果，如图13.19所示；但是在IE 6或其以下版本中无法正常显示，如图13.20所示。

```
<style type="text/css">
a {
    font-size:16px;                 /* 定义字体大小 */
    text-decoration:none;           /* 隐藏下划线 */
}
a span {
    display:none;                   /* 默认隐藏显示<span>标签内容 */
}
a:hover  span {
    display:inline;                 /* 行内显示<span>标签内容 */
}
</style>
<a href="#"><span>单击</span>超链接</a>
```

图13.19　IE 7下预览效果　　　　　　　图13.20　IE 6下预览效果

这个问题是IE 6及其以下版本浏览器解析超链接的机制造成的，解决方法是：在超链接的鼠标经过状态时定义一个高度，由于a元素默认为行内元素，定义高度后不会影响其显示，但定义高度之后能够触发它正确解析子标签<span>的显示或隐藏。解决代码如下：

```
a:hover {
    height:1px;
}
```

如果从安全角度考虑，还可以使用IE的私有属性zoom来触发超链接正确解析包含的子标签。

```
a:hover {
    zoom:1;
}
```

实训10　设计使用背景图像代替文本

超链接a元素默认为行内显示，由于行内元素不识别盒模型的宽度和高度，所以为它定义大小是无效的。

本节所用文件的位置如下：	
视频路径	视频文件\files\13.2.11.swf
效果路径	实例文件\13\

如果希望使用背景图像来代替超链接文本就会存在很大的问题，实际上设计师经常要面临这样的问题，因为使用背景图像能够设计出更具个性的超链接效果。

如果把a元素定义为块状显示，它就无法在行内正常显示，为此可以为a元素定义行内块状显示。例如，在下面实例中就使用了这种方法实现背景图像代替超链接文本显示的效果，如图13.21所示。

```
<style type="text/css">
a {/* 实现背景图像的超链接样式 */
    text-decoration:none;                                    /* 隐藏下划线 */
    background:url(images/down2.gif) no-repeat center;       /* 背景图像 */
    height:24px;                                             /* 固定高度 */
    width:87px;                                              /* 固定宽度 */
    display:inline-block;                                    /* 行内块状显示 */
    text-indent:-88px;                                       /* 把超链接文本缩
进到元素的外面，即隐藏显示 */
}
</style>
<a href="#">立即下载</a>
```

上述方法在简单环境比较安全，但是由于不同浏览器的解析差异，可能会存在一定的风险。另外还可以使用如下方法进行设计，效果如图13.22所示。这种方法利用补白来间接定义元素的大小，并借助font-size属性来间接隐藏字体，从而实现背景图像代替文本的设计效果。

```
<style type="text/css">
a {
    background:url(images/down2.gif) no-repeat center;  /* 背景图像 */
    padding:12px 43px 12px 44px;    /* 使用补白来定义行内元素的宽度和高度 */
    font-size:0;                    /* 隐藏字体 */
    zoom:1;                         /* 触发IE浏览器能够正常解析 */
}
</style>
<a href="#">立即下载</a>
```

图13.21 FF 3.5下预览效    图13.22 IE 7下预览效果

13.3 兼容浮动布局

浮动布局在IE浏览器（特别是IE 6中）中存在的问题比较多，且很多问题直接影响到整个页面的显示效果，这与流动布局中的各种缺陷或不兼容问题无法相提并论。下面讲解常见浮动布局的兼容性问题，并提供解决方法。

实训1 浮动被流动包含问题处理

此问题在所有浏览器中都存在。当一个块元素包含一个浮动元素时，则包含元素会自动收缩，而不是被浮动元素撑开。

本节所用文件的位置如下：	
视频路径	视频文件\files\13.3.1.swf
效果路径	实例文件\13\

既然所有浏览器都有这个问题，那么这个问题也就算不上问题了，或者说它仅是一种现象。

例如，在下面这个实例中，定义被包含的元素浮动显示，而外层元素自然流到块区域显示，这时就会发现栏目区域并没有显示包含框定义的背景色，如图13.23所示。如果为包含框定义边框，则会更明显地看到边框缩为一条直线，如图13.24所示。

```
<style type="text/css">
#wrap {/* 外包含框 */
    background:#FFCCFF;                          /* 定义包含框显示背景色 */
}
#box {/* 内部包含的浮动元素 */
    float : left;                                /* 浮动显示 */
    width : 400px;                               /* 固定宽度 */
    height : 200px;                              /* 固定高度 */
}
</style>
<div id="wrap">
```

```
<div id="box">
    <h3>栏目标题</h3>
    <p>正文信息</p>
</div>
</div>
```

图13.23 包含框的背景色显示

图13.24 包含的边框缩为一条直线

解决方法如下。

可以使用增加清除浮动元素，强制包含框张开以包含浮动的子元素解决此问题。

```
<style type="text/css">
#wrap { background:#FFCCFF;}
#box {
    float : left;
    width : 400px;
    height: 200px;
}
.clear { clear: both;}                      /* 清除浮动样式类 */
</style>
<div id="wrap">
    <div id="box">
        <h3>栏目标题</h3>
        <p>正文信息</p>
    </div>
    <div class="clear"></div>               <!-- 清除浮动样式类 -->
</div>
```

在IE 7和FF下预览效果如图13.25所示。在IE 6及其以下版本中预览效果如图13.26所示，这说明它还不完全支持这种方法。如果在IE 7浏览器中改变窗口宽度小于包含的浮动元素所定义的宽度时，就会发现包含框所定义的背景色突然没有了。

图13.25 IE 7和FF下预览效果　　　　　　　图13.26 IE 6下预览效果

如果为包含框定义边框样式或者zoom属性，IE 6和IE 7所存在的问题都顿时化解。增加代码如下：

```
#wrap { /* 包含框样式 */
    background:#FFCCFF;
    zoom:1;                           /* 使用私有属性缩放100%来触发布局 */
}
```

或者

```
#wrap { /* 包含框样式 */
    background:#FFCCFF;
    border:solid 1px red;             /* 定义边框来触发布局 */
}
```

实训2　包含框不能自适应高度的问题处理

该问题存在于所有浏览器中。当为包含框内的元素定义上下边界时，包含框不能够自适应高度以包含子对象。

本节所用文件的位置如下：	
视频路径	视频文件\files\13.3.2.swf
效果路径	实例文件\13\

这个现象本应属于流动布局问题，因为与13.3.1节实例存在的问题有点类似，故放在这儿讲解。例如，在下面这个实例中，定义包含框显示背景色，同时定义包含的段落文本上下边界为80像素，根据常理推断，包含框的高度应该大于160像素，但是在浏览器中并没有发现包含框高度发生变化，如图13.27所示。

```
<style type="text/css">
#wrap {
    background:#FFCCFF;
}
#wrap p {
    margin-top: 80px;
    margin-bottom: 80px;
}
```

307

```
</style>
<div id="wrap">
    <p>p 对象中的内容 </p>
</div>
```

存在的原因如下。

如果嵌套元素的边界没有被相互阻隔，则会出现边界重叠现象。例如，被包含元素的上边界会自动与包含框的上边界重叠，被包含元素的下边界会自动与包含框的下边界重叠。

解决方法如下。

为包含框定义边框或者补白，从而阻断相互嵌套元素的上下边界接触，防止发生重叠现象，阻断边界接触后的效果如图13.28所示。

图13.27 包含框高度不能够自适应　　　　图13.28 包含框高度自适应效果

```
#wrap {
    background:#FFCCFF;
    padding:1px;                          /* 定义补白 */
}
```
或
```
#wrap {
    background:#FFCCFF;
    border:solid 1px red;                 /* 定义边框样式 */
}
```

实训3　浮动布局中栏目内容被隐藏的问题处理

浮动布局中栏目内容被隐藏的问题存在于IE 6及其以下版本浏览器中。有人把这个问题称之为躲猫猫或捉迷藏。

本节所用文件的位置如下：	
视频路径	视频文件\files\13.3.3.swf
效果路径	实例文件\13\

之所以会出现以上这种说法，是因为在特定条件下栏目内容看起来消失了，只有重新刷新页面时才能够出现，或者拖选隐藏的文本可以使其显示，如图13.29所示。

出现这个缺陷的原因比较特殊，一般需要具备以下几个前提条件。

条件一，包含框中包含浮动元素和流动元素，且包含框定义了背景色。

条件二，浮动元素后面为一些流动元素，浮动元素的高度应该大于后面流动元素的高度。

条件三，在流动元素的下面是一个清除元素（即元素定义清除浮动属性），或者是一个被定义了宽度且宽度足以促使元素只能够显示在浮动元素的底部，而不是环绕在浮动元素的两侧。

当满足了上面三个条件后，则中间的流动元素（环绕在浮动元素两侧的元素）看起来消失了，但它们都隐藏到了父元素的背景后面，只有在刷新页面时才重新出现，如图 13.30 所示。

图13.29 IE 6下被隐藏的区域　　　　　　图13.30 IE 7下能够正常显示

例如：

```css
<style type="text/css">
#wrap {/* 包含框 */
    background:#FFCCFF;                    /* 定义包含框的背景色 */
}
#left {/* 左侧浮动元素 */
    float : left;                          /* 定义左栏浮动显示 */
    width : 300px;                         /* 定义左栏的宽度 */
    height: 200px;                         /* 定义左栏的高度 */
    background:#CCCCFF;                    /* 定义左栏区域背景色 */
}
#header h1 {/* 头部标题样式 */
    background:#6699CC;                    /* 定义标题区域背景色 */
    margin:0;                              /* 清除标题的上下边界 */
}
#footer {/* 页脚版权信息区样式 */
    width:100%;                            /* 定义100%宽度显示 */
    clear:both;                            /* 定义清除两侧浮动 */
    background:#9933FF;                    /* 版权信息区域背景色 */
}
</style>
<div id="wrap">
    <div id="header">
        <h1>网页标题</h1>
    </div>
    <div id="left">
```

```
            <h3>左栏标题</h3>
            <p>正文</p>
        </div>
        <div id="right">
            <h3>右栏标题</h3>
            <p>段落文本</p>
            <p>段落文本</p>
        </div>
        <div id="footer">版权信息</div>
</div>
```

解决这个问题的方法有多种，只要破坏上面所述的三个条件，整个问题就迎刃而解。当然，通过本实例的练习，读者应该学到一些如何预防和解决突发问题的技巧和方法。

方法一，学会在浮动元素后面增加清除元素。所谓清除元素，就是定义了clear属性的元素，这样就可以避免浮动元素对后面布局的影响。

方法二，在结构嵌套中应遵循最少的层次来满足页面设计需要，使页面结构简单，容易控制与管理，尽可能地减少由于不必要的嵌套引来的问题。

还可以为浮动元素后面的流动元素定义高度、宽度和zoom属性等来解决，目的是触发这些流动元素能够自动进行布局。

```
#header, #right {/* 利用IE私有属性专门为后面流动元素定义布局特性 */
    zoom:1;
}
```

或者

```
* html  #header,* html  #right {/* 利用过滤器专门为IE 6及其以下版本浏览器定义高度 */
    height:1px
}
```

实训4 半个像素问题处理

像素值是没有小数值的，但是当在布局中使用百分比设置单位时，就会存在计算的像素值出现小数部分。

本节所用文件的位置如下：	
视频路径	视频文件\files\13.3.4.swf
效果路径	实例文件\13\

对于小数值问题，不同类型浏览器的取舍方法不同。
- IE 8以下版本浏览器将根据四舍五入的方法进行计算。例如，假设值为10.5像素，则IE在解析时会根据四舍五入的方法计算为11像素；而对于值为10.4像素，则计算结果为10像素。
- FF等标准浏览器对于小数值一般采取忽略不计的方法，多出的值将按元素顺序进行分配。例如，包含框宽度为11像素，平分为3个子元素，则每个子元素平分3像素，多出的2像素按顺序分给第一个和第二个子元素；如果包含框宽度为10像素，则每个子元素平分3像素，多出的1像素分给第一个子元素。

在下面这个实例中，包含框宽度为401像素，包含的两个子元素各得50%的值，结果在IE 7中预览显示如图13.34所示，而在IE 8中预览如图13.35所示。

```css
<style type="text/css">
#wrap {
    width:401px;                            /* 一个奇数值宽度 */
    border:solid 1px red;                   /* 增加边框，方便观察 */
}
#wrap div {
    float:left;                             /* 浮动显示盒子 */
    width:50%;                              /* 一半宽度 */
    height:100px;                           /* 固定高度显示 */
}
#box1 {background:green;}
#box2 {background:blue;}
</style>
<div id="wrap">
    <div id="box1"></div>
    <div id="box2"></div>
</div>
```

图13.34 IE 7下预览效果　　　　　　图13.35 IE 8下预览效果

解决方法如下。

这是一个比较特殊的问题，最佳方法当然是避免此类问题的出现，即不要设置包含框宽度为一个奇数值。不过在布局中很多取值是无法预定的，所以使用下面这个方法是最安全的，即为包含的子元素定义清除右侧浮动，代码如下：

```css
#wrap div {
    float:left;
    width:50%;
    height:100px;
    clear:right;
}
```

这样它就能够强迫所有的子元素并列显示。其实clear:right;声明是一个比较神奇的工具，对于IE浏览器来说，不管所包含的子元素宽度有多大，它都能够强迫子元素在同一行内显示。例如，在上面实例的基础上进行如下修改：

```css
#wrap {/* 包含框 */
    width:201px;                            /* 保留原来的宽度 */
    border:solid 4px red;                   /* 加粗边框，以便观察结果 */
```

```
}
#wrap div {/* 包含的子元素 */
    float:left;
    width:150px;                            /* 增大宽度显示 */
    height:100px;
    clear:right;                            /* 清除右侧浮动 */
}
```

这时分别在IE 6（如图13.36所示）和IE 7（如图13.37所示）中预览，就会发现在IE 6中浮动元素会撑开包含框实现在同一行内显示；而在IE 7中浮动元素会冒出包含框实现在同一行内显示；但是在非IE浏览器中，第二个浮动元素会换行显示。

图13.36 IE 6下预览效果　　　　　　　　　图13.37 IE 7下预览效果

实训5　3像素问题处理

3像素问题存在于IE 6及其以下版本浏览器中。当浮动元素与流动元素并列显示时，它们之间会存在3像素的间距。

本节所用文件的位置如下：	
视频路径	视频文件\files\13.3.5.swf
效果路径	实例文件\13\

例如，在下面这个实例中，左侧栏目浮动显示，右侧栏目流动显示。定义左侧栏目宽度为200像素，而右侧栏目的左边界为200像素，这时如果在IE 6中仔细预览，就会看见左右元素之间存在3像素的间隔，如图13.38所示。但是如果在IE 7下预览则不会出现这种问题，如图13.39所示。

```
<style type="text/css">
#left {/* 左栏样式 */
    float : left;                           /* 向左浮动显示 */
    width : 200px;                          /* 固定宽度 */
    height: 110px;                          /* 固定高度 */
    background:#CCCCFF;                     /* 背景色 */
}
#right { margin-left:200px;}                /* 右栏左边界 */
</style>
<div id="left">
    <h3> 左栏标题 </h3>
    <p> 正文 </p>
```

```
        </div>
        <div id="right">
            <h3>右栏标题</h3>
            <p>如何把每一个人的才华真正地发挥作用，我们这就像拉车，如果有的人往这儿拉，有的
人往那儿拉，互相之间自己给自己先乱掉了。当你有一个傻瓜时，很傻的，你会很痛苦；你有50个傻
瓜是最幸福的，吃饭、睡觉、上厕所排着队去的；你有一个聪明人时很带劲，你有50个聪明人实际上是
最痛苦的，谁都不服谁。我在公司里的作用就像水泥，把许多优秀的人才粘合起来，使他们的力气往一
个地方使。</p>
        </div>
```

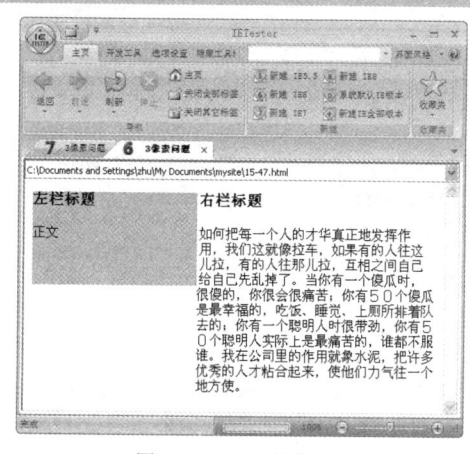

图13.38 IE 6下预览效果

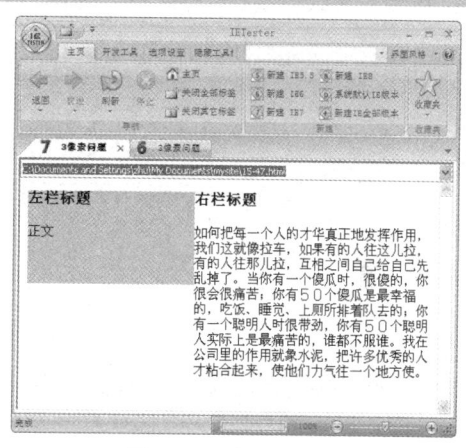

图13.39 IE 7下预览效果

解决方法如下。

利用IE 6及其以下版本浏览器的过滤器专门为它们定义样式（参阅下面代码），实现与标准浏览器的兼容。

```
* html #left{/* 左栏右侧边界向内收缩 3 像素 */
    margin-right:-3px;              /* 负值边界 */
}
* html #right{/* 右侧栏目补丁 */
    zoom:1;                          /* 缩放 100%，触发右侧栏目能够自动布局 */
}
```

实训6　多出字符问题处理

当多个浮动元素中间夹杂有HTML注释语句时，如果浮动元素宽度为100%，则在下一行多显示一个上一行最后一个字符。

本节所用文件的位置如下：	
视频路径	视频文件\files\13.3.6.swf
效果路径	实例文件\13\

多出字符问题存在于IE 6版本浏览器中。例如，下面有两行浮动元素，并显示为100%的宽度，当浮动元素中间包裹了一个注释语句，则显示效果如图13.40所示；而在IE 7或其他浏览器中就不会存在这个问题，如图13.41所示。

```
<style type="text/css">
div {
    float:left;
    width:100%;
}
</style>
<div>奇怪的问题</div>
<!-- 注释 -->
<div>咋多出一个字符</div>
```

图13.40 IE 6下预览效果　　　　　　　图13.41 IE 7下预览效果

解决方法是清除注释语句即可。

13.4　兼容定位布局

定位布局存在的兼容性问题一般很少，这主要是因为定位布局中定位元素相互之间的影响力比较弱，甚至没有。不过在IE浏览器中，当定义参照物和设置层叠顺序时还是存在一些兼容性问题，下面结合几个实例分别进行讲解。

实训1　定位参照物

当定义行内元素为包含块时，且包含块包含的绝对定位元素以百分比为单位进行定位时，就会出现参照物混乱现象。

本节所用文件的位置如下：	
视频路径	视频文件\files\13.4.1.swf
效果路径	实例文件\13\

定位参照物的问题存在于IE 6及其以下版本浏览器中。为了说明这个问题，借助一个实例进行讲解。

下面实例定义span元素为相对定位（即为包含块），然后定义span元素包含的div元素为绝对定位显示，设置坐标值：left为50%，right也为50%。根据包含块定位规则，在标准状态下，div元素应该以span元素的宽度和高度来计算坐标值，效果如图13.42所示。但是在IE中则根据窗口的宽度来计算x轴的50%坐标值，y轴坐标值计算不变，依然参考span元素的高度，所显示的效果如图13.43所示。

```
<style type="text/css">
span {/* 定义包含块 */
    position:relative;                          /* 相对定位 */
    border:solid 1px red;                       /* 定义边框以便观察 */
}
#box {/* 绝对定位的盒子 */
    position:absolute;                          /* 绝对定位 */
    width:100px;                                /* 固定宽度 */
    height:100px;                               /* 固定高度 */
    left:50%;                                   /* 左侧距离为 50% */
    top:50%;                                    /* 顶部距离为 50% */
    background:blue;                            /* 定义包含块背景色为蓝色 */
}
</style>
<span>光脚的永远不怕穿鞋的。
    <div id="box"></div>
</span>
```

图13.42 IE 7下预览效果　　　　　　　图13.43 IE 6下预览效果

是不是行内元素为包含块时，绝对定位元素的百分比坐标值都以窗口为参照物呢？当然不是，这里的绝对定位是以窗口的大小来进行定位的，但是如果span元素还包含有其他固定大小的元素，则这个参照物将根据外层最近的并且被定义有大小的块状元素进行参考。例如，针对上面实例，再为span元素嵌套一个包含框，定义包含框的大小为400px×200px，则在IE 7下显示如图13.44所示效果；而在IE 6中会看到，绝对定位的盒子将以这个包含框为参照物进行定位，效果如图13.45所示。这说明此时的包含框具备了包含块的功能，即能够为其包含的绝对定位元素提供参照坐标。

是不是拥有了固定大小的块状元素就可以作为绝对定位的参照物呢？答案是否定的。其实只需要简单验证一下就明白了。如果删除span元素的position:relative;声明，也就是说让span元素失去包含块功能，仅作为普通的包含框，则这时的绝对定位元素就不再以包含框为参照物了，而是根据父级最近的包含块进行定位，此处应该为body元素。

```
<style type="text/css">
--
#box1 {/* 包含框样式 */
    width:400px;                                /* 固定宽度 */
    height:200px;                               /* 固定高度 */
```

```
        border:solid 1px green;                        /* 定义边框 */
    }
</style>
<div id="box1">
    <span>光脚的永远不怕穿鞋的。
        <div id="box"></div>
    </span>
</div>
```

图13.44 IE 7下预览效果 　　　　　　　图13.45 IE 6下预览效果

解决此类问题的方法很简单，直接为span元素增加zoom属性，该属性能够触发span元素自动布局，而促使绝对定位元素以span元素为参照物进行定位。

```
span {
    position:relative;
    border:solid 1px red;
    zoom:1;                                            /* 缩放100%，触发布局 */
}
```

实训2　定位元素的结构与层叠

当定位元素位于不同的结构中时，它们的层叠顺序就不能够简单地使用z-index属性来控制，因为同时还会受结构关系的影响。

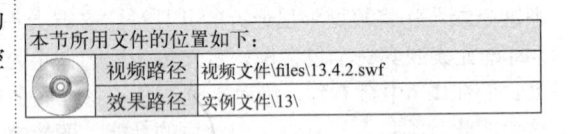

本节所用文件的位置如下：

视频路径	视频文件\files\13.4.2.swf
效果路径	实例文件\13\

定位元素的结构与层叠问题存在于所有IE 7及其以下版本浏览器中。例如，在下面这个实例中，设计两个盒子分别位于不同的结构层次中，我们希望使用z-index属性来定义红色盒子显示在上面，如图13.46所示，但是不管为该盒子设置了多大的z-index属性值，在IE 7及其以下版本浏览器中，红色盒子总是显示在下面，如图13.47所示。

```
<style type="text/css">
#wrap {position:relative;}                             /* 定义包含块 */
#red, #blue{                                           /* 两个盒子的公共样式 */
    position:absolute;                                 /* 绝对定位 */
```

```
            height:100px;                              /* 固定高度 */
            width:200px;                               /* 固定宽度 */
       }
       #red {/* 红盒子样式 */
              left:50px;                               /* 左侧距离 */
           top:50px;                                   /* 顶部距离 */
           background:red;                             /* 红色背景 */
           z-index:1000;                               /* 层叠顺序 */
       }
       #blue {/* 蓝盒子样式 */
              left:100px;                              /* 左侧距离 */
           top:10px;                                   /* 顶部距离 */
           background:blue;                            /* 蓝色背景 */
           z-index:1;                                  /* 层叠顺序 */
       }
       </style>
       <div id="wrap">
           <div id="red">红盒子 </div>
       </div>
       <div id="blue">蓝盒子 </div>
```

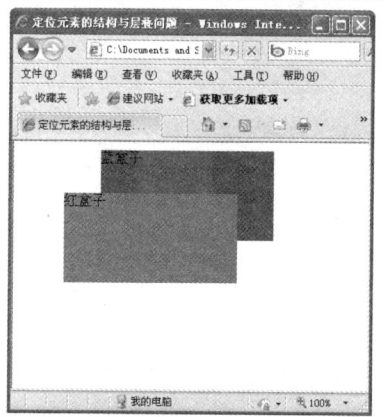

图13.46 IE 8下预览效果　　　　　　　图13.47 IE 7下预览效果

产生问题的原因如下。

　　IE浏览器能够根据相同结构层次的定位元素进行比较，如果不在同一个结构层次，则先比较相同层级的父元素，谁的父元素的z-index属性值大谁就在上面，而不管其子元素的z-index属性值有多大。

　　在上面实例中，蓝盒子的层叠顺序为1，而红盒子的包含块层叠顺序为0（默认值），由于蓝盒子与红盒子的包含块属于同一个层级，所以蓝盒子就会覆盖红盒子的包含块，这样无论红盒子的层叠顺序值为多大都将被覆盖在下面。这个规则对于非IE浏览器来说是无效的。

　　解决方法是为红盒子的包含块定义较大的层叠值，代码如下：

```
#wrap {
       position:relative;
    z-index:2;
}
```

实训3　定位元素丢失

当一个包含块内并列浮动几个元素时，它们的宽度之和等于包含块宽度，如果在包含块内嵌入绝对定位的元素就会被丢失。

本节所用文件的位置如下：	
视频路径	视频文件\files\13.4.3.swf
效果路径	实例文件\13\

定位元素丢失问题存在于IE 6及其以下版本浏览器中。例如，在下面这个实例中，一个包含块（<div id="wrap">）中包含三个子模块，全部并列浮动显示，宽度之和为包含块的宽度。同时在<div id="wrap">中嵌入一个div元素，用来设计标题块，所设计的效果如图13.48所示。其中的标题块（<div id="other">）是使用绝对定位的方法进行定位的。但是如果在IE 6版本浏览器下预览，这个绝对定位的元素就突然丢失了，如图13.49所示。

```css
<style type="text/css">
#wrap {/* 包含块样式 */
    position:relative;            /* 相对定位，定义包含块 */
    width:600px;                  /* 固定宽度 */
    height:300px;                 /* 固定高度 */
    background:#ccc;              /* 包含块背景色 */
    margin:30px auto auto;        /* 顶部边界，腾出区域为标题块显示 */
    text-align:center;            /* 所有文本居中显示 */
}
#left, #mid, #right {/* 栏目公共样式 */
    float:left;                   /* 向左浮动显示 */
    width:200px;                  /* 固定宽度 */
    height:100%;                  /* 300 像素高度 */
    line-height:100px;
}
#left  { background:#FF99FF; }    /* 左栏背景色 */
#mid   { background:#CCCCFF; }    /* 中栏背景色 */
#right { background:#9999FF; }    /* 右栏背景色 */
#other {/* 标题块样式 */
    position:absolute;            /* 绝对定位 */
    left:0;                       /* 靠左显示 */
    top:-30px;                    /* 显示在栏目顶部 */
    width:80px;                   /* 固定宽度 */
    height:30px;                  /* 固定高度 */
    line-height:30px;             /* 垂直居中 */
    background:#669999;           /* 背景色 */
}
</style>
<div id="wrap">
    <div id="other">标题</div>
```

```
        <div id="left">左栏</div>
        <div id="mid">中栏</div>
        <div id="right">右栏</div>
    </div>
```

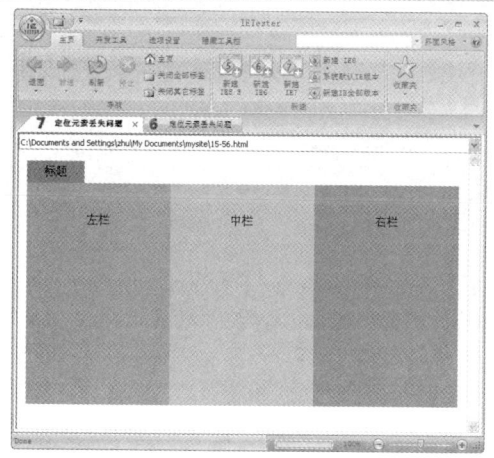

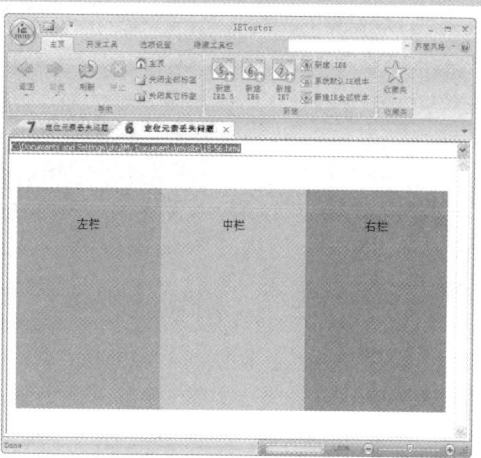

图13.48 IE 7下预览效果　　　　　　　　图13.49 IE 6下预览效果

存在这样的问题可能与IE 6及其以下版本浏览器的解析机制有关，应该说这是一个比较荒唐的缺陷。解决的方法如下。

方法一，通过为每个栏目收缩一个像素边界，从而显示丢失的绝对定位元素。

```
#left, #mid, #right {/* 栏目公共样式中的补丁 */
    float:left;
    width:200px;
    height:100%;
    line-height:100px;
    margin-left:-1px;                          /* 负边界值 */
}
```

方法二，受上面方法的启发，也可以不定义负边界，而直接为包含块增加3像素。这个3像素是根据所包含的栏目块来定的，如果仅包含两个栏目块，则应该是2像素。

```
#wrap {/* 包含块样式中的补丁 */
    position:relative;
    width:603px;                               /* 总宽度增加3像素 */
    height:300px;
    background:#ccc;
    margin:30px auto auto;
    text-align:center;
}
```

方法三，上面两种方法都是通过加宽或收缩边界来为定位元素腾出一点空间，从而诱发它显示出来。也可以为包含的最后一个子栏目使用绝对定位，从而避免浮动元素占满整个包含块的空间。

```
#right {/* 补丁样式，定义右侧栏目绝对定位显示 */
    position:absolute;                         /* 绝对定位 */
    right:0;                                   /* 向右对齐 */
}
```

方法四，可以在浮动元素和绝对定位元素之间增加一个清除浮动元素，从而强迫定位元素与浮动元素位于不同行中，从而显示出来。

```
<style type="text/css">
.clear { clear:both;}                    /* 清除样式类 */
</style>
<div id="wrap">
    <div id="other">标题</div>
    <div class="clear"></div>
    <div id="left">左栏</div>
    <div id="mid">中栏</div>
    <div id="right">右栏</div>
</div>
```